ROTC
학사장교

ROTC 학사장교

초판 발행	2022년 01월 12일
개정판 발행	2023년 01월 13일

편 저 자 | 부사관시험연구소

발 행 처 | (주)서원각

등록번호 | 1999-1A-107호

주　　소 | 경기도 고양시 일산서구 덕산로 88-45(가좌동)

교재주문 | 031-923-2051

팩　　스 | 031-923-3815

교재문의 | 카카오톡 플러스친구 [서원각]

홈페이지 | www.goseowon.co.kr

ROTC는 대학에 재학 중인 우수한 학생들을 선발하여 2년여 간의 군사훈련을 통해 대학의 전공학문 및 소정의 군사지식과 함께 실무능력을 갖춘 엘리트 초급장교 양성을 목적으로 1961년부터 시행하고 있는 제도이며, 창설 이래 많은 수의 예비역들이 사회 각계ㆍ각층에서 끈끈한 유대감을 형성하면서 중추적인 역할을 하고 있다.

재학 및 장교로서의 근무 중에도 장학금 및 다양한 복지혜택이 주어지며 사회전반에서 선호하는 추세여서 취업시에도 이점이 되고 있어 많은 학생들이 관심을 갖고 있다. 특히 2011년부터 여학생에게도 문호가 개방되어 사회적으로도 관심이 높아지고 있다.

이에 따라 (주)서원각에서는 다양한 교재개발에 따른 노하우와 탁월한 적중률을 바탕으로, ROTC를 희망하는 학생들에게 단기간 내에 필기고사 합격의 길로 안내할 수 있도록 본 교재를 출간하게 되었다.

본 교재는 한눈에 알기 쉽게 필기고사 및 선발요강을 정리하였으며, 최근 출제경향 및 기준을 철저히 분석하여 영역별 예상문제와 상세한 해설을 통해 문제를 풀면서 내용을 빠르게 이해할 수 있도록 구성하였다. 또한 실전대비 지적능력평가 모의고사를 수록하여 자신의 실력을 최종적으로 점검해 볼 수 있도록 하였다.

본서를 통하여 합격의 기쁨과 엘리트장교로서의 꿈을 펼치기를 기원한다.

Structure

01 지적능력평가

다양한 출제예상문제를 상세한 해설과 함께 수록하여 혼자서
도 쉽게 공부할 수 있도록 하였습니다.

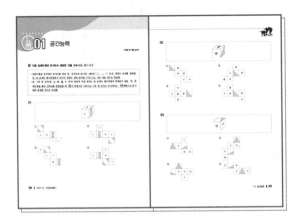

02 실전 모의고사

실전 문제의 유형으로 구성된 모의고사를 통해 자신의 실력
을 점검해볼 수 있도록 하였습니다.

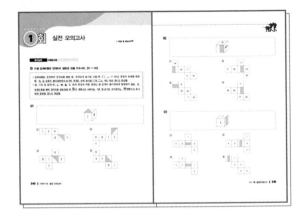

03 직무성격검사 및 상황판단검사

간부선발도구에 포함되는 직무성격검사 및 상황판단검사도
실전처럼 풀어볼 수 있도록 하였습니다.

04 복무적합도검사

간부선발 과정에서 시행되는 복무적합도검사에 개요 및 복무
적합도검사 TEST를 수록하였습니다.

Contents

 **Information**

▍ 2022년 공고기준

▍ 선발방침

① 모집선발은 육군학생군사학교장 책임 하 실시

② 선발방법

    ㉠ 1차 선발 : 1학년(필기시험 + 수능 또는 고교내신 종합성적 순)

               2학년(필기시험 + 대학성적 + 수능 또는 고교내신 종합성적 순)

    ㉡ 2차(최종) 선발 : 1차 선발평가 점수 + 면접평가 + 체력점수 + 한국사 인증점수 종합성적 순 선발

        ※ 신체검사 및 신원조사 결과(합 · 불만 판정) 반영하여 심의

▍ 평가요소 및 배점

① 평가요소별 배점

구분	계	1차 평가			2차(최종) 평가				
		필기고사	대학성적	수능 또는 내신	면접평가	체력평가	한국사 인증	신체검사	신원검사
정시	1,000점	220점	100점	250점	300점	100점	30점	합, 불	합, 불
사전	900점	220점	–	250점	300점	100점	30점	합, 불	합, 불

※ 최종 선발에서 동점자는 필기, 면접, 체력, 대학성적, 수능 또는 내신성적 순 선발

② 선발방법

    ㉠ 2학년 남 · 여학생

1차 선발	최종(2차) 선발
• 필기고사 • 대학성적 • 수능 또는 내신	• 면접평가, 한국사 / 체력 인증 점수 반영 • 신체검사, 신원조사 적용(합 · 불만 판정) • 종합성적 순 선발
선발정원의 170%	선발정원 + 예비 30%

※ 최종합격자 중 포기자 발생시 예비합격자 중 학군단 권역, 중앙 예비 서열 순으로 대체(12월 9일까지)

    ㉡ 1학년 남 · 여학생

1차 선발	최종(2차) 선발
• 필기고사 • 수능 또는 내신	• 면접평가, 한국사 / 체력 인증 점수 반영 • 신체검사, 신원조사 적용(합 · 불만 판정) • 종합성적 순 선발
선발정원의 170%	선발정원

※ 학군단별 정원 미충족시 미선발하며, 예비합격자는 선발하지 않음

❚ 지원자격

① 사상이 건전하고 품행이 단정하며 체력이 강건한 자

② 지원가능 연령

　㉠ 임관일 기준 만 20세 이상 27세 이하인 사람

구분	2학년	1학년
지원 가능 출생일	97. 3. 2. ~ 05. 3. 1.	98. 3. 2. ~ 06. 3. 1.
임관 예정일	25. 3. 1.	26. 3. 1.

　㉡ 제대군인(군필자)의 응시연령 상한 연장

복무기간	1년 미만	1년 이상 ~ 2년 미만	2년 이상
연장 연령	1세	2세	3세

　※ 박사학위 취득자는 임관일 기준 만 29세까지 지원 가능

③ 학군사관후보생 지원가능한 자

　㉠ 2학년

　　• 학군단 설치대학(서울·부산·광주교대 포함)의 2학년 재학생으로 입단 시 3학년 진학과 졸업학점 취득이 가능하다고 대학에서 인정한 자

　　• 수학기간이 5년으로 연장되는 학과와 부전공, 복수전공, 전과 등의 사유로 수학기간 5년에 졸업이 가능하다고 대학에서 인정한 3학년 재학생으로서, 입단 시 4학년 진학과 졸업학점 취득이 가능한 자

　　　※ 3학년 지원자는 수학기간 5년에 졸업하는 관련 증빙서류 제출

　　• 각 학년별 대학성적 확인이 가능한 자로, 지원 직전 학기까지 전체 취득학점이 신청학점의 80% 이상이고, 지원시점 직전 학기까지의 전체 평점이 C학점 이상인 자

　　• 지원 당시 휴학생이라도 2023년도 3학년(수학기간 5년 시 4학년)에 복학 가능한 자

　㉡ 1학년

　　• 학군단 설치대학(서울·부산·광주교대 포함)의 1학년 재학생으로 입단 시 2학년 진학과 졸업학점 취득이 가능하다고 대학에서 인정한 자

　　• 수학기간이 5년으로 연장되는 학과와 부전공, 복수전공, 전과 등의 사유로 수학기간 5년에 졸업이 가능하다고 대학에서 인정한 2학년 재학생으로서, 23년에 3학년 진학과 졸업학점 취득 가능한 자

　　　※ 2학년 지원자는 수학기간 5년에 졸업하는 관련 증빙서류 제출

　　• 지원 당시 휴학생이라도 2023년도 2학년(수학기간 5년 시 3학년)에 복학 가능한 자

① 「군인사법제10조(결격사유)」

　㉠ 장교는 사상이 건전하고 품행이 단정하며 체력이 강건한 사람 중에서 임용한다.

　㉡ 다음 각 호의 어느 하나에 해당하는 사람은 장교로 임용될 수 없다.

- 대한민국의 국적을 가지지 아니한 사람
- 대한민국 국적과 외국 국적을 함께 가지고 있는 사람
- 피성년후견인 또는 피한정후견인
- 파산선고를 받은 사람으로서 복권되지 아니한 사람
- 금고 이상의 형을 선고받고 그 집행이 종료되거나 집행을 받지 아니하기로 확정된 후 5년이 지나지 아니한 사람
- 금고 이상의 형의 집행유예를 선고받고 그 유예기간 중에 있거나 그 유예기간이 종료된 날로부터 2년이 지나지 아니한 사람
- 자격정지 이상의 형의 선고유예를 받고 그 유예기간 중에 있는 사람
- 공무원 재직기간 중 직무와 관련하여 형법 제355조 또는 제356조에 규정된 죄를 범한 사람으로서 300만원 이상의 벌금형을 선고받고 그 형이 확정된 후 2년이 지나지 아니한 사람
- 「성폭력범죄의 처벌 등에 관한 특례법」 제2조에 따른 성폭력범죄로 100만원 이상의 벌금형을 선고받고 그 형이 확정된 후 3년이 지나지 아니한 사람
- 미성년자에 대한 다음 각 목의 어느 하나에 해당하는 죄를 저질러 파면, 해임 되거나 형 또는 치료감호를 선고받아 그 형 또는 치료감호가 확정된 사람 (집행유예를 선고받은 후 그 집행유예기간이 경과한 사람을 포함한다)
  - 「성폭력범죄의 처벌 등에 관한 특례법」 제2조에 따른 성폭력 범죄
  - 「아동 · 청소년의 성보호에 관한 법률」 제2조 제2호에 따른 아동·청소년 대상 성범죄
- 탄핵이나 징계에 의하여 파면되거나 해임 처분을 받은 날로부터 5년이 지나지 아니한 사람
- 법률의 판결 또는 다른 법률에 따라 자격이 정지되거나 상실된 사람

ⓒ ⓛ항의 결격사유에 해당하는데도 불구하고 임용되었던 장교가 수행한 직무행위 및 군 복무기간은 그 효력을 잃지 아니하며, 이미 지급된 보수는 환수되지 아니한다.

② 선발 후에도 임관시까지 위 조항을 적용 한다.

세부 선발평가 방법

① 1차 선발평가

　ⓐ 필기평가

구분		1교시(60분)	2교시(50분)		3교시(50분)
내용		공간능력 언어/논리력 자료해석 지각속도	직무성격검사	상황판단검사	인성검사/복무적합도 검사
배점	220점	180점	–	40	–

　ⓑ 대학성적 반영(정시선발)

- 성적증명서에 있는 전체 이수학기 평균 평점을 점수로 환산
  ※ 성적표에는 전(全)학년 포기학점(F학점)이 포함된 이수학점, 평균평점, 백분율 환산점수 등이 기재되어야 함
- 5년제 학과의 3학년 지원자는 직전학기까지의 모든 성적을 적용
- 교환학생으로 대학성적(평균평점) 반영 제한자는 필기고사 점수를 100점으로 환산 적용

ⓒ 수능 또는 고교내신 반영

ⓔ 선발방법 : 1차 평가요소 종합성적 순으로 선발정원의 170% 선발

ⓜ 1차 합격자 발표 : 인터넷 홈페이지, 문자통보

ⓗ 1차 합격자가 학군단에 추가 제출(신청)해야 하는 서류

- 자기소개서 파일 1부
- 가점 해당자는 관련 증빙서류 원본 파일(원본 복사 후 반환)
- 신원진술서(A)
  ※ 증명사진(3×4Cm, 컬러, 최근 3개월 이내 촬영한 탈모상반신) 파일 탑재
- 기본증명서(상세), 개인신용정보서 각 1부

② 2차(최종) 선발평가

ⓐ 면접평가 요소 및 배점

구분	계	1시험장	2시험장	3시험장
요소	–	표현력(40), 논리성(40) 주도적 토론참여도(30) 신체균형(10)	희생 · 봉사정신(40) 국가관(40), 안보관(40)	검사결과(합 · 불) 인성/품성(합 · 불) 종합판정(60점)
배점	300점	120점	120점	60점

- 평가 장소 / 일정 : 각 학군단 / 해당 학군단에서 개별 통보
- 응시자 유의사항
- 특정대학과 학과를 알 수 있는 단복, 잠바 등 착용금지
- 타인에게 불편함을 주지 않는 단정한 복장 착용
- 수험표와 신분증을 반드시 지참하여 참석
  ※ 수험표 및 신분증(주민등록증, 운전면허증, 여권) 미지참 시 면접평가 응시 불가

ⓑ 신체검사 : 해당 학군단 통제하 실시

- 신체등위 판정기준 : 3급 이상
  ※ BMI 등급 3급도 지원가능하나 선발위원회에서 합 · 불 여부 판정
- 신체검사 종합등급 : 1 · 2급(합격), 3급(심의로 결정), 4급 이하(불합격)
  ※ 재검횟수는 제한 없으며, 학군단운영획득과에 결과를 제출해야 함
  ※ 단순 건강 질환으로 재검시 민간병원 진료(검사) 결과를 군병원 제출로 재검 가능

ⓒ 체력인증서에 의한 체력등급별 점수 부여

ⓔ 선발평가시 부여하는 가점 부여기준에 의거 가점 부여

ⓜ 선발방법 : 1차 평가 종합성적＋면접평가＋한국사 / 체력 인증점수, 신체검사, 신원조사 결과를 종합하여 선발심의위원회에서 선발

ⓗ 2차(최종) 합격자 발표 : 인터넷 홈페이지, 문자 통보

간부선발 필기평가 예시문항

공간능력, 언어논리, 자료해석, 지각속도, 직무성격검사, 상황판단검사

육군 간부선발 시 적용하고 있는 필기평가 중 지원자들이 생소하게 생각하고 있는 간부선발 필기평가의 예시문항이며, 문항 수와 제한시간은 다음과 같습니다.

구분	공간능력	언어논리	자료해석	지각속도	직무성격검사	상황판단검사
문항 수	18문항	25문항	20문항	30문항	180문항	15문항
시간	10분	20분	25분	3분	30분	20분

※ 본 자료는 참고 목적으로 제공되는 예시 문항으로서 각 하위검사별 난이도, 세부 유형 및 문항 수는 차후 변경될 수 있습니다.

01 공간능력

간부선발도구 예시문

공간능력검사는 입체도형의 전개도를 고르는 문제, 전개도를 입체도형으로 만드는 문제, 제시된 그림처럼 블록을 쌓을 경우 그 블록의 개수 구하는 문제, 제시된 블록들을 화살표 표시한 방향에서 바라봤을 때의 모양을 고르는 문제 등 4가지 유형으로 구분할 수 있다. 물론 유형의 변경은 사정에 의해 발생할 수 있음을 숙지하여 여러 가지 공간능력에 관한 문제를 접해보는 것이 좋다.

[유형 ① 문제 푸는 요령]

유형 ①은 주어진 입체도형을 전개하여 전개도로 만들 때 그 전개도에 해당하는 것을 찾는 형태로 주어진 조건에 의해 기호 및 문자는 회전에 반영하지 않으며, 그림만 회전의 효과를 반영한다는 것을 숙지하여 정확한 전개도를 고르는 문제이다. 그러므로 그림의 모양은 입체도형의 상, 하, 좌, 우에 따라 변할 수 있음을 알아야 하며, 기호 및 문자는 항상 우리가 보는 모양으로 회전되지 않는다는 것을 알아야 한다.

제시된 입체도형은 정육면체이므로 정육면체를 만들 수 있는 전개도의 모양과 보는 위치에 따라 돌아갈 수 있는 그림을 빠른 시간에 파악해야 한다. 문제보다 보기를 먼저 살펴보는 것이 유리하다.

문제 1 다음 입체도형의 전개도로 알맞은 것은?

- 입체도형을 전개하여 전개도를 만들 때, 전개도에 표시된 그림(예 : █, ◺ 등)은 회전의 효과를 반영함. 즉, 본 문제의 풀이과정에서 보기의 전개도 상에 표시된 "█"와 "▬"은 서로 다른 것으로 취급함.
- 단, 기호 및 문자(예 : ☎, ♨, ♨, K, H)의 회전에 의한 효과는 본 문제의 풀이과정에 반영하지 않음. 즉, 입체도형을 펼쳐 전개도를 만들었을 때에 "🔁"의 방향으로 나타나는 기호 및 문자도 보기에서는 "🔁"방향으로 표시하며 동일한 것으로 취급함.

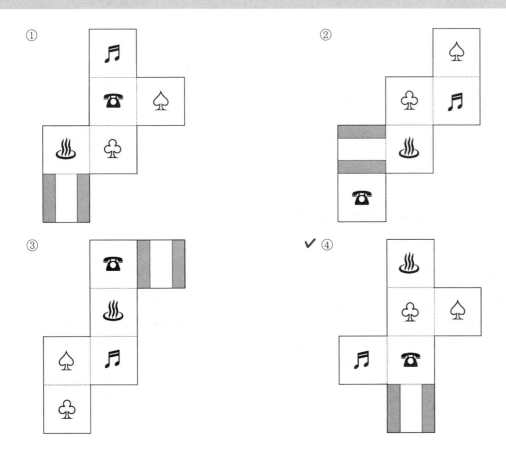

✔️ **해설** ▌ 모양의 윗면과 오른쪽 면에 위치하는 기호를 찾으면 쉽게 문제를 풀 수 있다.
기호나 문자는 회전을 적용하지 않으므로 4번이 답이 된다.

유형 ②는 평면도형인 전개도를 접어 나오는 입체도형을 고르는 문제이다. 유형 ①과 마찬가지로 기호나 문자는 회전을 적용하지 않는다고 조건을 제시하였으므로 그림의 모양만 신경을 쓰면 된다.

보기에 제시된 입체도형의 윗면과 옆면을 잘 살펴보면 답의 실마리를 찾을 수 있다. 그림의 위치에 따라 윗면과 옆면에 나타나는 문자가 달라지므로 유의하여야 한다. 그림을 중심으로 어느 면에 어떤 문자가 오는지를 파악하는 것이 중요하다.

문제 2 다음 전개도로 만든 입체도형에 해당하는 것은?

- 전개도를 접을 때 전개도 상의 그림, 기호, 문자가 입체도형의 겉면에 표시되는 방향으로 접음
- 전개도를 접어 입체도형을 만들 때, 전개도에 표시된 그림(예 : ▮, ◸ 등)은 회전의 효과를 반영함. 즉, 본 문제의 풀이과정에서 보기의 전개도 상에 표시된 "▮"와 "▬"은 서로 다른 것으로 취급함.
- 단, 기호 및 문자(예 : ☎, ♨, ♨, K, H)의 회전에 의한 효과는 본 문제의 풀이과정에 반영하지 않음. 즉, 전개도를 접어 입체도형을 만들었을 때에 "☏"의 방향으로 나타나는 기호 및 문자도 보기에서는 "☎" 방향으로 표시하며 동일한 것으로 취급함.

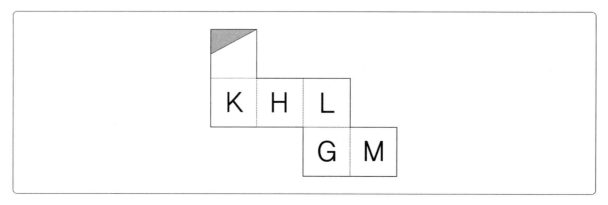

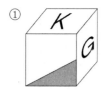

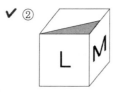

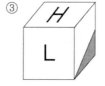

✅**해설** 그림의 색칠된 삼각형 모양의 위치를 먼저 살펴보면
① G의 위치에 M이 와야 한다.
③ L의 위치에 H, H의 위치에 K가 와야 한다.
④ 그림의 모양이 좌우 반전이 되어야 한다.

[유형 ③ 문제 푸는 요령]

유형 ③은 쌓아 놓은 블록을 보고 여기에 사용된 블록의 개수를 구하는 문제이다. 블록은 모두 크기가 동일한 정육면체라고 조건을 제시하였으므로 블록의 모양은 신경을 쓸 필요가 없다.

블록의 위치가 뒤쪽에 위치한 것인지 앞쪽에 위치한 것인지에서부터 시작하여 몇 단으로 쌓아 올려져 있는지를 빠르게 파악해야 한다. 가장 아랫면에 존재하는 개수를 파악하고 한 단씩 위로 올라가면서 개수를 파악해도 되며, 앞에서부터 보이는 블록의 수부터 개수를 세어도 무방하다. 그러나 겹치거나 뒤에 살짝 보이는 부분까지 신경 써야 함은 잊지 말아야 한다. 단 1개의 블록으로 문제의 승패가 좌우된다.

문제 3 아래에 제시된 그림과 같이 쌓기 위해 필요한 블록의 수는?
(단, 블록은 모양과 크기는 모두 동일한 정육면체이다)

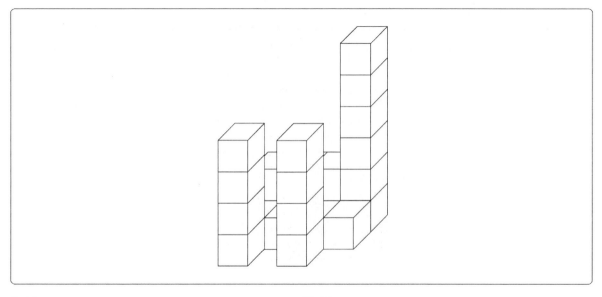

① 18

② 20

③ 22

✔ ④ 24

[해설] 그림을 쉽게 생각하면 블록이 4개씩 붙어 있다고 보면 쉽다. 앞에 2개, 뒤에 눕혀서 3개, 맨 오른쪽 눕혀진 블록들 위에 1개 4개씩 쌓아진 블록이 6개 존재하므로 24개가 된다.
시간이 많다면 하나하나 세어도 좋다.

[유형 ④ 문제 푸는 요령]

유형 ④는 제시된 그림에 있는 블록들을 오른쪽, 왼쪽, 위쪽 등으로 돌렸을 때의 모양을 찾는 문제이다.

모두 동일한 정육면체이며, 원근에 의해 블록이 작아 보이는 효과는 고려하지 않는다는 조건이 제시되어 있으므로 블록이 위치한 지점을 정확하게 파악하는 것이 중요하다.

실수로 중간에 있는 블록의 모양을 놓치는 경우가 있으므로 쉽게 모눈종이 위에 놓여 있다고 생각하며 문제를 풀면 쉽게 해결할 수 있다.

문제 4 아래에 제시된 블록들을 화살표 표시한 방향에서 바라봤을 때의 모양으로 알맞은 것은?

- 블록은 모양과 크기는 모두 동일한 정육면체임
- 바라보는 시선의 방향은 블록의 면과 수직을 이루며 원근에 의해 블록이 작게 보이는 효과는 고려하지 않음

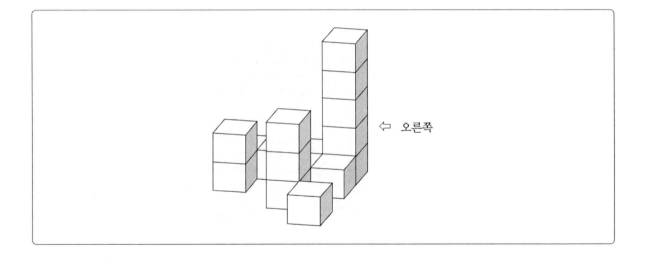

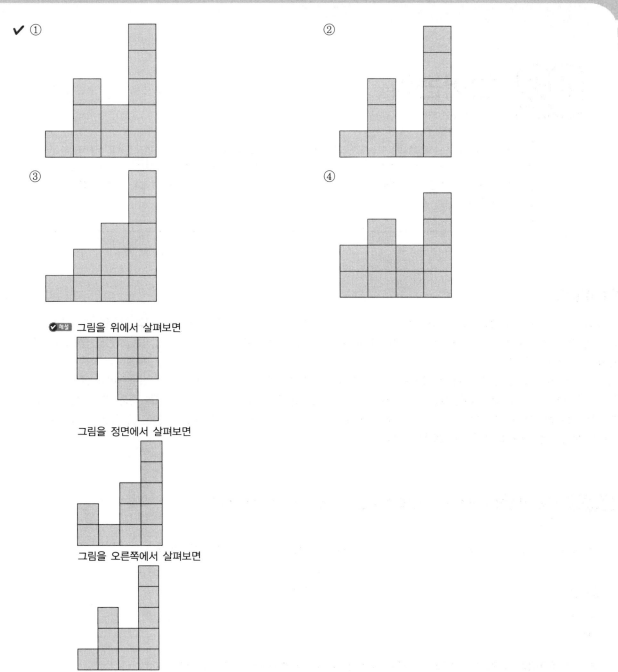

✔ ①

②

③

④

✔해설 그림을 위에서 살펴보면

그림을 정면에서 살펴보면

그림을 오른쪽에서 살펴보면

오른쪽에서 바라볼 때의 모양을 맨 왼쪽에 위치한 블록부터 차례로 정리하면 1단 − 3단 − 2단 − 5단임을 알 수 있다.

CHAPTER

02 언어논리

간부선발도구 예시문

언어논리력검사는 언어로 제시된 자료를 논리적으로 추론하고 분석하는 능력을 측정하기 위한 검사로 어휘력검사와 독해력검사로 크게 구성되어 있다. 어휘력검사는 문맥에 가장 적합한 어휘를 찾아내는 문제로 구성되어 있으며, 독해력검사는 글의 전반적인 흐름을 파악하는 논리적 구조를 올바르게 분석하거나 글의 통일성을 파악하는 문제로 구성되어 있다.

01 어휘력

어휘력에서는 의사소통을 함에 있어 이해능력이나 전달능력을 묻는 기본적인 문제가 나온다. 술어의 다양한 의미, 단어의 의미, 알맞은 단어 넣기 등의 다양한 유형의 문제가 출제된다. 평소 잘못 알고 사용되고 있는 언어를 사전을 활용하여 확인하면서 공부하도록 한다.

어휘력은 풍부한 어휘를 갖고, 이를 활용하면서 그 단어의 의미를 정확히 이해하고, 이미 알고 있는 단어와 문장 내에서의 쓰임을 바탕으로 단어의 의미를 추론하고 의사소통 시 정확한 표현력을 구사할 수 있는 능력을 측정한다. 일반적인 문항 유형에는 동의어/반의어 찾기, 어휘 찾기, 어휘 의미 찾기, 문장완성 등을 들 수 있는데 많은 검사들이 동의어(유의어), 반의어, 또는 어휘 의미 찾기를 활용하고 있다.

문제 1 다음 문장의 문맥상 ( ) 안에 들어갈 단어로 가장 적절한 것은?

> 계속되는 이순신 장군의 공세에 (   )같던 왜 수군의 수비에도 구멍이 뚫리기 시작했다.

① 등용문 ② 청사진

✔ ③ 철옹성 ④ 풍운아

⑤ 불야성

> 해설 ① 용문(龍門)에 오른다는 뜻으로, 어려운 관문을 통과하여 크게 출세하게 됨 또는 그 관문을 이르는 말
> ② 미래에 대한 희망적인 계획이나 구상
> ③ 쇠로 만든 독처럼 튼튼하게 둘러쌓은 산성이라는 뜻으로, 방비나 단결 따위가 견고한 사물이나 상태를 이르는 말
> ④ 좋은 때를 타고 활동하여 세상에 두각을 나타내는 사람
> ⑤ 등불 따위가 휘황하게 켜 있어 밤에도 대낮같이 밝은 곳을 이르는 말

02 독해력

글을 읽고 사실을 확인하고, 글의 배열순서 및 시간의 흐름과 그 중심 개념을 파악하며, 글 흐름의 방향을 알 수 있으며 대강의 줄거리를 요약할 수 있는 능력을 평가한다. 장문이나 단문을 이해하고 문장배열, 지문의 주제, 오류 찾기 등의 다양한 유형의 문제가 출제되므로 평소 독서하는 습관을 길러 장문의 이해속도를 높이는 연습을 하도록 하여야 한다.

문제 1 다음 ㉠~㉤ 중 다음 글의 통일성을 해치는 것은?

> ㉠21세기의 전쟁은 기름을 확보하기 위해서가 아니라 물을 확보하기 위해서 벌어질 것이라는 예측이 있다. ㉡우리가 심각하게 인식하지 못하고 있지만 사실 물 부족 문제는 심각한 수준이라고 할 수 있다. ㉢실제로 아프리카와 중동 등지에서는 이미 약 3억 명이 심각한 물 부족을 겪고 있는데, 2050년이 되면 전 세계 인구의 3분의 2가 물 부족 사태에 직면할 것이라는 예측도 나오고 있다. ㉣그러나 물 소비량은 생활수준이 향상되면서 급격하게 늘어 현재 우리가 사용하는 물의 양은 20세기 초보다 7배, 지난 20년간에는 2배가 증가했다. ㉤또한 일부 건설 현장에서는 오염된 폐수를 정화 처리하지 않고 그대로 강으로 방류하는 잘못을 저지르고 있다.

① ㉠
② ㉡
③ ㉢
④ ㉣
✔ ⑤ ㉤

해설 ㉠㉡㉢㉣ 물 부족에 대한 내용을 전개하고 있다.
㉤ 물 부족의 내용이 아닌 수질오염에 대한 내용을 나타내므로 전체적인 글의 통일성을 저해하고 있다.

03 자료해석

간부선발도구 예시문

자료해석검사는 주어진 통계표, 도표, 그래프 등을 이용하여 문제를 해결하는 데 필요한 정보를 파악하고 분석하는 능력을 알아보기 위한 검사이다. 자료해석 문항에서는 기초적인 계산 능력보다 수치자료로부터 정확한 의사결정을 내리거나 추론하는 능력을 측정하고자 한다. 도표, 그래프 등 실생활에서 접할 수 있는 수치자료를 제시하여 필요한 정보를 선별적으로 판단·분석하고, 대략적인 수치를 빠르고 정확하게 계산하는 유형이 대부분이다.

문제 1 다음과 같은 규칙으로 자연수를 1부터 차례대로 나열할 때, 8이 몇 번째에 처음 나오는가?

1, 2, 2, 3, 3, 3, 4, 4, 4, 4, · · ·

① 18
② 21
✔ ③ 29
④ 35

해설 자연수가 1부터 해당 수만큼 반복되어 나열되고 있으므로 8이 처음으로 나오는 것은 7이 7번 반복된 후이다. 따라서 1 + 2 + 3 + 4 + 5 + 6 + 7 = 28이고 29번째부터 8이 처음으로 나온다.

문제 2 다음은 국가별 수출액 지수를 나타낸 그림이다. 2000년에 비하여 2006년의 수입량이 가장 크게 증가한 국가는?

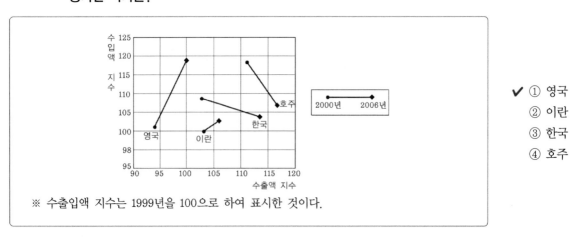

✔ ① 영국
② 이란
③ 한국
④ 호주

※ 수출입액 지수는 1999년을 100으로 하여 표시한 것이다.

해설 수입량이 증가한 나라는 영국과 이란 뿐이며, 한국과 호주는 감소하였다.
영국과 이란 중 가파른 상승세를 나타내는 것이 크게 증가한 것을 나타내므로 영국의 수입량이 가장 크게 증가한 것으로 볼 수 있다.

지각속도  04

간부선발도구 예시문

지각속도검사는 암호해석능력을 묻는 유형으로 눈으로 직접 읽고 문제를 해결하는 능력을 측정하기 위한 검사로 빠른 속도와 정확성을 요구하는 문제가 출제된다. 시간을 정해 최대한 빠른 시간 안에 문제를 정확하게 풀 수 있는 연습이 필요하며 간혹 시간이 촉박하여 찍는 경우가 있는데 오답시에는 감점처리가 적용된다.

지각속도검사는 지각 속도를 측정하기 위한 검사로 틀릴 경우 감점으로 채점하고, 풀지 않은 문제는 0점으로 채점이 된다. 총 30문제로 구성이 되며 제한시간은 3분이므로 많은 연습을 통해 빠르게 푸는 요령을 습득하여야 한다.

본 검사는 지각 속도를 측정하기 위한 검사입니다.
제시된 문제를 잘 읽고 아래의 예제와 같은 방식으로 가능한 한 빠르고 정확하게 답해 주시기 바랍니다.

[유형 ①] 대응하기

아래의 문제 유형은 일련의 문자, 숫자, 기호의 짝을 제시한 후 특정한 문자에 해당되는 코드를 빠르게 선택하는 문제입니다.

문제 1 아래 〈보기〉의 왼쪽과 오른쪽 기호의 대응을 참고하여 각 문제의 대응이 같으면 답안지에 '① 맞음'을, 틀리면 '② 틀림'을 선택하시오.

─── 〈보기〉 ───

| a = 강 | b = 응 | c = 산 | d = 전 |
| e = 남 | f = 도 | g = 길 | h = 아 |

강 응 산 전 남 - a b c d e

✔ ① 맞음   ② 틀림

해설 〈보기〉의 내용을 보면 강=a, 응=b, 산=c, 전=d, 남=e이므로 a b c d e이므로 맞다.

[유형 ②] 숫자세기

아래의 문제 유형은 제시된 문자군, 문장, 숫자 중 특정한 문자 혹은 숫자의 개수를 빠르게 세어 표시하는 문제입니다.

문제 2 다음의 〈보기〉에서 각 문제의 왼쪽에 표시된 굵은 글씨체의 기호, 문자, 숫자의 갯수를 모두 세어 오른쪽 개수에서 찾으시오.

─── 〈보기〉 ───

3   783020642068204872038730796205040 67321

① 2개   ✔ ② 4개
③ 6개   ④ 8개

> ✔해설 나열된 수에 3이 몇 번 들어 있는가를 빠르게 확인하여야 한다.
> 78**3**0206420682048720**3**87**3**079620504067**3**21 → 4개

─── 〈보기〉 ───

ㄴ   나의 살던 고향은 꽃피는 산골

① 2개   ② 4개
✔ ③ 6개   ④ 8개

> ✔해설 나열된 문장에 ㄴ이 몇 번 들어갔는지 확인하여야 한다.
> **나**의 살**던** 고향**은** 꽃피**는** 산**골** → 6개

직무성격검사

간부선발도구 예시문

초급 간부 선발용 직무성격검사는 총 180문항으로 이루어져 있으며, 검사시간은 30분이다. 초급 간부에게 요구되는 역량과 관련된 성격 요인들을 측정할 수 있도록 개발되었다. 가끔 지원자를 당황하게 하는 문제들도 있으므로 당황하지 말고 솔직하게 대답하는 것이 좋다. 너무 의식하면서 답을 하게 되면 일관성이 떨어질 수 있기 때문이다.

01 주의사항

• 응답을 하실 때는 자신이 앞으로 되기 바라는 모습이나 바람직하다고 생각하는 모습을 응답하지 마시고, 평소에 자신이 생각하는 바를 최대한 솔직하게 응답하는 것이 좋습니다.
• 총 180문항을 30분 내에 응답해야 합니다. 한 문항을 지나치게 깊게 생각하지 마시고, 머릿속에 떠오르는 대로 "OMR답안지'
'에 바로바로 응답하시기 바랍니다.
• 본 검사는 귀하의 의견이나 행동을 나타내는 문항으로 구성되어 있습니다. 각각의 문항을 읽고 그 문항이 자기 자신을 얼마나 잘 나타내고 있는지를, 제시한 〈응답 척도〉와 같이 응답지에 답해 주시기 바랍니다.

02 응답척도

'1' = 전혀 그렇지 않다	●	②	③	④	⑤
'2' = 그렇지 않다	①	●	③	④	⑤
'3' = 보통이다	①	②	●	④	⑤
'4' = 그렇다	①	②	③	●	⑤
'5' = 매우 그렇다	①	②	③	④	●

03 예시문제

다음 상황을 읽고 제시된 질문에 답하시오.

	① 전혀 그렇지 않다	② 그렇지 않다	③ 보통이다	④ 그렇다	⑤ 매우 그렇다

001	조직(학교나 부대) 생활에서 여러 가지 다양한 일을 해보고 싶다.	①	②	③	④	⑤
002	아무것도 아닌 일에 지나치게 걱정하는 때가 있다.	①	②	③	④	⑤
003	조직(학교나 부대) 생활에서 작은 일에도 걱정을 많이 하는 편이다.	①	②	③	④	⑤
004	여행을 가기 전에 미리 세세한 일정을 준비한다.	①	②	③	④	⑤
005	조직(학교나 부대) 생활에서 매사에 마음이 여유롭고 느긋한 편이다.	①	②	③	④	⑤
006	친구들과 자주 다툼을 한다.	①	②	③	④	⑤
007	시간 약속을 어기는 경우가 종종 있다.	①	②	③	④	⑤
008	자신이 맡은 일은 책임지고 끝내야 하는 성격이다.	①	②	③	④	⑤
009	부모님의 말씀에 항상 순종한다.	①	②	③	④	⑤
010	외향적인 성격이다.	①	②	③	④	⑤

CHAPTER

상황판단검사 06

초급 간부 선발용 상황판단검사는 군 상황에서 실제 취할 수 있는 대응행동에 대한 지원자의 태도/가치에 대한 적합도 진단을 하는 검사이다. 군에서 일어날 수 있는 다양한 가상 상황을 제시하고, 지원자로 하여금 선택지 중에서 가장 할 것 같은 행동과 가장 하지 않을 것 같은 행동을 선택하게 하여, 지원자의 행동이 조직(군)에서 요구되는 행동과 일치하는지 여부를 판단한다. 상황판단검사는 인적성 검사가 반영하지 못하는 해당 조직만의 직무 상황을 반영할 수 있으며, 인지요인/성격요인/과거 일을 했던 경험을 모두 간접 측정할 수 있고, 군에서 추구하는 가치와 역량이 행동으로 어떻게 표출되는지를 반영한다.

01 예시문제

당신은 소대장이며, 당신의 소대에는 음주와 관련한 문제가 있다. 특히 한 병사는 음주운전으로 인하여 민간인을 사망케 한 사고로 인해 아직도 감옥에 있고, 몰래 술을 마시고 소대원들끼리 서로 주먹다툼을 벌인 사고도 있었다. 당신은 이 문제에 대해 지대한 관심을 가지고 있으며, 병사들에게 문제의 심각성을 알리고 부대에 영향을 주기 위한 무엇인가를 하려고 한다. 이 상황에서 당신은 어떻게 할 것인가?

위 상황에서 당신은 어떻게 행동 하시겠습니까?

① 음주조사를 위해 수시로 건강 및 내무검사를 실시한다.
② 알코올 관련 전문가를 초청하여 알코올 중독 및 남용의 위험에 대한 강연을 듣는다.
③ 병사들에 대하여 엄격하게 대우한다. 사소한 것이라도 위반을 하면 가장 엄중한 징계를 할 것이라고 한다.
④ 전체 부대원에게 음주 운전 사망사건으로 인하여 감옥에 가 있는 병사에 대한 사례를 구체적으로 설명해준다.

M. 가장 취할 것 같은 행동 (①)
L. 가장 취하지 않을 것 같은 행동 (③)

02 답안지 표시방법

자신을 가장 잘 나타내고 있는 보기의 번호를 'M(Most)'에 표시하고, 자신과 가장 먼 보기의 번호를 'L(Least)'에 각각 표시한다.

상황판단검사					
1	M	●	②	③	④	⑤
	L	①	②	●	④	⑤

03 주의사항

상황판단평가는 객관적인 정답이 존재하지 않으며, 대신 검사 개발당시 주제 전문가들의 의견과 후보생들을 대상으로 한 충분한 예비검사 시행 및 분석과정을 거쳐 경험적인 답이 만들어진다. 때문에 따로

PART

01

지적능력평가

01 공간능력

≫ 정답 및 해설 p.364

Q 다음 입체도형의 전개도로 알맞은 것을 고르시오. 【01~21】

- 입체도형을 전개하여 전개도를 만들 때, 전개도에 표시된 그림(예 : ▐▌, ◢, ▬ 등)은 회전의 효과를 반영함. 즉, 본 문제의 풀이과정에서 보기의 전개도 상에 표시된 ▐▌과 ▬는 서로 다른 것으로 취급함.
- 단, 기호 및 문자(예 : ♨, ☎, ♨, K, H)의 회전에 의한 효과는 본 문제의 풀이과정에 반영하지 않음. 즉, 입체도형을 펼쳐 전개도를 만들었을 때 ☎의 방향으로 나타나는 기호 및 문자도 보기에서는 ☎방향으로 표시하며 동일한 것으로 취급함.

01

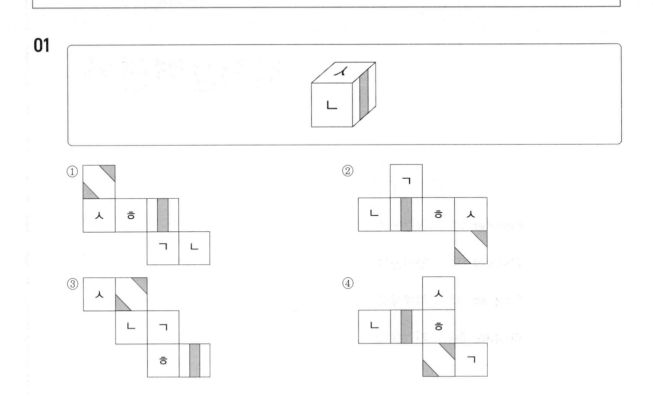

02

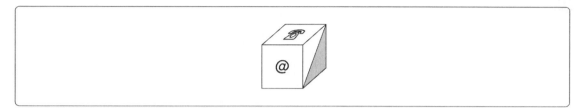

①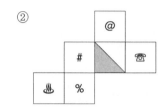

②

③

④

03

①

②

③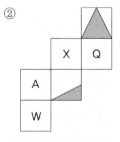

④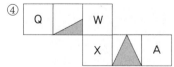

04

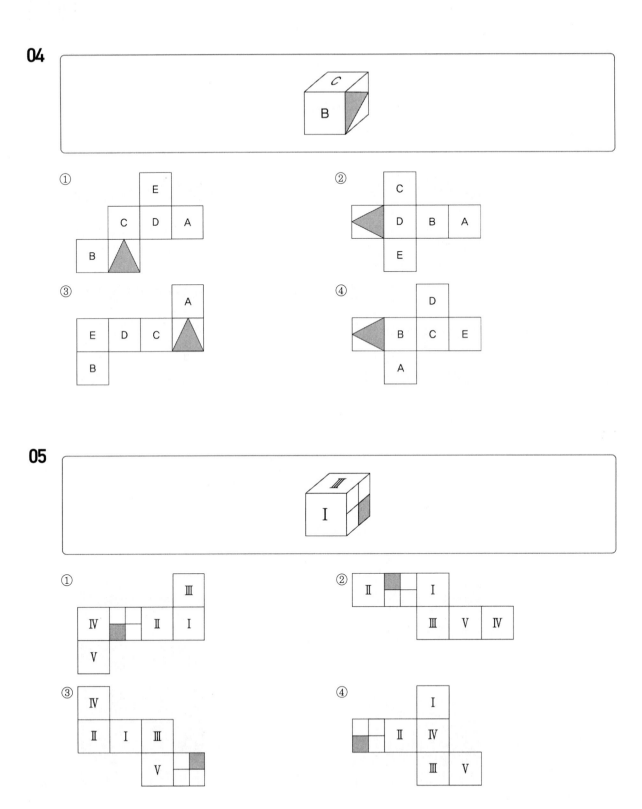

06

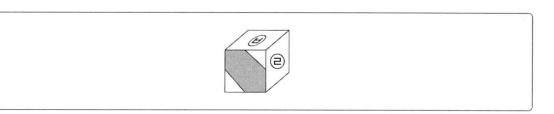

① ② 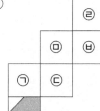 ③ 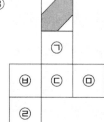 ④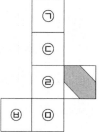

07

① 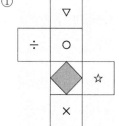 ② 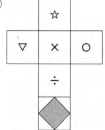 ③ ④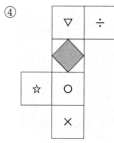

08

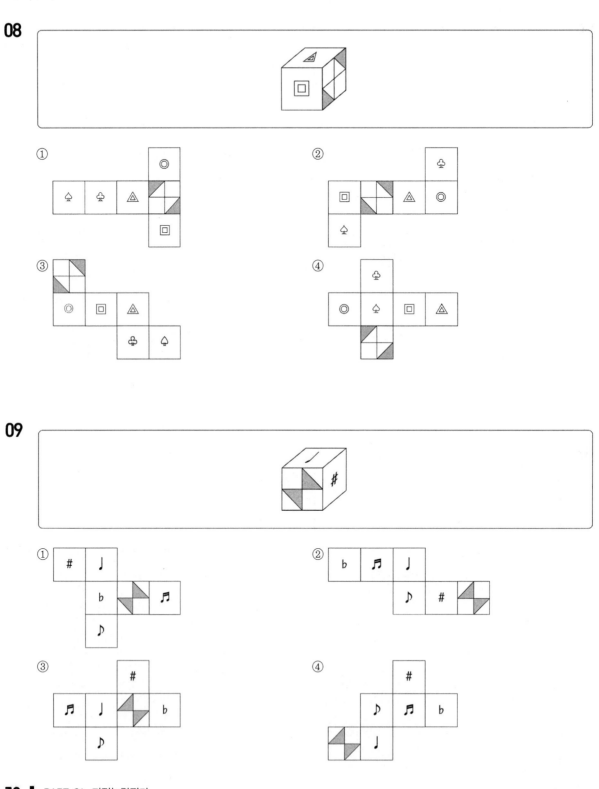

10

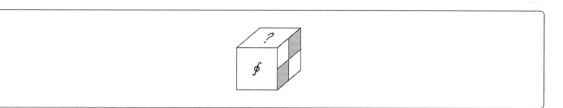

①

②

③

④

11

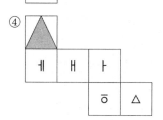

①

②

③

④

12

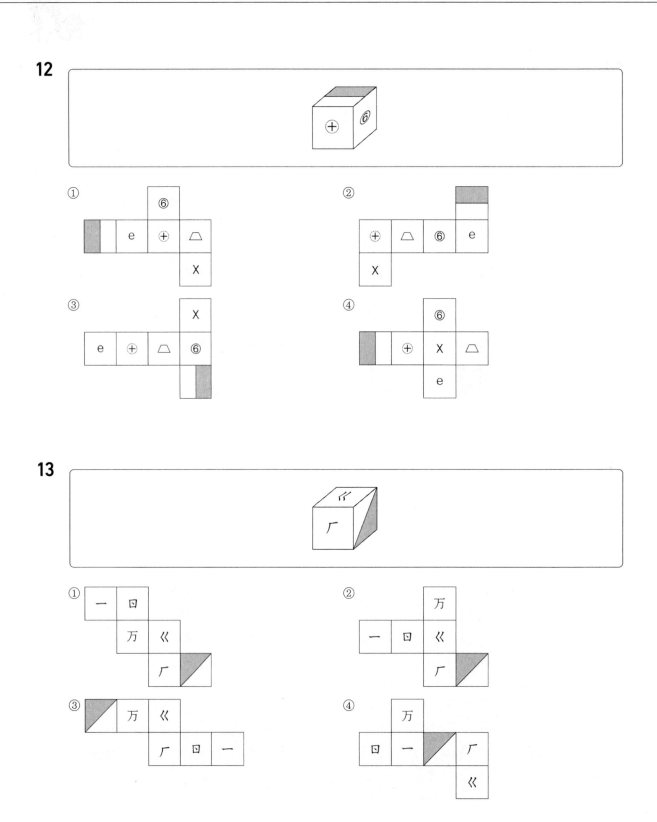

① ⑥ / e ⊕ △ / X

② / ⊕ △ ⑥ e / X

③ X / e ⊕ △ ⑥ /

④ ⑥ / ⊕ X △ / e

13

① 一 口 / 万 《 / 「

② 万 / 一 口 《 / 「

③ 万 《 / 「 口 一

④ 万 / 口 一 「 / 《

14

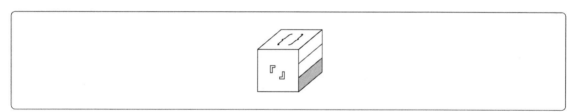

①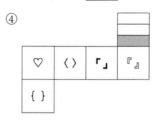

②

③

④

15

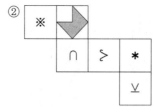

①

②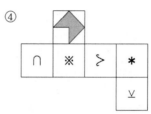

③

④

16

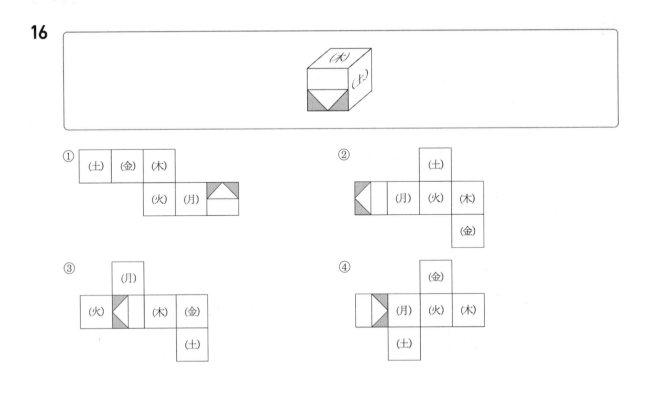

17

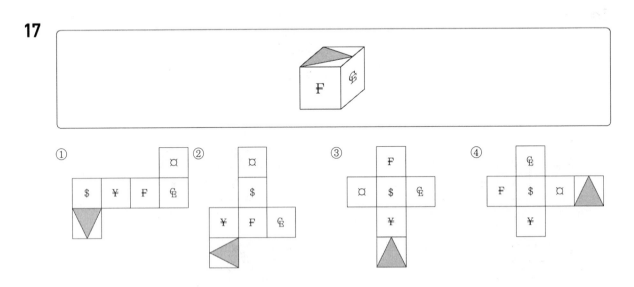

18

①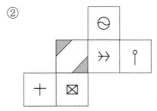

②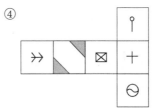

③

④

19

①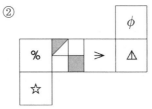

②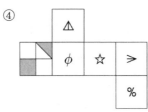

③

④

20

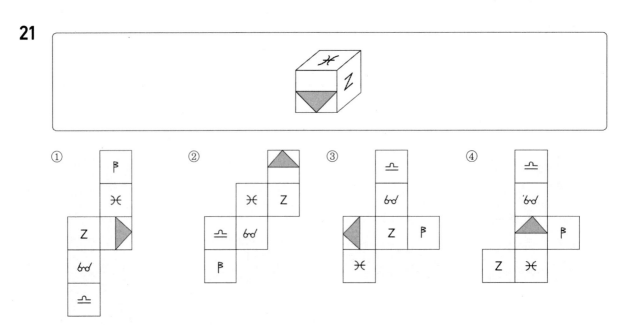

Q 다음 제시된 그림과 같이 쌓기 위해 필요한 블록의 수를 고르시오. (단, 블록은 모양과 크기는 모두 동일한 정육면체이다) 【22 ~ 42】

22

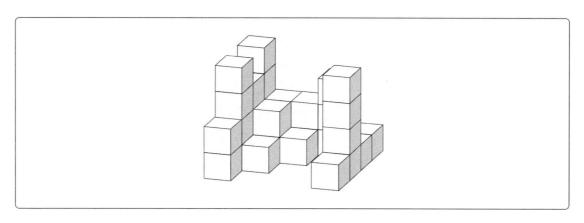

① 28　　　　　　　② 29
③ 30　　　　　　　④ 31

23

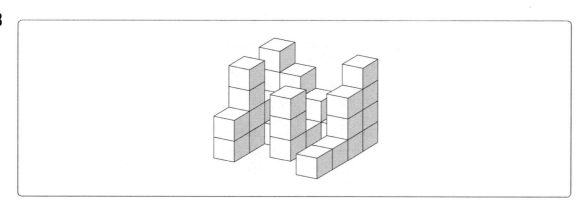

① 30　　　　　　　② 31
③ 32　　　　　　　④ 33

24

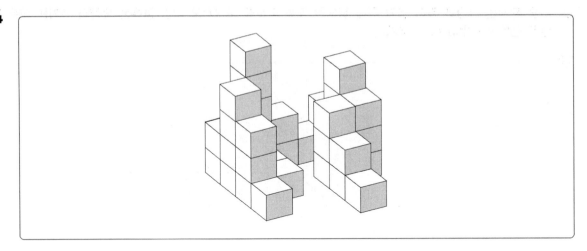

① 35　　　　　　　　　　② 34
③ 33　　　　　　　　　　④ 32

25

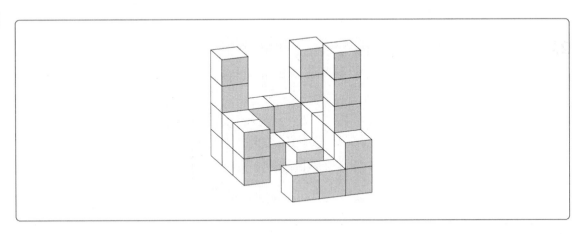

① 31　　　　　　　　　　② 32
③ 33　　　　　　　　　　④ 34

26

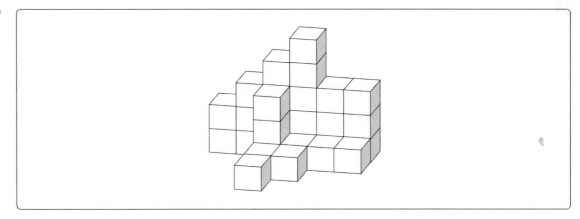

① 29

② 31

③ 33

④ 35

27

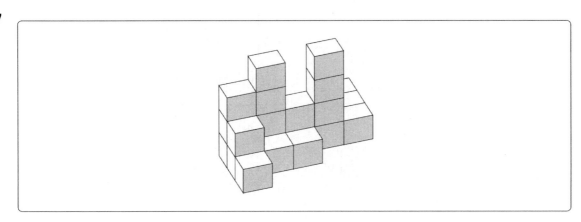

① 20

② 21

③ 22

④ 23

28

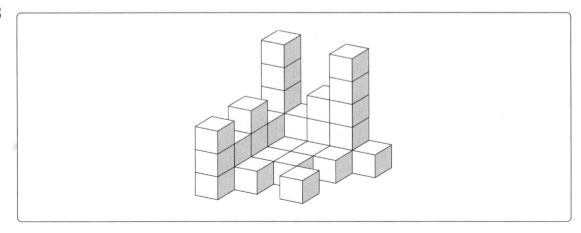

① 28

② 30

③ 33

④ 36

29

① 46

② 47

③ 48

④ 49

30

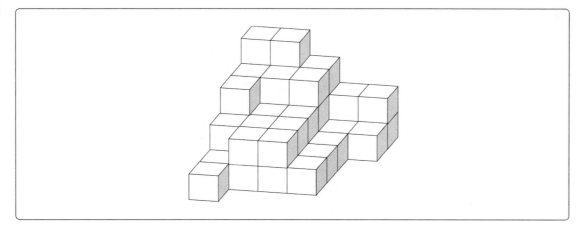

① 42   ② 44

③ 46   ④ 48

31

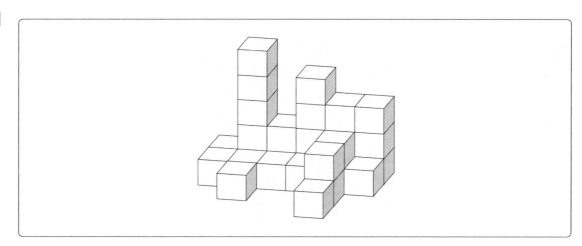

① 29   ② 30

③ 31   ④ 32

32

① 29   ② 31

③ 33   ④ 35

33

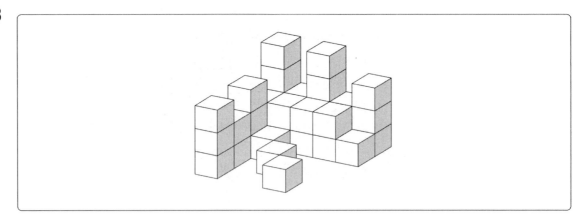

① 31   ② 33

③ 35   ④ 37

34

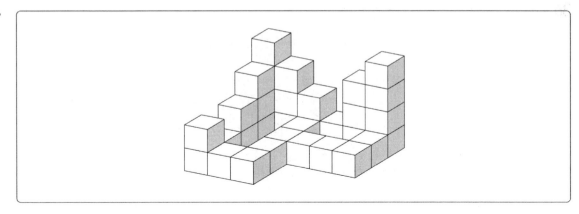

① 28
② 30
③ 32
④ 34

35

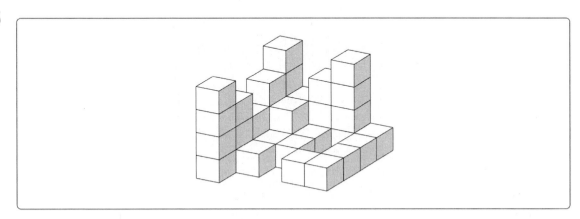

① 33
② 34
③ 35
④ 36

36

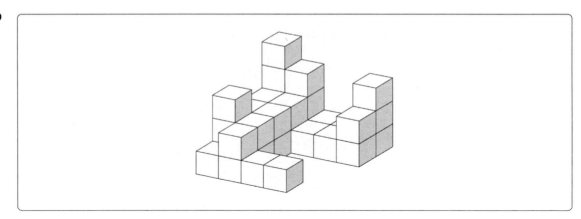

① 32

② 33

③ 34

④ 35

37

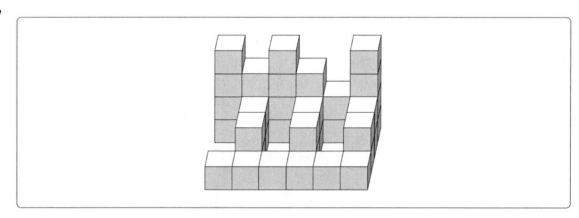

① 35

② 36

③ 37

④ 38

38

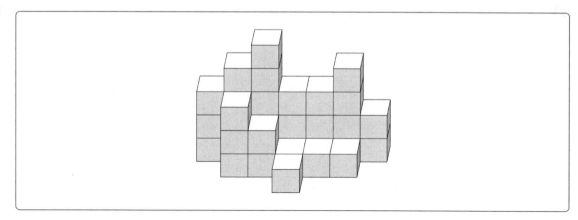

① 33   ② 34
③ 35   ④ 36

39

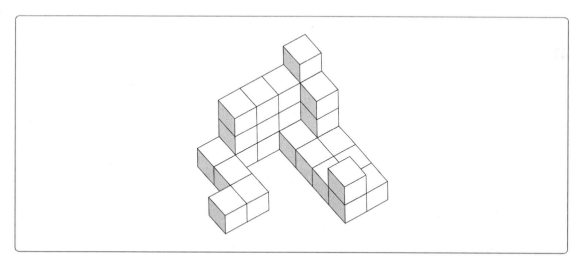

① 28   ② 29
③ 30   ④ 31

40

① 34   ② 36
③ 38   ④ 40

41

① 34   ② 35
③ 36   ④ 37

42

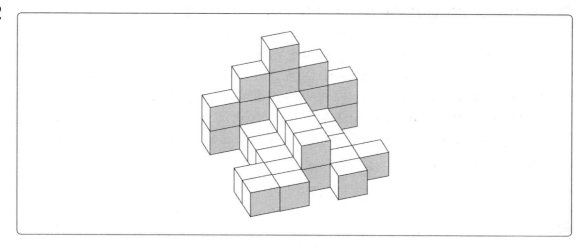

① 29

② 31

③ 33

④ 35

- 전개도를 접을 때 전개도 상의 그림, 기호, 문자가 입체도형의 겉면에 표시되는 방향으로 접음.
- 전개도를 접어 입체도형을 만들 때, 전개도에 표시된 그림(예 : ▮, ◢, ▮ 등)은 회전의 효과를 반영함. 즉, 본 문제의 풀이과정에서 보기의 전개도 상에 표시된 ▮과 ▬는 서로 다른 것으로 취급함.
- 단, 기호 및 문자(예 : ✆, ☎, ♨, K, H)의 회전에 의한 효과는 본 문제의 풀이과정에 반영하지 않음. 즉, 전개도를 접어 입체도형을 만들었을 때 ⬚의 방향으로 나타나는 기호 및 문자도 보기에서는 ☎방향으로 표시하며 동일한 것으로 취급함.

43

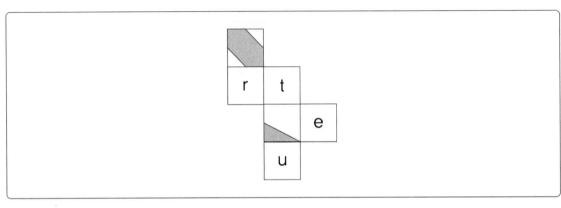

① 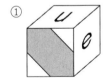 ② 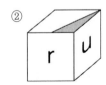 ③   ④

44

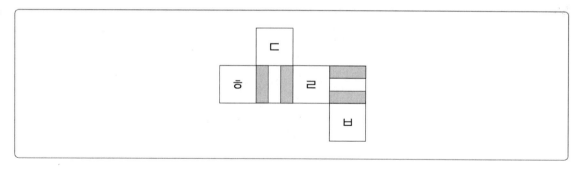

① 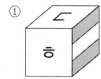　② 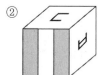　③ 　④

45

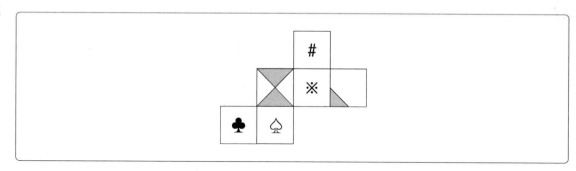

① 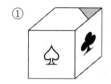　② 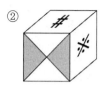　③ 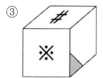　④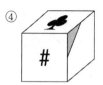

46

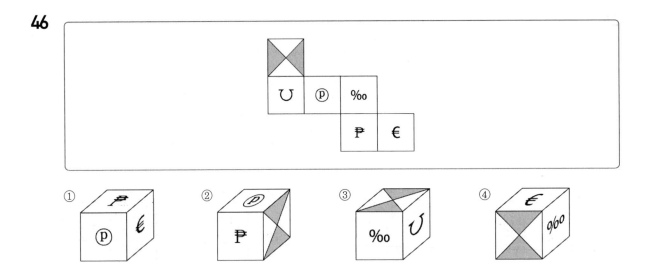

47

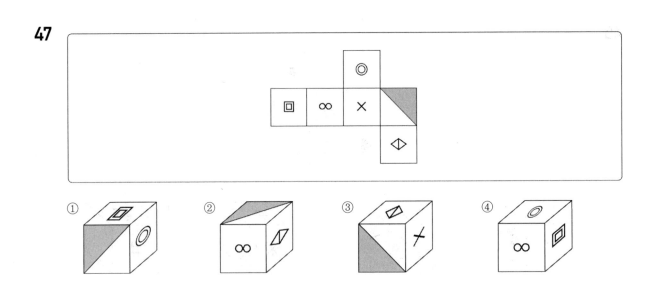

48

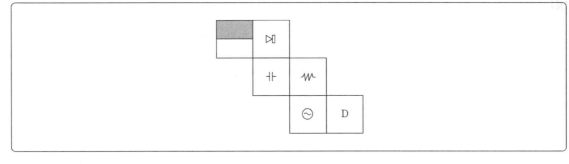

① 　② 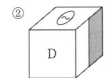　③ 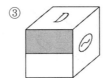　④

49

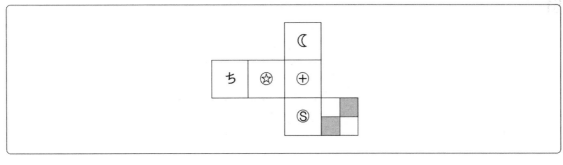

① 　② 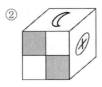　③ 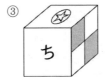　④

50

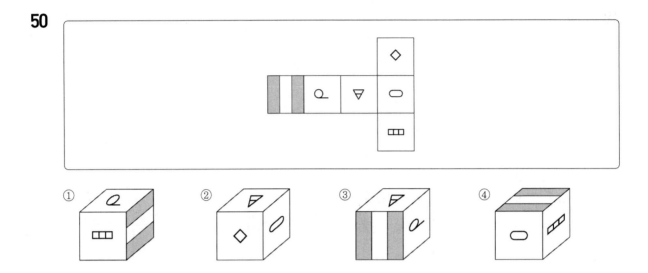

51

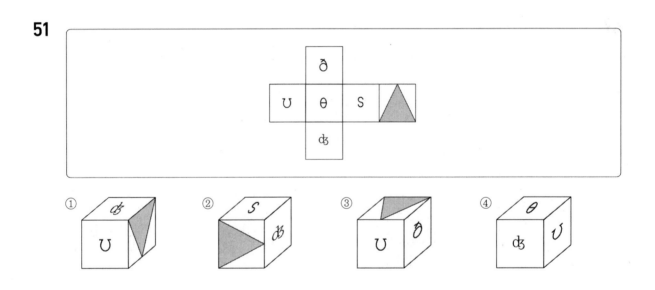

52

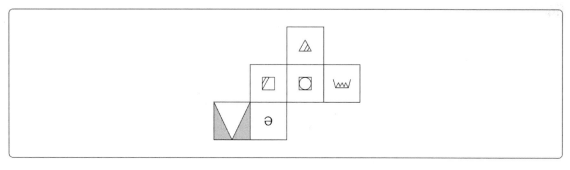

① 　② 　③ 　④

53

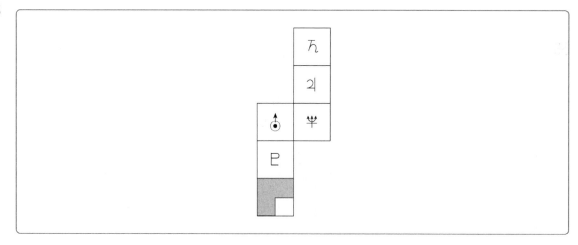

① 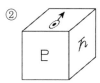　② 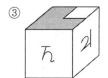　③ 　④

54

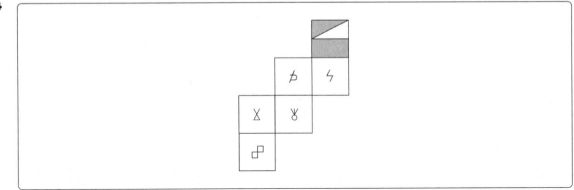

① 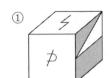　② 　③ 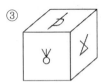　④

55

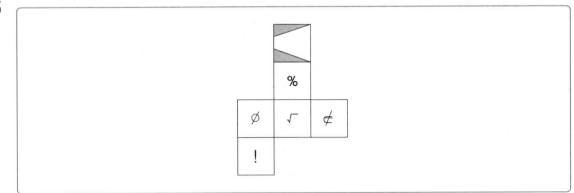

① 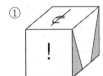　② 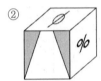　③ 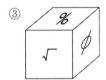　④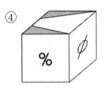

56

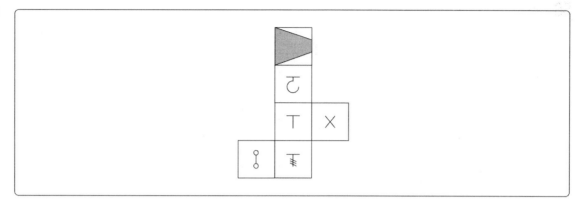

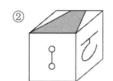 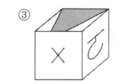 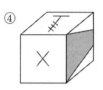

57

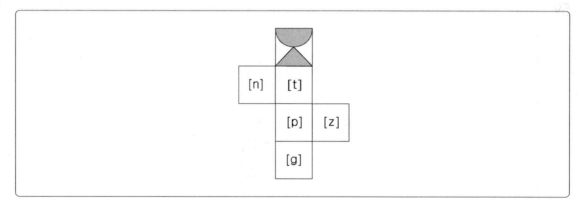

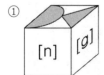 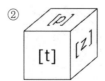 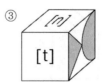 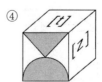

58

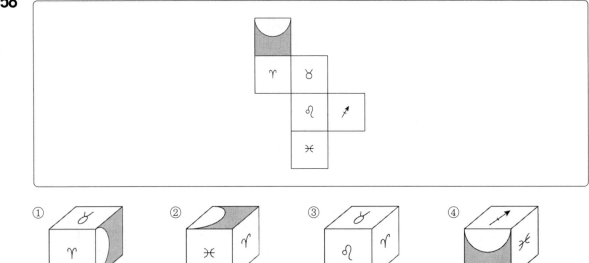

59

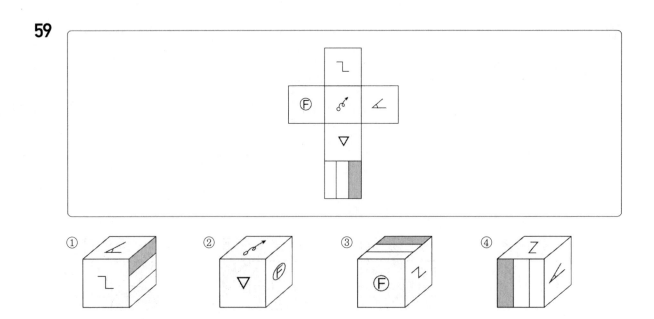

60

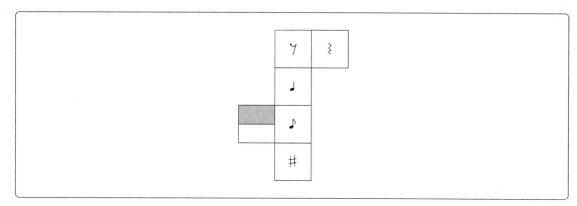

① 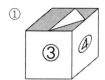 ② 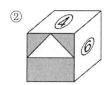 ③ 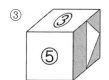 ④

61

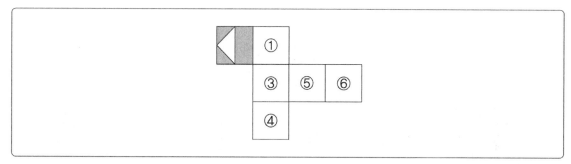

62

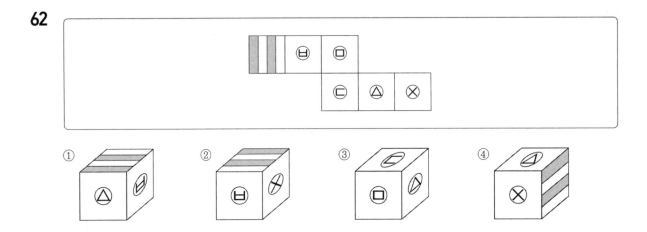

63

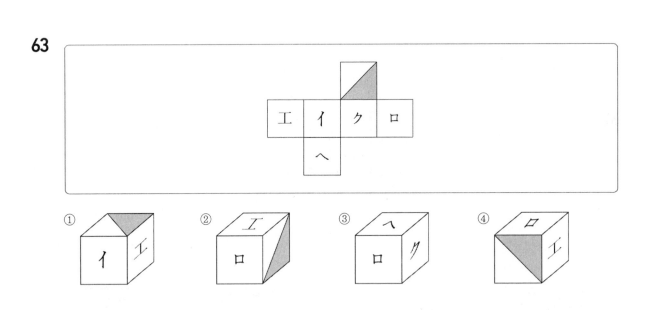

Q 아래에 제시된 블록들을 화살표 표시한 방향에서 바라봤을 때의 모양으로 알맞은 것을 고르시오.
【64~84】

- 블록은 모양과 크기는 모두 동일한 정육면체임
- 바라보는 시선의 방향은 블록의 면과 수직을 이루며 원근에 의해 블록이 작게 보이는 효과는 고려하지 않음

64

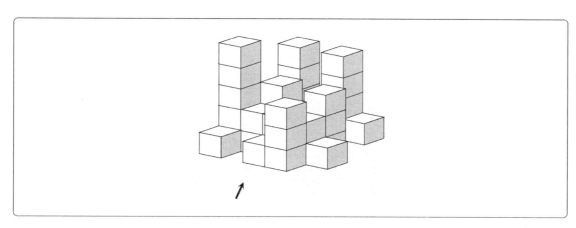

① 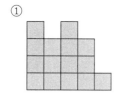   ② 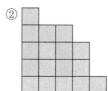   ③ 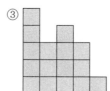   ④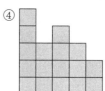

65

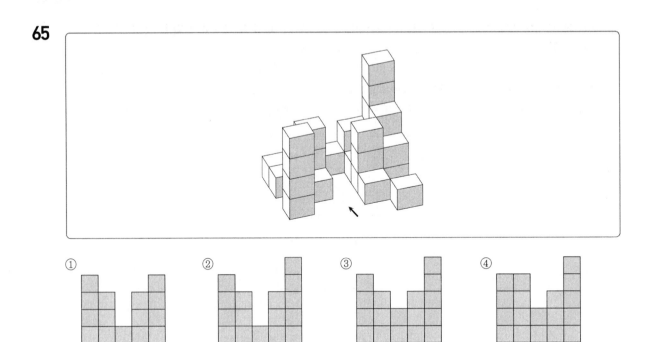

66

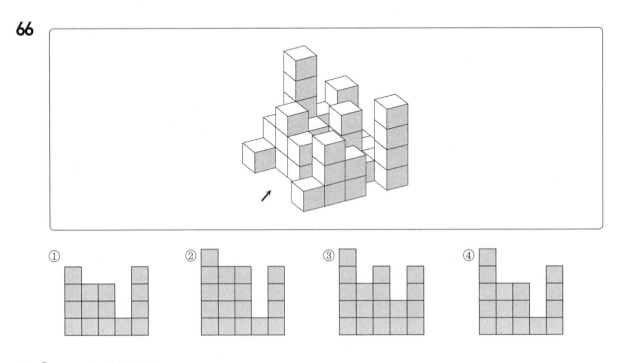

67

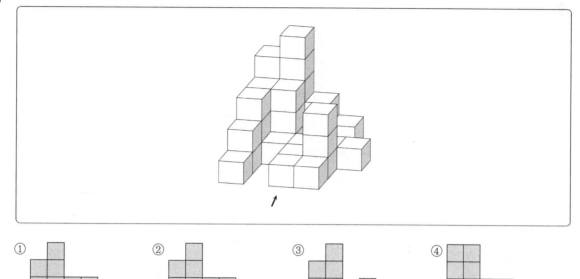

68

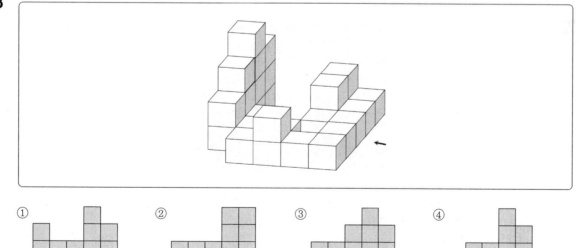

69

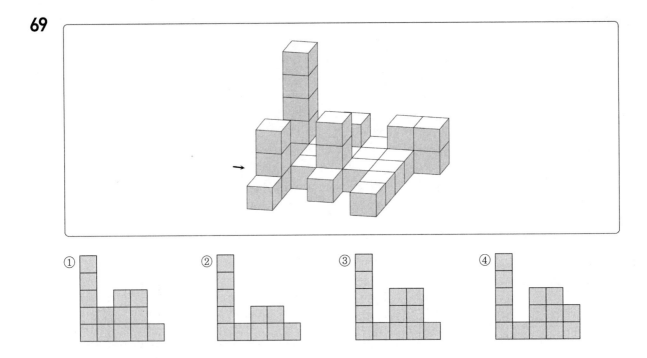

70

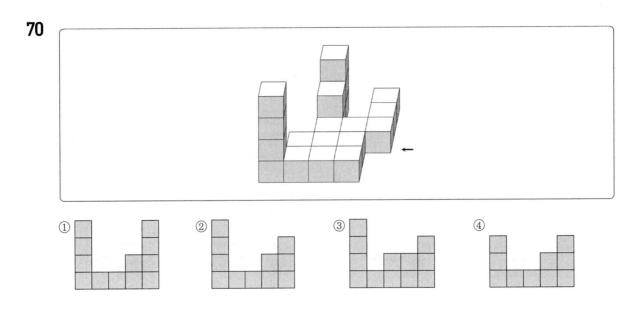

71

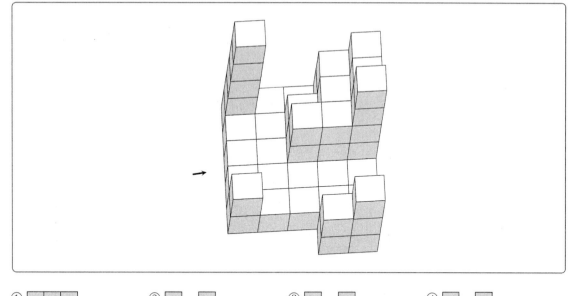

① 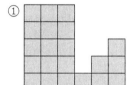　② 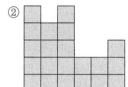　③ 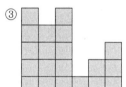　④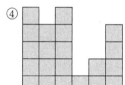

72

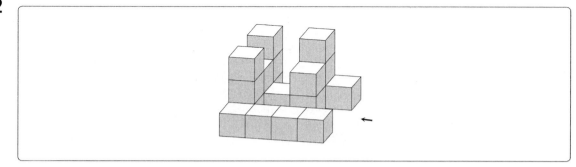

① 　② 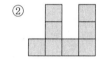　③ 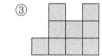　④

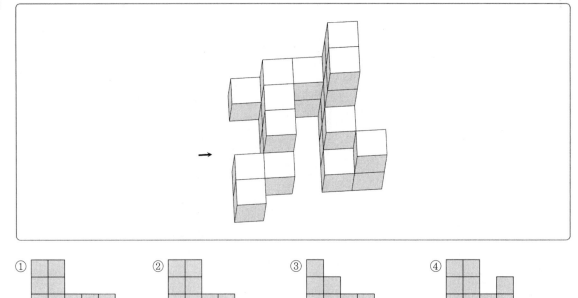

① ② ③ ④

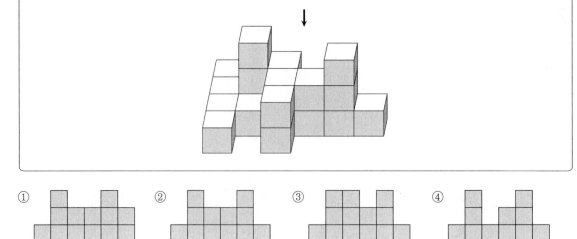

① ② ③ ④

75

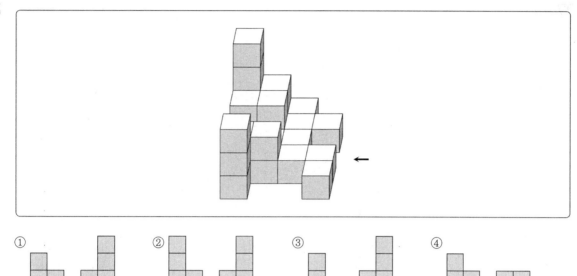

① 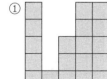　② 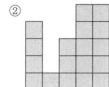　③ 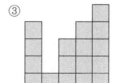　④

76

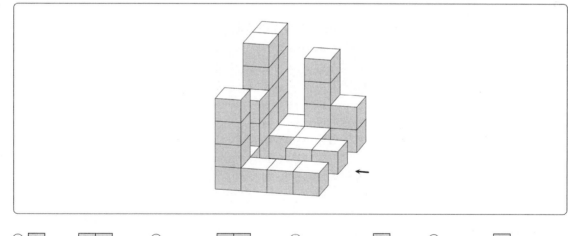

① ② ③ ④

77

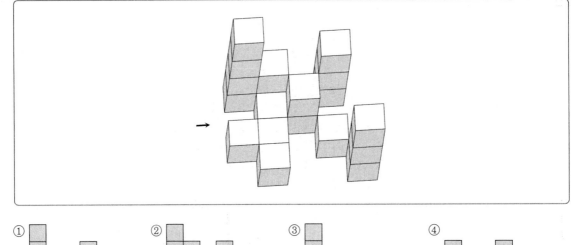

①   ② ③ ④

78

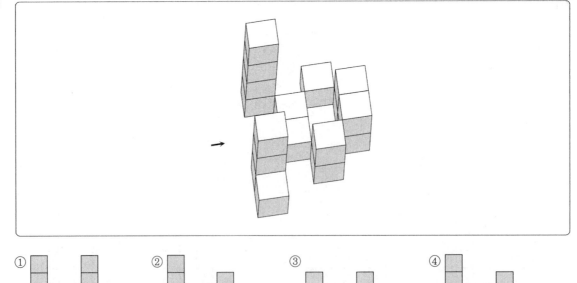

① ② ③ ④

79

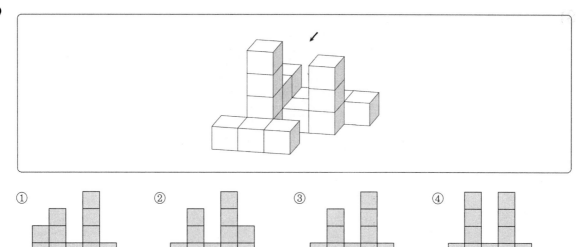

80

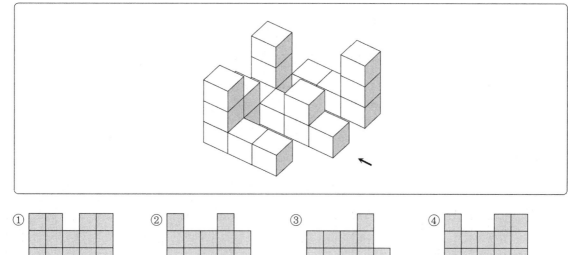

81

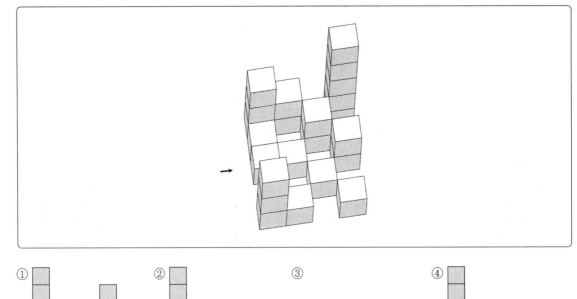

82

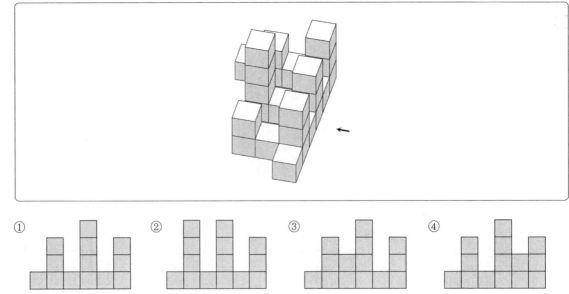

83

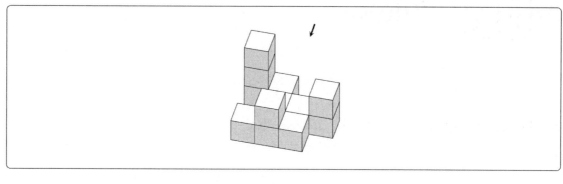

① 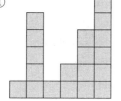   ② ③ ④

84

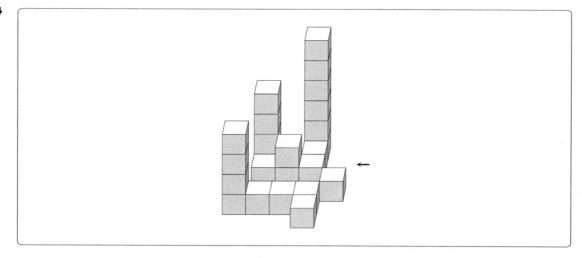

① 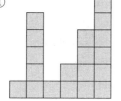   ② 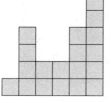   ③    ④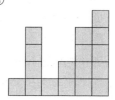

02 언어논리

≫ 정답 및 해설 p.380

Q 다음 밑줄 친 낱말과 의미가 같은 것을 고르시오. 【01~05】

01

> 여름이 되면 우리는 모두 고향으로 내려왔다. 모두가 고향에 도착했다는 소식을 들으면 너 나 할 것 없이 학창 시절의 아지트였던 오두막으로 모였다. 오두막 그늘 아래에서 수박을 네 조각으로 <u>갈라</u> 나누어 먹었다. 잊히지 않는 하루였다.

① 어부들이 힘겹게 지고 온 상어의 배를 <u>가르자</u> 커다란 생선들이 쏟아져 나왔다.
② 그가 마지막으로 쏘아 올린 슛이 경기의 승패를 <u>가르는</u> 득점이 되었다.
③ 하늘을 <u>가르며</u> 날아온 종이 비행기가 꼭 당신이 보낸 안부 같았다.
④ 서울에서 온 연구원들은 병상의 환자들을 여자와 남자로 <u>갈랐다</u>.
⑤ 그는 당사자의 감정은 안중에도 없는지 오직 잘잘못을 <u>가르는</u> 것만 급급했다.

02

> 내부고발은 사회적 이익을 위한 개인의 희생이다. 어떠한 조직이든 내부고발자를 <u>고운</u> 눈으로 보는 사람은 없다. 하지만 분명한 것은 누군가의 내부고발 덕분에 또 다른 누군가가 그와 관련해 더 이상의 불이익을 당하지 않는다는 점이다. 혹은 특정인이 부당한 이익을 취하지 못하는 등 우리 사회가 훨씬 투명해지거나, 정의로워진다는 것이다

① 아기는 <u>고운</u> 면으로 된 배냇저고리를 입고 엄마의 이름이 적힌 침대에 누워있었다.
② 그가 태어난 마을에는 골목마다 동백꽃이 <u>곱게</u> 피어나는 아름다운 곳이었다.
③ 순남이는 동네에서 가장 허름한 집에 살았지만 심성이 <u>곱기로는</u> 어디에 내놔도 으뜸이었다.
④ 어머니는 노을빛이 <u>곱게</u> 물든 소녀의 머리에 꽃모자를 씌워 주었다.
⑤ 계란을 넣어 반죽을 하기 전에 체에 거른 <u>고운</u> 밀가루를 준비하는 것이 중요하다.

03

> 경찰은 범인의 자백을 받기 위해 심문을 했다. 범인은 모든 것을 자백했지만 경찰은 계속해서 유도 신문을 이어갔다. 사건의 진범은 그의 아들이었고 그는 아들의 죄를 <u>쓴</u> 채 감옥을 갈 요량으로 모든 것을 자백한 것으로 밝혀졌다.

① 그녀가 <u>쓴</u> 노래를 들을 때마다 그녀와의 추억이 떠올랐다.
② 그가 등장하자 사람들의 이목이 그가 <u>쓴</u> 모자에 집중되었다.
③ 연 삼 일 밤낮으로 내린 비에 흙먼지를 <u>쓰고</u> 이울어 가던 보리들은 당장 야들야들 생기가 돌았다.
④ 아버지는 작은 우산을 쌍둥이 아이들 머리 위로 <u>씌우고</u> 본인은 비를 맞으며 걸었다.
⑤ 무슨 까닭으로 죄 없는 자가 이런 죄명을 <u>쓰게</u> 되었는지는 너무도 분명한 일이었다.

04

> 글은 등장인물의 입을 빌리기도 하고 작가가 직접 등장하기도 하며 작가가 생각하는 사랑의 정의에 대해 명쾌하게 소개하고 있다. 전반적인 스토리는 과거에 연애를 시작했고 이제 연애를 시작하는 주인공들의 심리적인 상태와 갈등을 <u>그려낸다</u>. 그 내용 중 질투에 대한 부분이 인상적이다.

① 소년이 <u>그린</u> 그림은 아무도 상상하지 못한 가격에 판매되었다.
② 그 영화는 고부간의 갈등을 <u>그린</u> 것으로 많은 전문가들 사이에서 호평을 받고 있다.
③ 한겨울 교실에서 천천히 곡선을 <u>그리며</u> 떨어지는 눈송이를 보고 있었다.
④ 그는 자신을 반겨줄 아내와 어머니를 <u>그리며</u> 준비한 선물을 손수 포장했다.
⑤ 어느 화가가 <u>그려낸</u> 작품에는 그가 추억하는 고향과 어머니에 대한 기억을 고스란히 담겨있다.

05

> 그 도공은 커다란 강 너머에 살았다. 많은 사람들이 그에게 도자기 한 점을 얻으려고 그 곳을 찾았지만 대부분 빈손으로 돌아갔다. 그 날도 한 선교사가 찾아와 금덩이가 든 가방을 내밀었지만 도공은 도자기를 팔지는 않고 도자기에 올려서 <u>구운</u> 생선을 발라 손녀에게 먹일 뿐이었다.

① 화롯불은 간이역을 찾는 사람들의 손과 발을 녹여주기도 했고 고구마를 <u>구워</u> 허기를 달래주기도 했다.
② 사람들이 뭐라고 하던 그는 염전에서 소금을 <u>구워</u> 파는 일이 보람차게 느껴졌다.
③ 옆 마을의 대장장이는 빨갛게 <u>구워진</u> 쇠를 몇 번이고 두들겼다가 식히기를 반복했다.
④ 도시 사람들은 참나무를 죄다 베어내고 숯을 <u>구워</u> 가져갔다.
⑤ 덕쇠라는 영감으로 대감네 선대 적부터 하인이라는데 허리는 <u>굽고</u> 이는 빠졌어도 극진히 수일이 앞뒤를 보아주며 소중히 받들었다.

Q 다음 밑줄 친 낱말의 의미와 다른 것을 고르시오. 【06~10】

06

> 제조 과정에서 산화 과정이 일어나지 않아서 비산화 차로 분류되는 녹차는 카데킨을 많이 함유하고 있다. 하지만 산화차인 홍차는 제조하는 동안 일어나는 산화 과정에서 카데킨의 일부가 테아플라빈과 테아루비딘이라는 또 다른 항산화 물질로 전환되는데, 이 두 물질이 홍차를 홍차답게 만드는 맛과 색상을 내는 것에 주된 영향을 <u>미친다</u>.

① 기사의 내용은 사실이 아니었지만 사퇴하라는 압력은 고스란히 그에게 <u>미쳤다</u>.
② 솜씨는 봉순네에게 <u>미치지</u> 못했지만 성질이 찬찬한 함안댁은 바느질을 즐기며 했다.
③ 팬들의 응원의 힘이 <u>미쳤는지</u> 그는 결국 금메달을 목에 걸었다.
④ 유명인이 어떤 제품을 사용한다는 사실이 판매량을 높이는 데 영향을 <u>미친다</u>.
⑤ 가장 어두운 순간에는 누군가가 보낸 작은 응원의 한마디가 거대한 파도처럼 영향을 <u>미친다</u>.

07

> 큰딸이 시집간다고 했을 때에도 변변한 농하나 <u>짜줄</u> 형편이 되지 않았다. 그 애를 생각하면 고마운 마음보다 앞서 미안한 마음이 들었다.

① 방 크기에 알맞게 <u>짜진</u> 장식장에 작은 소품들이 하나 둘 늘어갔다.
② 사진을 찍고, 어울리는 액자를 <u>짜고</u>, 적당한 위치에 거는 것까지가 작품 활동이라고 볼 수 있다.
③ 할머니는 나무젓가락을 잘라서 만든 바늘로 옷을 <u>짜서</u> 손주에게 입혔다.
④ 어떻게든 살 생각은 안하고 관부터 <u>짤</u> 생각을 하고 있으니 그른 놈은 그른 놈이다.
⑤ 금식이는 남새밭 옆 마당귀에서 관 <u>짜는</u> 목수들이 피워 놓은 불을 쬐고 앉아 있었다.

08

> 고려 시대에는 불경에 나오는 장면이나 부처, 또는 보살의 형상을 그림으로 표현하는 일이 드물지 않았는데, 그러한 그림을 '불화'라고 <u>부른다</u>. 고려의 귀족들은 불화를 사들여 후손들에게 전해주면 대대로 복을 받는다고 믿었다. 이 때문에 귀족들 사이에서는 그림을 전문으로 그리는 승려로부터 불화를 구입해 자신의 개인 기도처인 원당에 걸어두는 행위가 유행처럼 번졌다.

① 소년은 옆집 아저씨를 형이라고 <u>부르며</u> 잘 따랐다.
② 그는 항상 기대주, 유망주라 <u>불리며</u> 온갖 기대를 받았다.
③ 생전 처음 본 사람을 엄마라고 <u>부르는</u> 것도 어색하고 그 말을 기대하는 눈빛도 부담스러웠다.
④ 그는 자연스럽게 나를 동생이라고 <u>불렀다</u>.
⑤ 밖에 나갈 수 없는 처지가 되자 남자는 의사를 집으로 <u>불렀다</u>.

09

> 그때 이 여자는 그 불구의 다리를 애처롭게 끌고, 아버지의 횡포에 가까운 무자비한 혹사에 노예처럼 순종했었다.

① 일행은 뙤약볕 아래 힘없는 발길을 끌듯 옮길 뿐이었다.
② 사령 하나가 가마니를 끌고 오더니 사금파리 조각들을 쏟아 놓는다.
③ 그러다가 별안간 찬 것을 마셔서 오한이 나는 듯 윗도리를 떨며 이불을 끌어 덮는다.
④ 처음에는 우유 배달을 하다나 나중에는 인력거를 끌었다.
⑤ 밥상을 끌어 자기 앞에 놓았다.

10

> 자신의 마음속엔 사랑이 없을지도 모른다는 생각이 헛된 근심이었다는 걸 처음으로 깨닫게 해준 소중한 사람이 바로 영자였다.

① 아사달은 괴이쩍게 생각은 하면서도 그 눈물이 자기를 동정하는 것인 줄을 어렴풋이 깨닫고 그득하나마 고마운 정이 움직이었다.
② 그 과거도 진실이란 이름으로 가려진 신기루 같은 허상이었음을 육순을 바라볼 지금이야 깨달았으니 인생이란 것이 미로학습의 반복이로구나.
③ 그전처럼 숙맥같이 당하고만 있기에는 이제 너무나 커버린 자신을 깨닫는다.
④ 아무래도 농지 개혁 뼈라는 이쪽과 우리 쪽의 실례를 샅샅이 들어 소작인들 스스로가 현 실태를 깨닫게 해 주는 게 효과가 있을 것 같다.
⑤ 자신도 모르게 얼굴이 붉어짐을 깨닫자, 그녀는 황급히 두 손으로 얼굴을 가렸다.

Q 다음 밑줄 친 단어의 의미와 같은 것을 고르시오. 【11~15】

11

> 우리는 일상생활에서 설명문이나 보고서 등 정보 전달을 위한 글을 쓰게 되는 일이 많아짐을 <u>느낀다</u>. 전문가들은 지식 정보화 사회가 도래하면서 정보 전달을 위한 글쓰기가 더욱 중요해졌다고 말하고 있다. 글쓰기의 효과에 대한 대다수 연구 논문에서도 정보 전달을 위한 글쓰기 능력이 학습 능력이나 업무 능력에 많은 도움을 준다고 밝히고 있다.

① 대불이와 말바우 어미 사이에서 낳은 아이를 보자 일종의 배신감 같은 것을 <u>느꼈기</u> 때문에 혼인을 서둘렀는지도 몰랐다.

② 우리는 외국어를 공부하면서 국어 교육의 필요성을 새삼 <u>느끼게</u> 되었다.

③ 아기를 품에 안으면 보드라운 머릿결이 닿는 느낌과 코끝으로 <u>느껴지는</u> 아기의 향기가 좋았다.

④ 원래 말이 없고 차분한 사람이었지만 그의 얼굴을 보자 그가 얼마나 당황했는지 <u>느낄</u> 수 있었다.

⑤ 그는 나를 위로하고 있지만 내가 <u>느끼는</u> 슬픔에 대해서 공감하는 것 같지는 않았다.

12

> 한길 위에 사람들은 바쁘게 또 일 있게 오고 갔다. 구보는 포도 위에 서서, 문득, 자기도 창작을 위해 어디, 예(例)하면 서소문정 방면이라도 답사할까 <u>생각한다</u>. '모데로노로지오'를 게을리하기 이미 오래다. 그러나, 그러한 생각과 함께 구보는 격렬한 두통을 느끼며, 이제 한 걸음도 더 옮길 수 없을 것 같은 피로를 전신에 깨닫는다. 구보는 얼마 동안을 망연히 그곳, 한길 위에 서 있었다……

① 유나는 그가 행색은 허름하지만 인생을 진지하게 <u>생각하는</u> 사람이라는 확신을 가지고 있었다.

② 허리가 굽은 채로 어린 손자의 손을 잡고 가는 어르신을 보며 잠시 할머니를 <u>생각했다</u>.

③ 엄마는 선뜻 여행에 가겠다고 하지는 않았지만 짐을 챙기는 걸보니 <u>생각</u>이 있는 모양이었다.

④ 첫눈이 내리는 날 아침에 그 사람에게 청혼을 하려고 <u>생각하고</u> 있다.

⑤ 그는 무죄로 풀려났지만 아무리 <u>생각해도</u> 그가 진범인 것이 확실했다.

13

의사설은 타인의 의무 이행 여부와 관련된 권능, 곧 합리적 이성을 가진 자가 아니면 권리자가 되지 못하는 난점이 있다. 가령 사람이 동물 보호 의무를 갖는다고 하더라도 동물이 권리를 갖는다고 보기는 어렵다. 왜냐하면 동물은 이성적 존재가 아니기 때문이다. 그래서 의사설은 권리 주체를 제한한다는 비판을 받는다. 또한 의사설은 면제권을 갖는 어떤 사람이 면제권을 포기함으로써 타인의 권능 아래에 놓일 권리, 즉 스스로를 노예와 같은 상태로 만들 권리를 인정해야 하는 상황에 직면한다. 하지만 현대에서는 이런 상황이 인정되기가 <u>어렵다</u>.

① 환자의 상태가 좋지 않아 <u>어려운</u> 수술이 될 것 같아 두려웠다.
② 좋은 소설이라는 말은 많았지만 <u>어려운</u> 소설이라는 평도 대부분이었다.
③ 어머니는 <u>어려운</u> 살림에 아이들을 키우면서도 누구에게도 내색하지 않았다.
④ 그가 바쁘다는 것은 알고 있었지만 그렇다고 해도 그를 만나기가 너무 <u>어렵다</u>.
⑤ 추천 도서에 포함된 책이긴 하지만 이 책은 초등학생이 읽기에 너무 <u>어렵다</u>.

14

우리는 서로 마주보며 한바탕 웃은 뒤에 물가에 자리를 펴고 앉았다. 졸졸 흐르는 물소리에 굳이 씻지 않아도 깨끗해졌다. 속세의 티끌 하나 묻어 있지 않은 곳이라서 온갖 잡념이 가시니, 정신과 기운이 저절로 맑아져서 바람이 불지 않아도 날아갈 듯하였다. 속세를 벗어난 경지가 참으로 이런 것인가?

① 영어 유치원 바람이 <u>불더니</u> 이제는 숲속 유치원이라는 것이 생겨났다.
② 모두의 생일 축하 노래가 끝나고 주인공이 나서서 초를 <u>불자</u> 폭죽과 함성이 터져나왔다.
③ 무슨 좋은 일이 있는 지 휘파람을 <u>불며</u> 어깨춤을 추는 모습에 웃음이 났다.
④ 달이 바뀌자 따듯한 바람이 <u>불고</u> 나뭇가지마다 새싹이 돋아났다.
⑤ 젊은이들은 한발 물러서기는 했으나 아직도 분이 덜 풀려 코를 씩씩 <u>불고</u> 있었다.

15

갑이 을과 계약하며 병에게 꽃을 배달해 <u>달라고</u> 했다고 하자. 이익 수혜자는 병이지만 권리자는 계약을 체결한 갑이다. 쉽게 말해 을의 의무 이행에 관한 권능을 가진 사람은 병이 아니라 갑이다. 그래서 이익설은 이익의 수혜자가 아닌 권리자가 있는 경우를 설명하기 어렵다는 비판을 받는다. 또한 이익설은 권리가 실현하려는 이익과 그에 상충하는 이익을 비교해야 할 경우 어느 것이 더 우세한지를 측정하기 쉽지 않다.

① 술값은 장부에 <u>달라는</u> 말이 입에 붙었다.
② 숙제를 보여 <u>달라고</u> 부탁하면 못이기는 척 책을 넘겨주곤 했다.
③ 동생에게 미리 돈을 <u>달라고</u> 했지만 들은 척도 하지 않았다.
④ 셔츠에 단추를 <u>달려고</u> 하니 이미 단추가 달아져 있었다.
⑤ 교수님은 논문에 각주를 꼼꼼히 <u>달라고</u> 말씀하셨다.

Q 다음 중 밑줄 친 부분과 다른 의미로 사용된 것을 고르시오. 【16~18】

16

중상이는 일단은 통쾌하게 아내를 <u>이겼다고</u> 생각했다. 그러나 곧 아내의 매운 눈길 때문에 초조해지기 시작했다.

① 우리 반은 줄다리기에서 3반을 <u>이겨서</u> 예선을 통과했다.
② 이번 전투에서 그 부대는 적군에게 <u>이겼으나</u> 군사들을 많이 잃었다.
③ 제가 보기엔 송군이 별로 좋은 사람 같지가 않아요. 젊은 혈기를 못 <u>이겨서</u> 혹시 무슨 일이라도 저지를지 모르니까 또 만나게 되거든 잘 타일러 주세요.
④ 누구든지 상대와 겨루어서 <u>이기고자</u> 하는 욕망이 있다.
⑤ 그와의 온갖 다툼과 경쟁에서 나는 한 번도 그를 <u>이겨</u> 본 일이 없었다.

17

> 떨어진 옷을 꿰매고, 헌 옷을 줄이기도 하며, 기우기도 하여 철이면 철따라 장만해 둔 옷가지를 <u>내고</u> 넣고 하는 일이 주부에게는 남아 있는 것이다.

① 털이는 말고삐 잡은 손을 달달 떨며 말 등에 착 달라붙은 듯이 엎드리고 머리 위로 손가락을 <u>내어</u> 허공을 가리킨다.

② 과히 넉넉한 살림도 아닌 듯한데 필시 제사에 쓰려고 아껴 둔 나락쌀을 <u>내어</u> 밥을 지은 모양이었다.

③ 재영이가 술잔을 들어다가 문 밖에 <u>내다</u> 놓은 뒤에 방 안을 훔치고 쓸기까지 하였다.

④ 편조는 책상 위에 벼루를 <u>내어</u> 먹을 갈고 전주 간지에 청모필을 어전에 받들어 올린다.

⑤ 둘째 아이가 혼자 놀기 시작하면서 집 앞 골목에 양장점이랄 것도 없는 조그만 바느질집을 <u>내고</u> 아내는 생활까지 밀고 나섰다.

18

> 사랑은 했지만 불행하게 만든 아내의 마음에 나쁜 인상을 <u>심어</u> 놓고 죽는다는 것, 아내는 자기를 위해서 그랬다는 것을 영원히 모른다.

① 매부의 처사는 그에게도 사람을 믿지 않는다는 나쁜 씨를 <u>심어</u> 놓았다.

② 지난번 수해에서 상호를 보호하게 했던 똑같은 논리가 이번에는 상호를 용납할 수 없다는 생각을 그들에게 <u>심어</u> 주고 있었다.

③ 연극의 목적은 환상을 <u>심어</u> 주는 것인지도 모른다.

④ 지금 어린이들에게 줄 수 있는 가장 귀한 어른의 선물은 믿음을 <u>심어</u> 주는 일이다.

⑤ 환갑이 넘은 김 서방은 아들들을 독려하여 퇴비를 만들고 싸리담 옆에 감나무를 <u>심었다</u>.

Q 다음 중 밑줄 친 부분과 같은 의미로 사용된 것을 고르시오. 【19~20】

19

> 그녀는 남자가 만약 자기에게 사랑을 <u>구하면서</u> 어느 정도까지의 생활 보장을 하여 준다면 그와 결혼할 수 있다고 했다.

① 아버지는 딸에게 어울리는 배필을 <u>구하기</u> 위해 백방으로 수소문했다.

② 이 선생은 몹시 초조해하는 눈초리로 공모자에게 동의를 <u>구하고</u> 있었다.

③ 그 부부는 여기저기 알아본 끝에 겨우 전셋집을 하나 <u>구했다</u>.

④ 경상도 연해 지도를 한 벌 <u>구하고</u> 싶은데 얻을 길이 없으니 어떻게 한 벌만 그려 줄 수가 없겠습니까?

⑤ 그는 신선한 생선을 <u>구하러</u> 바닷가까지 갔다.

20

> 철이의 재잘거림이 없는 것으로 보아 녀석은 어느새 할머니 무릎에 누워 낮잠이라도 <u>청하고</u> 있는 모양이었다.

① 그는 사장에게 아들을 채용해 달라고 <u>청했다</u>.

② 동료 직원에게 식사를 같이 하기를 <u>청하다</u>.

③ 아버지께서는 손자를 보시고 나서 동에 사람들을 집에 <u>청해서</u> 음식을 대접하였다.

④ 어제는 밤새 놀았기 때문에 오늘은 일찍 잠을 <u>청했다</u>.

⑤ 그는 나를 방 안으로 <u>청해</u> 놓고 나서 잠시 말을 꺼내지 못하고 머뭇거렸다.

21 다음 글을 읽고 유추할 수 없는 것은?

> 아리스토텔레스 과학이 제시한 자연관은 중세의 사회 구조와 밀접하게 관련되어 있었다. 우주가 지상계-불완전한 천상계-완전한 천상계로 조화롭게 삼분되어 있듯이, 세계도 인간-교회-신, 평민-귀족-왕의 삼분 구조로 이루어져, 인간 개개인은 이 구조 속에서 자기 삶의 위치를 알 수 있었다. 만물이 우주의 위계질서 속에서 자기 고유의 위치와 운동 방식을 가지고 있는 것처럼 인간도 마찬가지였다. 농부들은 세속의 지배자인 영주에게 복속되어 노동하였으며, 교회는 지상에 있는 신의 대리자로서 농부들의 정신생활을 통제하였다.

① 아리스토텔레스 과학이 제시한 자연관은 중세 신분제도와 서로 관계가 있다.
② 농민은 물리적인 면에서는 영주의 지배를 받았고, 정신적인 면에서는 교황의 통제를 받았다.
③ 인간세계를 평민, 귀족, 왕으로 삼분한 최초의 학자는 아리스토텔레스이다.
④ 지상계, 불완전한 천상계, 완전한 천상계의 관계는 중세의 평민, 귀족, 왕의 관계와 닮아 있다.
⑤ 중세의 인간 개개인은 삼분구조 속에서 자기 삶의 위치를 알 수 있었다.

22 다음 글을 읽고 이 글에서 생략된 전제로 옳은 것은?

> 일인(一人) 독재는 때로는 정당화된다. 그런데 소수 엘리트 독재는 일인 독재에 비하면 훨씬 덜 심각한 자유권 침해이다. 그러므로 소수 엘리트 독재도 정당화된다는 경우가 있을 것이다.

① 정당한 일인 독재뿐 아니라 정당한 소수 엘리트 독재도 가끔 발생한다.
② 자유권 침해의 정도가 덜 심각한 체재는 더 쉽게 정당화된다.
③ 가장 큰 악을 피할 수 있는 유일한 방법이 일인 독재라면, 일인 독재는 정당화될 수도 있다.
④ 일인 독재는 돌이킬 수 없는 자유권 침해이지만 소수 엘리트 독재의 상처는 치유될 수 있다.
⑤ 일인 독재와 소수 엘리트 독재의 자유권 침해 정도는 아주 심각하다.

23 다음 조건에 따라 가장 올바르게 추론한 것은?

> - 甲은 3년 전에 24살이었다.
> - 乙은 현재 2년 전 甲의 나이와 같다.
> - 丙의 2년 전 나이는 현재 甲의 누나 丁의 나이와 같다.
> - 戊는 丁과 동갑이다.

① 甲~戊 중 戊가 가장 나이가 많다.
② 乙의 나이는 현재 24살이다.
③ 甲~戊 중 30살이 넘은 사람은 없다.
④ 甲~戊 중 甲은 두 번째로 나이가 어리다.
⑤ 丁은 현재 27살이다.

24 다음 글을 읽고 유추할 수 없는 내용은?

> 우리나라에서 모두 6차례에 걸쳐 유행한 AI는 2003년부터 4차례에 걸쳐 유행한 H5N1형, 2014년 H5N8형, 그리고 올해 유행중인 H5N6형이다. 이들 모두는 H5 계열의 고병원성 AI다. AI든 사람을 감염시키는 독감바이러스든 이들 인플루엔자 바이러스는 모두 A, B, C형으로 나뉜다. B형은 사람, 물개, 족제비를 감염시키고, C형은 사람, 개, 돼지를 감염시킨다. B형, C형은 유행이 흔하지 않고 유행을 하더라도 심각하지 않다. 지난 6차례에 걸쳐 유행했던 모든 AI가 A형이고 사람에게서도 신종플루 등 심각한 문제를 일으켰던 것 역시 A형이다.

① 우리나라에서 유행한 AI는 H5 계열의 바이러스이다.
② 모든 인플루엔자 바이러스는 세가지 유형으로 나뉜다.
③ 사람, 물개, 족제비는 같은 유형의 동물에 속한다.
④ 우리나라에서는 H5N1형 AI가 가장 많이 유행했다.
⑤ 우리나라에서 C형 바이러스는 유행한적 없다.

25 다음 글을 읽고 이 글에 대한 반론으로 가장 부적절한 것은?

> 사람들이 '영어 공용화'의 효용성에 대해서 말하면서 가장 많이 언급하는 것이 영어 능력의 향상이다. 그러나 영어 공용화를 한다고 해서 그것이 바로 영어 능력의 향상으로 이어지는 것은 아니다. 영어 공용화의 효과는 두 세대 정도 지나야 드러나며 교육제도 개선 등 부단한 노력이 필요하다. 오히려 영어를 공용화하지 않은 노르웨이, 핀란드, 네덜란드 등에서 체계적인 영어 교육을 통해 뛰어난 영어 구사자를 만들어 내고 있다.

① 필리핀, 싱가포르 등 영어 공용화 국가에서는 영어 교육의 실효성이 별로 없다.
② 우리나라는 노르웨이, 핀란드, 네덜란드 등과 언어의 문화나 역사가 다르다.
③ 영어 공용화를 하지 않으면 영어 교육을 위해 훨씬 많은 비용을 지불해야 한다.
④ 체계적인 영어 교육을 하는 일본에서는 뛰어난 영어 구사자를 발견하기 힘들다.
⑤ 영어 공용화를 하려면 교육제도의 개선 등 많은 제도적 변화가 필요하다.

26 다음 글을 읽고 유추할 수 없는 내용은?

> 문화상대주의는 다른 문화를 서로 다른 역사, 환경의 맥락에서 이해해야 한다는 인식론이자 방법론이며 관점이고 원칙이다. 하지만 문화상대주의가 차별을 정당화하거나 빈곤과 인권침해, 저개발 상태를 방치하는 윤리의 백지상태를 정당화하는 수단이 될 수는 없다. 만일 문화상대주의가 타문화를 이해하는 방법이 아니라, 윤리적 판단을 회피하거나 보류하는 도덕적 문화상대주의에 빠진다면, 이는 문화상대주의를 남용한 것이다. 문화상대주의는 다른 문화를 강요하거나 똑같이 적용해서는 안 된다는 입장일 뿐, 보편윤리와 인권을 부정하는 윤리적 회의주의와 혼동되어서는 안 된다.

① 문화상대주의와 윤리적 회의주의는 구분되어야 한다.
② 문화상대주의가 도덕적 문화상대주의에 빠지는 것을 경계해야 한다.
③ 문화상대주의는 일반적으로 도덕적 판단에 대해 가치중립적이어야 한다.
④ 문화상대주의는 타문화에 대한 관용의 도구가 될 수 있다.
⑤ 문화상대주의는 다른 문화를 강요하거나 똑같이 적용하여서는 안 된다.

27 다음 글을 읽고 유추할 수 없는 것은?

> 고야의 마녀도 리얼하다. 이는 고야가 인간과 마녀를 분명하게 구별하지 않고, 마녀가 실존하는 것처럼 그렸기 때문이다. 따라서 우리는 고야가 마녀의 존재를 믿었는지 의심할 수 있다. 그러나 그것은 중요한 문제가 아니다. 고야는 마녀를 비이성의 상징으로 그려서 세상이 완전하게 이성에 의해서만 지배되지 않음을 표현하고 있을 뿐이다. 또한 악마는 사실 인간 자신의 정신 내면에 존재하는 것임을 시사한다. 그것이 바로 가장 유명한 작품인 제43번 「이성이 잠들면 괴물이 나타난다」에서 그려진 것이다.

① 고야가 마녀의 존재를 믿었는지의 여부는 알 수 없다.
② 고야는 이성의 존재를 부정하였다.
③ 고야는 비이성이 인간 내면에 존재한다고 판단했다.
④ 고야는 세상을 이성과 비이성이 뒤섞인 상태로 이해했다.
⑤ 고야는 인간 정신 내면에 악마가 존재한다고 생각했다.

28 다음 글을 읽고 유추할 수 있는 것은?

> 김씨는 자신이 담배를 끊지 못하고 있는 것을 부끄럽게 생각하고 있지만, 박씨는 자신이 도박을 한 적이 있었다는 것을 창피하게 생각하지 않는다.

① 김씨는 현재 담배를 끊었다.
② 김씨는 아직도 담배를 피우고 있다.
③ 김씨는 담배를 끊으려는 시도를 해 본 적이 없다.
④ 박씨는 한때 도박에 빠져 있었고 지금도 그러한 상태이다.
⑤ 박씨가 한때 도박에 빠졌었던 것은 자신의 의지와는 무관했다.

29 다음 글을 읽고 추론할 수 없는 것은?

시민이란 민주사회의 구성원으로서 공공의 정책 결정에 주체적으로 참여하는 사람입니다. 시민이 생겨난 바탕은 고대 그리스의 도시국가와 로마에서 찾아 볼 수 있습니다. 시민은 권리와 의무를 함께 행하지만, 신민(臣民)에게 권리는 없고 의무만 있을 뿐입니다. 옛날에는 개인보다 공동체 중심이었습니다. 시민사회가 등장하면서 개인에게 초점이 맞추어졌습니다. 개인화가 되다 보니 서로 간의 이해관계가 대립하게 되고, 나아가서 다양한 집단 간의 이해관계도 대립하게 되었습니다. 우리는 집단 간의 갈등을 해소하여 통합된 사회공동체를 형성해야 합니다.

① 공동사회는 개인의 권리보다 의무를 강조한다.
② 시민사회는 개인의 의무보다 권리를 강조한다.
③ 공동사회는 개인보다 집단에 초점을 맞춘다.
④ 시민사회는 집단보다 개인에 초점을 맞춘다.
⑤ 미래의 시민사회는 통합된 사회공동체를 형성해야 한다.

30 다음 글을 읽고 바르게 추론한 것은?

• 영희는 외국어를 좋아하거나 가방을 들고 있다.
• 영희가 가방을 들고 있다면, 그녀는 학생이다.
• 영희가 사전을 가지고 있지 않다면 그녀는 학생이다.
• 영희가 외국어를 좋아한다면 그녀는 학생이 아니다.
• 영희가 외국어를 좋아한다.

① 영희가 가방을 들고 있으면 학생이 아니다.
② 영희가 학생이면 사전을 가지고 있다.
③ 영희가 사전을 가지고 있다면 학생이 아니다.
④ 영희가 외국어를 좋아하면 학생이다.
⑤ 영희가 학생이면 외국어를 좋아하지 않는다.

31 다음 글을 읽고 추론할 수 있는 내용은?

> 이집트인들은 영혼이 부활한다고 믿었고 영혼이 부활하려면 그것이 깃들어 있을 육체가 보존되어야 한다고 생각했다. 그래서 그들은 죽은 자의 몸을 미라로 보존하려고 했던 것이다. 하지만 미라는 파손되기 쉬웠기 때문에 이를 조각이나 회화로 대체했다. 이때 조각이나 회화 속에 죽은 자의 신체를 온전한 모습으로 보존하기 위해 정면성의 원리라는 묘사방식을 택했다. 한 팔이 몸통을 가려 안 보이면, 그 사람은 영원히 외팔로 살아야 할 테니깐 말이다.

① 이집트인들은 육체의 완전성을 중시했다.
② 이집트인들은 육체의 건강을 중시했다.
③ 이집트인들은 육체의 조화를 중시했다.
④ 이집트인들은 육체의 아름다움을 중시했다.
⑤ 이집트인들은 육체와 영혼의 화합을 중시했다.

32 다음 글을 읽고 가장 바르게 추론한 것은?

> 누구나 저 유명한 코르나로의 책을 알고 있다. 오랫동안 행복하게 살기 위한 처방으로 양이 적은 식사법을 권하고 있는 그 책 말이다. 그처럼 널리 읽힌 책도 드물 것이다. … 이 훌륭한 이탈리아인은 자신의 식이요법이 자신의 장수의 원인임을 발견했다. 그런데 장수의 선행조건이었던, 이상하게 느린 신진대사, 적은 양의 소모 등이 실은 그의 적은 식사법의 원인이었던 것이다.

① 코르나로의 책이 유명한 이유는, 그가 장수하기 위한 비법을 썼기 때문이다.
② 코르나로의 책이 널리 읽힌 이유는, 사람들이 장수하기를 원하기 때문이다.
③ 어떤 사람들이 장수하는 것은 적은 양의 식사법 때문이다.
④ 어떤 사람들이 장수하는 것은, 그들이 생리적으로 느린 신진대사를 하는 사람들이기 때문이다.
⑤ 어떤 사람들이 장수하는 것은 훌륭한 이탈리아인의 비법서를 읽었기 때문이다.

33 다음의 진술로부터 추론할 수 없는 문장은?

> 어떤 사람은 신의 존재와 운명론을 믿지만, 모든 무신론자가 운명론을 거부하는 것은 아니다.

① 운명론을 거부하는 어떤 무신론자가 있을 수 있다.
② 운명론을 받아들이는 어떤 무신론자가 있을 수 있다.
③ 모든 사람은 신의 존재와 운명론을 믿는다.
④ 무신론자들 중에는 운명을 믿는 사람이 있다.
⑤ 어떤 사람은 신의 존재와 운명론을 믿는다.

34 다음 글을 읽고 추론할 수 있는 사실로 가장 적절한 것은?

> 과학 연구와 과학자 양성을 위한 국가 제도가 형성되었다. 이를 기반으로 기업체 안에 연구 개발 체제가 갖추어지면서 연구 개발에 의한 잉여 가치의 생산 및 연구 개발의 재투자가 야기됨으로써 과학자의 양적 증대가 비약적으로 진행되었다. 이러한 결과로 첫째, 과학자는 과학 연구 그 자체에 의해서 생활하고 출신이나 성별에 관계없이 과학자가 되는 기본 조건이 갖추어지고 있다. 에를 들면, 우리나라에 있어서 대학교수 중에서 여성이 차지하는 비율이 점차 커지고 있으며, 과학 연구 분야로의 여성의 진출은 기본적으로 달성되어 가고 있다. 둘째, 과학 연구는 하나의 사회적 활동으로서의 협동성을 높이고 있으며 동시에 과학자 상호 간의 의존 관계가 강화되어 가고 있다. 따라서 과학자는 과학의 발전과 스스로의 능력을 높이기 위해서만이 아니고 과학과 과학자의 현황이나 과학에 대한 국민적인 요구를 종합적으로 인식하기 위해서 과학 행정에 의식적으로 참여하는 것이 필요하게 되었다.

① 과학 연구 분야에서 여성이 주도권을 갖게 되었다.
② 근대 이전에는 과학자가 되는 데 신분적 제약이 따랐다.
③ 여성의 섬세한 감각을 요구하는 과학의 연구 분야가 늘어났다.
④ 협동적인 연구 영역의 확대는 성의 구별 의식을 없어지게 했다.
⑤ 우리나라의 대학교수 중 절반 이상이 여성이다.

35 다음 글을 읽고 추론한 것으로 옳지 않은 것은?

(가) 표준국어대사전

자장면(← 〈중〉zhajianmian[炸醬麵])

「명사」 중화요리의 하나. 고기와 채소를 넣어 볶은 중국 된장에 국수를 비벼 먹는다. ≒ 짜장면.

(나) 외래어 표기법

중국어의 설첨후음인 zh, ch, sh는 각각 ㅈ, ㅊ, ㅅ으로 표기한다.

(다) 신문기사

"이젠 짜장면이라 불러도 좋다… 25년 만에 표준어 복권"

국립국어원은 8월 31일 표준어로 인정되지 않았지만, 많이 쓰이는 39개 낱말을 복수표준어로 새롭게 인정했다. 이들 중 표준어가 아닌 표기가 많이 쓰여, 표준어로 인정하기로 한 낱말이 3개 있는데, 그들은 '짜장면, 품새, 택견'이다.

---

① '자장면'과 '짜장면'은 복수표준어이기 때문에 어떤 것을 써도 무방하다.

② '짜장면'은 표준어이기는 하지만 외래어 표기법에는 위배된다.

③ '짜장면'이 표준어로 인정받은 것은 규범보다는 언어 현실을 반영한 조치이다.

④ 이상으로 볼 때, 언어 현실은 규범에 우선한다.

⑤ 이상으로 볼 때, 언어는 규범보다 현실에 우선한다.

36 다음 글에서 이야기하고 있는 조직시민행동에 해당하지 않는 것은?

조직시민행동은 개인 본연의 직무는 아니지만 전반적인 조직성과를 제고하는 데 기여하는 직무 외 행동을 일컫는 개념이다. 이는 직무기술서 상에 명시돼 있지는 않지만 양심적인 시민으로서 타인에 대한 배려와 조직에 대한 애정에 기반 한 시민의식의 자발적 발현을 통해 협력적인 분위기를 고취하는 행동을 말한다.

---

① 규정된 출근시간보다 일찍 출근하여 사무실을 정리·정돈하였다.

② 점심시간을 아껴서 능력개발을 위해 학원을 다녔다.

③ 퇴근하기 전에 사무실을 돌아다니며 불필요한 전등을 껐다.

④ 회사에서 비윤리적 행동을 하는 사람을 상사에게 알렸다.

⑤ 신입사원을 주어진 책임 이상으로 잘 지도하였다.

37

> 조선 후기에는 수취제도의 문란으로 인하여 백성들의 원성을 <u>사는</u> 일이 많았다.

① 조카에게 줄 선물로 책을 <u>샀다</u>.
② 주민들의 반감을 <u>사는</u> 일임에도 불구하고 추진했다.
③ 그녀는 웃는 얼굴로 다른 사람의 호감을 <u>샀다</u>.
④ 그 사람의 공을 높이 <u>샀다</u>.
⑤ 인부를 <u>사서</u> 이삿짐을 날랐다.

38

> 그는 현명한 아내를 <u>만나</u> 화목한 가정을 꾸렸다.

① 동생을 <u>만나러</u> 가는 길이다.
② 퇴근길에 갑자기 비를 <u>만났다</u>.
③ 친구는 깐깐한 상사를 <u>만나</u> 고생한다.
④ 이곳은 바다와 육지가 <u>만나는</u> 곳이다.
⑤ 그는 어렵고 힘든 일을 <u>만날</u> 때마다 자식들을 생각한다.

Q 다음 제시된 문장의 밑줄 친 부분과 다른 의미로 쓰인 것을 고르시오.

39

> 반죽을 공기 중에 장시간 노출하면 <u>굳어</u>버린다.

① 오늘 점심값은 <u>굳었다</u>.
② 시멘트가 <u>굳지</u> 않았으니 밟지 마시오.
③ 밥이 딱딱하게 <u>굳어서</u> 못 먹겠다.
④ 비 온 뒤에 땅이 <u>굳어진다</u>.
⑤ 까진 무릎에서 <u>굳지</u> 않은 피가 흘러내리고 있었다.

Q 다음 주어진 글을 순서에 맞게 배열한 것을 고르시오. 【40~44】

40

몸과 마음의 관계에 대한 전통적인 이원론에 따르면 마음은 몸과 같이 하나의 대상이며 몸과 독립되어 존재하는 실체이다.

ⓐ 몸이 마음 없이도 그리고 마음이 몸 없이도 존재할 수 있다는 주장이 실체이원론이며, 이 이론을 대표하는 철학자로 통상 데카르트가 언급된다.

ⓑ 두뇌를 포함한 몸은 그것의 크기, 무게, 부피, 위치 등의 물리적 속성을 가지고 있는 반면, 마음은 물리적 속성을 결여한 비물리적 실체이다.

ⓒ 독립된 존재란 다른 것에 의존하지 않는 존재라는 뜻이다.

ⓓ 기계와 이성이 서로를 배제한다는 생각은 이원론적 사고의 한 유형이라고 간주할 수 있다.

이성을 가지는 것은 기계가 아니라 전혀 다른 어떤 실체이다.

① ⓐ - ⓑ - ⓓ - ⓒ

② ⓒ - ⓐ - ⓓ - ⓑ

③ ⓒ - ⓓ - ⓑ - ⓐ

④ ⓒ - ⓐ - ⓑ - ⓓ

⑤ ⓐ - ⓒ - ⓑ - ⓓ

41

㉠ 반면에 근육섬유가 수축함에도 불구하고 전체근육의 길이가 변하지 않는 수축을 '등척수축'이라고 한다.

㉡ 근육에 부하가 걸릴 때, 이 부하를 견디기 위해 탄력섬유가 늘어나기 때문에 근육섬유는 수축하지만 전체근육의 길이는 변하지 않는 등척수축이 일어날 수 있다.

㉢ 등척수축은 골격근의 주변 조직과 근육섬유 내에 있는 탄력섬유의 작용에 의해 일어난다.

㉣ 근육 수축의 종류 중 근육섬유가 수축함에 따라 전체근육의 길이가 변화하는 것을 '등장수축'이라 한다.

㉤ 예를 들어 아령을 손에 들고 팔꿈치의 각도를 일정하게 유지하고 있는 상태에서 위팔의 이두근 근육섬유는 끊임없이 수축하고 있지만, 이 근육에서 만드는 장력이 근육에 걸린 부하량 즉 아령의 무게와 같아 전체근육의 길이가 변하지 않기 때문에 등척수축을 하는 것이다.

① ㉢ - ㉠ - ㉤ - ㉣ - ㉡

② ㉢ - ㉤ - ㉠ - ㉣ - ㉡

③ ㉣ - ㉠ - ㉤ - ㉢ - ㉡

④ ㉣ - ㉢ - ㉠ - ㉤ - ㉡

⑤ ㉣ - ㉢ - ㉤ - ㉡ - ㉠

42

(가) 그리고 저장한 적혈구를 재주입하면 적혈구 수와 헤모글로빈이 증가한다.

(나) 혈액 도핑은 혈액의 산소 운반능력을 증가시키기 위해 고안된 기술이다.

(다) 이는 자기 혈액을 이용한 혈액 도핑은 운동선수로부터 혈액을 뽑아 혈장은 선수에게 다시 주입하고 적혈구는 냉장 보관하다가 시합 1~7일 전에 주입하는 방법이다.

(라) 표준 운동시험에서 혈액 도핑을 받은 선수는 도핑을 하지 않은 경우와 비교해 유산소 운동 능력이 5~13% 증가한다.

(마) 시합 3주 전에 450mL정도의 혈액을 뽑아내면 시합 때까지 적혈구 조혈이 왕성해져서 근육 내 산소 농도는 피를 뽑기 전의 정상수준으로 증가한다.

① (나) - (다) - (마) - (가) - (라)   ② (나) - (마) - (다) - (가) - (라)

③ (다) - (나) - (가) - (마) - (라)   ④ (다) - (마) - (가) - (라) - (나)

⑤ (마) - (다) - (나) - (가) - (라)

43

(가) 하지만 명은 왜구에 대한 두려움으로 일본과의 무역을 제한하는 해금정책을 풀지 않았고, 조선 또한 삼포왜란 이후 중단된 거래를 재개할 생각이 없었다.

(나) 임진왜란 4년 전인 1588년, 도요토미 히데요시는 왜구 집단에 대해 개별적인 밀무역과 해적활동을 금지하는 해적 정지령을 내렸다.

(다) 도요토미는 대규모 군대와 전쟁 물자를 수송해야 하는 문제를 고려하여 전자를 선택하였다. 임진왜란의 발발이었다.

(라) 도요토미는 은을 매개로 한 교역을 활성화할 수 있는 방법으로 전쟁을 택했다. 그에게는 조선을 거쳐 베이징으로 침공하는 방법과 중국 남해안을 직접 공격하는 방법이 있었다.

(마) 이로써 그는 독립적이었던 왜구의 무역 활동을 장악하고, 그 전력을 정규 수군화한 후 조선과 중국에 무역을 요구했다.

① (나) - (라) - (마) - (가) - (다)   ② (나) - (마) - (가) - (라) - (다)

③ (나) - (다) - (마) - (가) - (라)   ④ (라) - (나) - (마) - (가) - (다)

⑤ (라) - (마) - (가) - (나) - (다)

44

> ㉠ 이 학파는 단지 마음에 비추어 나타난 표상만이 있고 표상과 대응하는 외계의 존재물은 없다고 본다.
> ㉡ 그리하여 인간의 의식에 대한 탐구가 이 학파의 중요한 작업이다.
> ㉢ 유식 철학은 모든 것을 오직 의식의 흐름에 불과한 것으로 파악하는 대승불교의 한 학파이다.
> ㉣ 유식 학파는 한편으로는 유가행파라고도 불리는데, 요가의 수행을 위주로 하는 학파라는 의미이다.
> ㉤ 이 학파는 인간의 마음을 그만큼 중요하게 생각하고 있는 것이라 할 수 있다.

① ㉡－㉢－㉣－㉠－㉤　　　　② ㉡－㉤－㉣－㉢－㉠

③ ㉡－㉣－㉢－㉠－㉤　　　　④ ㉢－㉡－㉠－㉤－㉣

⑤ ㉢－㉠－㉤－㉡－㉣

45 다음 글에서 ㉠ : ㉡과 같은 관계로 짝지어진 것은?

> 선량한 부부가 이혼을 했다. ㉠남자는 곧 재혼을 했는데, 불행하게도 악한 ㉡여자를 만났다. 그는 새 아내와 마찬가지로 악한 남자가 되었다. 이혼한 아내 역시 공교롭게도 악한 남자와 결혼했다. 그 악한 남자는 선한 사람이 되었다.

① 사람 : 동물　　　　② 과일 : 나무

③ 컵 : 물　　　　④ 앉다 : 서다

⑤ 책 : 도서관

46 다음 중 밑줄 친 부분이 바르게 사용된 것은?

① 형과 나는 성격이 정말 <u>틀리다</u>.

② 누나가 교복을 <u>달이는</u> 모습이 보였다.

③ 나는 학생들을 <u>가르치는</u> 선생님이 되고 싶다.

④ 그녀는 합격자 발표를 가슴 <u>조리며</u> 기다렸다.

⑤ 그는 그녀가 다시 오기만을 간절히 <u>바랬다</u>.

47 아래 글에서 다음 문장이 들어가기에 알맞은 곳은?

이에 환경부는 '멸종 위기 야생 동식물' 194종을 지정하여 이를 포획하거나 채취하는 행위를 금지하고 있다.

① 서식처를 잃은 야생 동물들은 생존의 위협을 받고 있다. ② 굶주린 야생 멧돼지와 수리부엉이가 먹이를 찾아 농가를 습격했다는 뉴스는 이제 더 이상 새롭지 않다. ③ 여기에 속한 붉은 박쥐는 우리나라와 일본 쓰시마 섬에만 살고 있다. ④ 우리가 보호하지 않는다면 붉은 박쥐 역시 도도새처럼 기록으로만 남을지도 모른다. ⑤ 이를 보호하기 위해 우리는 작은 관심이라도 가질 필요가 있다.

48 다음에 제시된 글을 가장 잘 요약한 것은?

해는 동에서 솟아 서로 진다. 하루가 흘러가는 것은 서운하지만 한낮에 갈망했던 현상이다. 그래서 해가 지면 농부는 얼씨구 좋다고 외치는 것이다. 해가 지면 신선한 바람이 불어오니 노랫소리가 절로 나오고, 아침에 모여 하루 종일 일을 같이 한 친구들과 헤어지며 내일 또 다시 만나기를 기약한다. 그리고는 귀여운 처자가 기다리는 가정으로 돌아가 빵긋 웃는 어린 아기를 만나게 된다. 행복한 가정으로 돌아가 하루의 고된 피로를 풀게 된다. 고된 일은 바로 이 행복한 가정을 위해서 있는 것이다. 그래서 고된 노동을 불평만 하지 않고, 탄식만 하지 않고 긍정함으로써 삶의 의욕을 보이는 지혜가 있었다.

① 농부들은 하루 종일 힘겨운 일을 하면서도 가정의 행복만을 생각했다.
② 농부들은 자신이 고된 일을 하는 것이 행복한 가정을 위한 것임을 깨달아 불평불만을 해소하려 애썼다.
③ 가정의 행복을 위해서라면 고된 일일지라도 불평하지 않고 긍정적으로 해 나가야 한다는 생각을 농부들은 지니고 있었다.
④ 해가 지면 집에 돌아가 가족과 행복한 시간을 보낼 수 있다는 희망에 농부들은 고된 일을 하면서도 불평을 하지 않고 즐거운 삶을 산다.
⑤ 농부들은 오랜 기간 고된 일을 해오면서 스스로 불평불만을 해소하고 자신의 삶에 만족하는 방법을 깨달았다.

49 다음 문장에서 경어법이 잘못 사용된 개수는?

> 먼저 본인을 대표로 선출하여 주신 대의원 여러분과 국민 여러분에게 감사의 뜻을 표하고자 합니다.

① 0개   ② 1개
③ 2개   ④ 3개
⑤ 4개

Q 다음 주어진 글의 빈칸에 알맞은 것을 고르시오. 【50~54】

50

> 조국의 승전 쾌보를 받지 못했던들 금당 벽화는 (   ) 담징의 관념의 표백에 그쳤을지도 모른다.

① 탄식   ② 한낱
③ 진상   ④ 한낮
⑤ 가히

51

> 바다 위에 낀 짙은 안개를 (   )(이)라 한다.

① 해거름   ② 운무
③ 햇무리   ④ 해미
⑤ 도해

52

다시 한 번 이 행사를 위해 힘써 주신 여러분께 감사드리며, 이것으로 인사말을 (   )하겠습니다.

① 가름   ② 갈음
③ 가늠   ④ 갸름
⑤ 간음

53

마리아 릴케는 많은 글에서 '위대한 내면의 고독'을 즐길 것을 권했다. '고독은 단 하나 뿐이며 그것은 위대하며 견뎌 내기가 쉽지 않지만, 우리가 맞이하는 밤 가운데 가장 조용한 시간에 자신의 내면으로 걸어 들어가 몇 시간이고 아무도 만나지 않는 것, 바로 이러한 상태에 이를 수 있도록 노력해야 한다'고 언술했다. 고독을 버리고 아무하고나 값싼 유대감을 맺지 말고, 우리의 심장의 가장 깊숙한 심실(心室) 속에 (   )을 꽉 채우라고 권면했다.

① 이로움   ② 고독
③ 흥미   ④ 사랑
⑤ 행복

54

우리의 조상들은 심성이 달의 속성과 일치한다고 믿고 달을 풍년을 주재하는 신으로 숭배하였다. 그리고 천체의 운행 시간과 변화에 매우 지혜로웠다. 천체 가운데에서도 가장 잘 (   ) 할 수 있는 달의 모양이 뚜렷하기 때문에 음력 역법을 쓰는 문화권에서는 달이 이지러져 완전히 차오르는 상태의 시간을 측정하는 기준이 되는 중요한 의미를 알게 되었다.

① 간과(看過)   ② 성찰(省察)
③ 자성(自省)   ④ 첨삭(添削)
⑤ 고찰(考察)

55 다음 상황에 가장 잘 어울리는 표현은?

> A사는 새로운 항암제를 개발하여 이 약의 임상효과에 대한 연구를 김 교수에게 의뢰하였다. 김 교수는 이 약이 뚜렷한 항암 효과가 있다는 결론을 얻지 못했지만, A사로부터 계속 연구비를 받기 위해서 연구 결과를 A사에게 유리하게 포장하여 발표하였다.

① 고식지계(姑息之計)　　　　　② 곡학아세(曲學阿世)
③ 조삼모사(朝三暮四)　　　　　④ 지록위마(指鹿爲馬)
⑤ 환골탈태(換骨奪胎)

56 다음 글의 제목으로 가장 적절한 것은?

> '언어는 사고를 규정한다'고 주장하는 연구자들은 인간이 언어를 통해 사물을 인지한다고 말한다. 예를 들어, 우리나라 사람은 '벼'와 '쌀'과 '밥'을 서로 다른 것으로 범주화하여 인식
> 하는 반면, 에스키모인은 하늘에서 내리는 눈, 땅에 쌓인 눈, 얼음처럼 굳어서 이글루를 지을 수 있는 눈을 서로 다른 것으로 범주화하여 파악한다. 이처럼 언어는 사물을 자의적으로 범주화한다. 그래서 인간이 언어를 통해 사물을 파악하는 방식도 다양할 수밖에 없다.

① 언어의 기능　　　　　　　② 언어의 범주화
③ 언어의 다양성　　　　　　④ 에스키모인의 언어
⑤ 언어와 인지

57 다음 글을 읽은 후 적절한 반응은?

> 성공하여 부와 명예를 가진 사람이 허탈감에 빠지는 경우가 종종 있다. 하지만 비록 가난하더라도 꿈이 있는 사람은 행복하다.

① 정신적인 만족보다는 물질적인 행복을 추구해야 한다.
② 꿈이 성취되어야만 사람은 행복해 질 수 있다.
③ 가난은 사회적 박탈감을 안겨준다.
④ 가난하고 꿈도 없는 사람의 삶은 아무런 가치가 없다.
⑤ 참다운 행복은 이상을 추구하는 과정에 있다.

58 다음의 상황을 표현하는 관용구로 알맞은 것은?

> 그녀는 작년까지 경마와 도박에 빠져서 재산을 탕진했지만, 지금은 완전히 끊고 착실하게 살고 있다.

① 손을 치다   ② 손을 걸다
③ 손을 놓다   ④ 손을 들다
⑤ 손을 씻다

59 다음과 비슷한 의미의 속담은?

> 바늘로 몽둥이 막는다.

① 다 된 죽에 코풀기   ② 아 해 다르고 어 해 다르다.
③ 바위에 달걀 부딪치기   ④ 칼 물고 뜀뛰기
⑤ 소 잃고 외양간 고친다.

Q 다음 글의 빈칸에 알맞은 것을 고르시오. 【60~64】

60

> 1945년 8월 15일, 역사적인 날.
> 이 날도 신기료장수 방삼복은 종로의 공원 건너편 응달에 앉아서 구두 징을 박으면서 해방의 날을 맞이하였다. _____ 지나가는 행인이 서로 모르던 사람끼리면서 덥석 서로 껴안고 기뻐하고 눈물을 흘리고 하는 것이 삼복은 속을 모르겠고 차라리 쑥스러워 보일 따름이었다. 몰려 닫는 군중이 오히려 성가시고, 만세 소리가 귀가 아파 이맛살이 찌푸려질 지경이었다.

① 그러나 삼복은 슬프기도 하고 서럽기조차 했다.
② 그런데 삼복은 딱히 기쁘다기보다는 미심쩍었다.
③ 그런데 삼복은 눈물이 나면서도 조금은 어색했다.
④ 그러나 삼복은 감격한 줄도 기쁜 줄도 모르겠었다.
⑤ 그러나 삼복은 남들처럼 마냥 기꺼워할 수만은 없었다.

61

> 오늘날의 우리에게는 지금이 격변의 시기로 보일지 모르나, 서양의 19세기말은 다음에서 보듯이 _____ 시기에 해당한다. 19세기 중엽 사진기의 등장과 함께 그리는 작업의 의미가 무엇인지에 대한 답이 더 이상 외부세계의 모사라는 전통적 견해에서 주어질 수는 없었다. 이 때 고흐는 외부세계를 그대로 옮기는 것이 아니라 세계를 바라보는 화가 자신의 이미지를 화폭에 담고자 했다. 그리고 19세기말 경제학자들은 가치란 사물 자체에 내재하기보다는 사물이 사용자에게 갖는 효용가치에 주목하기 시작했다. 또한 법의 타당성을 법조문 자체에서 구하는 이른바 개념주의적 접근이 대세일 때, 일군의 법학자들은 법의 타당성을 이의 적용을 받는 사람들의 삶에서 이끌어내고자 노력하였다. 이를테면 헌법은 시대정신의 총화인 것이다. 시선을 인간의 외부에서 내부로 전환하기를 착수한 시기가 바로 서양의 19세기말이었던 것이다.

① 화풍의 전환   ② 가치의 변화
③ 시대정신의 변화   ④ 패러다임의 총체적 전환
⑤ 이데올로기의 변화

62

서구 열강이 동아시아에 영향력을 확대시키고 있던 19세기 후반, 동아시아 지식인들은 당시의 시대 상황을 전환의 시대로 인식하고 이러한 상황을 극복하기 위해 여러 방안을 강구했다. 조선 지식인들 역시 당시 상황을 위기로 인식하면서 다양한 해결책을 제시하고자 했지만, 서양 제국주의의 실체를 정확하게 파악할 수 없었다. 그들에게는 서양 문명의 본질에 대해 치밀하게 분석하고 종합적으로 고찰할 지적 배경이나 사회적 여건이 조성되지 못했기 때문이다. 그들은 자신들의 세계관에 근거하여 서양 문명을 판단할 수밖에 없었다. 당시 지식인들에게 비친 서양 문명의 모습은 대단히 혼란스러웠다. 과학기술 수준은 높지만 정신문화 수준은 낮고, 개인의 권리와 자유가 무한히 보장되어 있지만 사회적 품위는 저급한 것으로 인식되었다. 그래서 그들은 서양 자본주의 문화의 원리와 구조를 정확히 인식하지 못해 _____.

① 빈부격차의 심화, 독점자본의 폐해, 금융질서의 혼란 등 서양 자본주의 문화의 폐해를 명확히 통찰하고 비판하였다.
② 겉으로는 보편적 인권과 민주주의를 표방하면서도 실제로는 제국주의적 야욕을 드러내는 서구 열강의 이중성을 깊게 인식할 수 없었다.
③ 서양문화의 장·단점을 깊이 이해하고 우리나라의 현실에 맞도록 잘 받아들였다.
④ 대부분의 지식인들이 서양문화에 대한 일관된 해석을 내놓았다.
⑤ 서양의 발달된 문물에 대한 수용이 발 빠르게 이루어졌다.

63

일본 젊은이들의 '자동차 이탈(차를 사지 않는 것)' 현상은 어제오늘 일이 아니다. 니혼게이자이신문이 2007년 도쿄의 20대 젊은이 1,207명을 조사한 결과, 자동차 보유비율은 13%였다. 2000년 23.6%에서 10% 포인트 이상 떨어졌다. 자동차를 사지 않는 풍조를 넘어, 자동차 없는 현실을 멋지게 받아들이는 단계로 접어들었다는 것이다. _____ '못' 사는 것을 마치 '안' 사는 것인 양 귀엽게 포장한 것이다. 사실 일본 젊은이들의 자동차 이탈엔 장기 침체와 청년 실업이라는 경제적인 원인이 작용하고 있다.

① 이러한 풍조는 사실 일종의 자기 최면이다.
② 이러한 상황에는 자동차 산업 불황이 한몫을 했다.
③ 이러한 현상은 젊은이들의 사행심에서 비롯되었다.
④ 이는 젊은이들의 의식이 건설적으로 바뀐 결과이다.
⑤ 물론 이러한 현상이 지속되지는 않을 것으로 보인다.

다른 나라로 가는 이민 길이 막혀 있을수록 사람들은 자기 나라의 시스템에 대해 불만을 표출하기보다는 이를 옹호하려는 경향이 높다는 연구 결과가 나왔다. 이민의 가능성이 제한되어 있다고 인식하는 사람일수록 사회 문제를 국가 전체 시스템적인 문제로 확대 해석해서는 안 된다는 반응을 보인다는 것이다. 연구진은 '어쩔 수 없이 자기 나라에서 계속 살아야 한다고 판단하면 사람들은 자기 나라가 안고 있는 문제에 대해 불만을 품기보다 현실적으로 불가피하다며 정적으로 받아들이는 경향이 있다'고 설명했다. 연구를 이끈 A박사는 "사람들이 다른 나라로 이민을 떠나지 못하는 가장 큰 이유가 돈 때문이라는 점을 고려한다면, _____"라고 말했다.

① 부유한 사람일수록 이민을 통해 국가의 시스템에 대한 불만을 표현한다.
② 부유한 사람일수록 국가 전체의 문제를 불가피한 것으로, 긍정적으로 받아들이려는 경향이 있다.
③ 가난한 사람일수록 이민을 통해 국가의 시스템에 대한 불만을 표현한다.
④ 가난한 사람일수록 국가 전체의 문제를 불가피한 것으로, 긍정적으로 받아들이려는 경향이 있다.
⑤ 가난한 사람일수록 국가 전체의 문제에 대한 인식이 부족한 경향이 있다.

65 다음에서 설명하고 있는 단어로 알맞게 짝지어진 것은?

㉠ 어떤 일이나 현상에 대하여 깊이 살핌.
㉡ 언행을 삼가고 조심히 함.
㉢ 주의 · 주장을 세상에 널리 알림.

	㉠	㉡	㉢
①	주시	근신	선전
②	주시	신중	전달
③	경시	근신	선전
④	경시	신중	전달
⑤	경시	은둔	선전

66 다음 중 어법에 맞고 가장 자연스러운 것은?

① 그의 이번 신곡이 크게 인기를 얻을 것은 뻔한 일이다.

② 대학은 진리의 탐구와 자신의 인격을 도야하는 곳이다.

③ 그녀는 제법 눈맵시가 있어 옷 색깔을 잘 맞추어 입었다.

④ 그들은 한적한 오솔길을 걸으며 사색에 잠기기도 하고 내일을 설계했다.

⑤ 내가 강조하는 것은 언어는 민족 얼의 반영이요, 민족정신의 핵심이요, 민족 사회의 보물이다.

67 다음 내용에서 주장하고 있는 것은?

기본적으로 한국 사회는 본격적인 자본주의 시대로 접어들었고 그것은 소비사회, 그리고 사회 구성원들의 자기표현이 거대한 복제기술에 의존하는 대중문화 시대를 열었다. 현대인의 삶에서 대중매체의 중요성은 더욱 더 높아지고 있으며 따라서 이제 더 이상 대중문화를 무시하고 엘리트 문화지향성을 가진 교육을 하기는 힘든 시기에 접어들었다. 세계적인 음악가로 추대 받고 있는 비틀즈도 영국 고등학교가 길러낸 음악가이다.

① 대중문화에 대한 검열이 필요하다.

② 한국에서 세계적인 음악가의 탄생을 위해 고등학교에서 음악 수업의 강화가 필요하다.

③ 한국 사회에서 대중문화를 인정하는 것은 중요하다.

④ 교양 있는 현대인의 배출을 위해 고전음악에 대한 교육이 필요하다.

⑤ 한국의 대중문화와 학교 교육의 연관성은 점점 줄어들고 있다.

68 다음 글의 주제를 바르게 기술한 것은?

칠레 산호세 광산에 매몰됐던 33명의 광부 전원이 69일간의 사투 끝에 모두 살아서 돌아왔다. 기적의 드라마였다. 거기엔 칠레 국민, 아니 전 세계인의 관심과 칠레 정부의 아낌없는 지원, 그리고 최첨단 구조장비의 동원뿐만 아니라 작업반장 우르수아의 리더십이 중요하게 작용하였다. 그러나 그 원동력은 매몰된 광부들 스스로가 지녔던, 살 수 있다는 믿음과 희망이었다. 그것 없이는 그 어떤 첨단 장비도, 국민의 열망도, 정부의 지원도, 리더십도 빛을 발하기 어려웠을 것이다.

① 칠레 광부의 생환은 기적이다.
② 광부의 인생은 광부 스스로가 만들어 간다.
③ 세계는 칠레 광부의 구조에 동원된 최첨단 장비에 주목했다.
④ 삶에 대한 믿음과 희망이 칠레 광부의 생환 기적을 만들었다.
⑤ 집단의 위기 속에서 지도자의 리더십은 더욱 큰 효력을 발휘한다.

69 다음 글의 서술상 특징으로 옳은 것은?

영화는 스크린이라는 일정한 공간 위에 시간적으로 흐르는 예술이며, 연극 또한 무대라는 제한된 공간 위에서 시간적으로 형상화되는 예술이다. 이 두 예술이 다함께 시간과 공간의 예술이라는 점에서 다른 부문의 예술에 비하여 보다 가까운 위치에 놓여 있음을 알겠다.

① 세부적 사실의 나열　　　　　② 논지 적용범위의 확대
③ 객관적 근거에 의한 판단　　　④ 대상에 대한 비교·대조
⑤ 결과에 대한 원인 규명

70 다음 문장이 들어가기에 알맞은 곳은?

> 모든 이성은 누군가의 구체적 개인의 의식이다. 각 개인의 이성은 그의 심리적, 역사적, 사회적 조건에 따라 어딘가 조금은 서로 다를 수밖에 없기 때문이다.

> ㉠ 일반적으로 이성은 시간과 공간에 얽매이지 않아 자율적이며, 시간과 공간을 초월하여 적용될 수 있는 보편적인 것으로 전제되고 있다. 이런 전제를 받아들일 때 이성이 제시하는 판단 근거만이 권위를 갖는다는 주장이 서고, 그에 따라 이성은 자신의 주장을 획일적으로 모든 이에게 독단적으로 강요하는 성격을 내포하고 있다.
>
> ㉡ 그러나 위와 같이 규정된 이성이란 실제로 존재하지 않는 픽션에 지나지 않는다. 이성은 인간의 의식 속에서 의식의 여러 기능과 완전히 구별되어 자율적으로 존재하는 특수한 존재가 아니라 여러 가지 다른 것들로 분리할 수 없는 총체적 의식의 한 측면에 불과하다. 따라서 보편적 이성이란 생각할 수 없다.
>
> ㉢ 이성이 보편적인 권위를 갖지 못한다는 사실은 가장 엄격한 인식 대상인 수학적 진리에 관해서도 때로는 두 수학자가 하나의 수학적 진리를 놓고 똑같이 이성에 호소하는데도 불구하고 서로 양립할 수 없는 두 가지 다른 판단과 주장을 하는 현상으로 입증된다.

① ㉠의 앞
② ㉠의 뒤
③ ㉡의 뒤
④ ㉢의 뒤
⑤ 글의 내용과 어울리지 않는다.

71 다음은 청백리라는 주제로 글을 쓴 것이다. 반드시 있어야 하는 것은?

근래에 본받아야 할 청백리로 변영태가 꼽힌다. ⊙ 그가 특사가 되어 필리핀에 가게 되었을 때의 일이다. 필리핀은 더운 나라이므로 동복과 하복을 가져가라고 외무부에서 권했지만, 변영태는 매서운 추위 속에서도 하복을 입은 채로 떠났다. ⓛ 매일 운동을 하던 아령도 휴대하지 않았다. 수하물 운송료를 줄이기 위해서였다. 마닐라에서도 전차와 버스 편으로 다녔다. ⓒ 그는 외무부 장관으로서 국제회의에 참석할 때마다 남은 출장비를 꼬박꼬박 반납했고 직원들에게도 해외에서의 걷기와 버스타기를 권했다. ⓔ 그는 6·25 직후 부산 피난 시절 퇴근 후 사택에서도 자정까지는 넥타이를 맨 채 바지만 바꿔 입고 일을 계속했으며 대통령으로부터 전화가 오면 꼿꼿한 자세로 받았다. 장관직에서 물러나 있을 때는 담담하게 영어학원에 나가면서 생계를 이었고, 논어를 영역하던 중 연탄가스로 숨졌다. 장례도 고인의 뜻에 따라 가족장으로 치렀고 정부에서 나온 부의금 300만 원은 대학에 희사했다.

① ⊙ⓛ
② ⊙ⓒ
③ ⊙ⓔ
④ ⓛⓒ
⑤ ⓛⓔ

72 다음에서 콜레라의 원인 규명으로 이끈 결정적인 사고방식은?

19세기까지만 해도 콜레라는 하늘이 내린 재앙으로 간주되었다. 1850년대는 런던에서만 콜레라로 수천 명이 목숨을 잃었다. 누구도 콜레라의 원인을 알지 못했기 때문에 공포가 확산되었다. 의사인 존 스노는 콜레라가 발생하고 있던 소호 지역을 중심으로 콜레라의 원인을 밝히는 연구에 착수하였다. 그는 소호 지역에 대한 상세한 지도를 그린 후, 사망자들이 발생한 지점에 점을 찍기 시작하였다. 사망자들을 나타낸 점은 브로드 거리에 집중되어 있었다. 스노는 지도를 보고 콜레라의 원인이 네 거리의 가운데 있는 우물과 관련이 깊을 것이라고 생각하였다. 그는 시의 담당자와 상의하여 펌프의 손잡이를 제거하였다. 우물을 사용하지 못하게 되면서 콜레라 발병자는 사라지게 되었다.

① 시간적 사고
② 공간적 사고
③ 사회적 사고
④ 수리적 사고
⑤ 비판적 사고

73 다음 중 의미가 여러 가지로 해석되지 않고 명확한 문장은?

① 남편은 나보다 영화를 더 좋아한다.
② 나는 사과 한 개와 귤 두 개를 먹었다.
③ 그의 집에 갔더니 손님이 다 오지 않았다.
④ 상냥한 그녀의 친구와 만나기로 약속했다.
⑤ 마음씨 착한 그녀는 누구나 다 좋아한다.

74 다음 중 ㉠과 ㉡에 알맞은 독서 방법은?

> 독서를 효과적으로 하기 위해서 독자는 독서 목표를 분명히 세워야 한다. ㉠<u>세부 내용을 파악하기 위한 독서</u>와 ㉡<u>중심 내용을 파악하기 위한 독서</u>가 같을 수 없고, 객관식 시험에 대비하기 위한 독서와 주관식 시험에 대비하기 위한 독서가 같을 수도 없다.

① ㉠ : 통독, ㉡ : 다독
② ㉠ : 속독, ㉡ : 묵독
③ ㉠ : 정독, ㉡ : 통독
④ ㉠ : 다독, ㉡ : 정독
⑤ ㉠ : 묵독, ㉡ : 속독

75 다음 글의 빈칸에 들어갈 문장으로 알맞은 것은?

(   ) 산업의 발달로 물질이 풍요해지자 인간은 다양한 소비를 통해 자신의 욕구를 충족할 수 있게 되었고 소비를 통해 자신을 표현한다고 믿게 되었다. 오늘날 소비는 대중 매체에 의해 조정되고 조절되는 경향이 짙다. 또한 인간은 영상매체에서 본 이미지를 모방하여 자신을 표현하고자 한다. 이러한 점에서 소비를 통한 자기표현은 타인의 시선에 의해 규정된다고 할 수 있으며, 주체적이고 능동적인 자기 이미지를 만드는 과정으로 보기 어렵다. 결국 소비를 통해 자신의 이미지를 형성하려는 행위는 자신의 상품 가치를 높이는 것에 불과할 뿐이다.

날씬한 여성의 이미지를 선호하는 것도 이와 밀접하게 닿아 있다. 모든 유형의 다이어트가 오늘날과 같은 이유로 행해진 것은 아니다. 중세에 다이어트는 종교적 생활양식에서 영혼을 통제하려는 훈육(訓育)의 한 방법이었고, 18세기에는 특정 집단에 속한 사람들이 음식의 양과 유형을 조절하는 방식이었다. 이와 달리 오늘날의 다이어트는 대부분 날씬한 몸매를 만들어서 자신의 상품 가치를 높이려는 목적에서 이루어진다. 외모에 대한 그릇된 인식은 이러한 다이어트 열풍을 부추겼으며, 대중매체를 통해 점점 더 확대되고 재생산되고 있다.

① 소비 사회에서 몸은 자연스럽게 자기표현의 중심이 된다.
② 오늘날 여성들은 스스로를 뚱뚱하다고 생각한다.
③ 몸에 대한 관심은 과거와는 다른 방향으로 전개되고 있다.
④ 우리 사회에서 다이어트 열기는 뜨겁다.
⑤ 현대 사회에서 외모지상주의는 자연스럽게 여겨지고 있다.

76 다음 이야기를 통해 작가가 이야기하고자 하는 바는 무엇인가?

조선 세조 때 학자요 명문장가로 이름을 날린 김수온이라는 사람이 있었습니다. 그는 책을 읽기로 들면 그 책을 한 장씩 옷소매에 넣고 다니며 외우고, 다 외워 확실하게 살이 되었다고 판단되면 책장 자체는 중요시하지 않고 때로는 그것을 버리기까지 했던 것입니다. 하루는 신숙주의 집에 놀러 온 김수온이 신숙주의 서가에서 '고문선'이라는 책을 발견하고는 이를 빌려주기를 간절히 청했습니다. 신숙주는 이 책이 임금에게 하사받은 책인지라 쉽게 빌려 주지 못하고 망설이다가 김수온이 간절하게 청하는 바람에 어쩔 수 없이 빌려 주고 말았습니다.

김수온의 책 읽는 습관을 아는 신숙주는 한 달이 넘도록 책을 돌려받지 못하자 내심 고민하다가 하루는 김수온의 집으로 찾아갔습니다. 김수온의 방에 들어간 신숙주는 깜짝 놀라 그 자리에 주저앉을 뻔했습니다. 그 소중히 여기던 책이 아예 방에 가득 도배되어 있었기 때문입니다. 임금에게 하사받은 책이라 자신도 함부로 책장을 넘기지 않았던 그 보물의 몰골을 보고 신숙주는 넋을 잃고 망연자실해 있다가 김수온에게 자초지종을 물으니 김수온이 말하기를 "누워서 마음의 살이 되게끔 삭히고자 그렇게 하였소." 하고 대답했습니다.

① 다독을 통해 견문을 넓히고 풍부한 경험을 쌓도록 해야 한다.
② 독서는 내용을 깨달아 마음의 양식이 되도록 해야 한다.
③ 책을 읽을 때는 그 내용을 반드시 외워야 한다.
④ 친구에게 빌린 책은 반드시 돌려주어야 한다.
⑤ 모름지기 사람은 신의를 중시해야 한다.

77 인도(印度)사람을 독자로 설정하여 다음 지문과 같은 내용의 글을 쓴다고 할 때 필자가 범하고 있는 가장 큰 잘못은?

> 소는 인간에게 가장 충직한 동물이다. 살아서 인간을 위해 평생을 봉사한다. 무거운 수레를 끌고 힘든 밭갈이를 하면서도 불평 한 마디 않은 채 주인의 명령에 순종한다. 자신의 새끼가 주인집 아들의 학비를 위해 팔려가도 묵묵히 바라만 볼 뿐이다. 소는 죽어서도 아낌없이 자신의 육체를 인간의 육체를 위해 인간들에게 바친다. 뼈와 살은 인간들의 음식으로, 가죽과 뿔은 인간들의 용품을 만드는 데 바쳐지는 것이다.

① 독자들을 어느 한 계층에만 국한시키고 있다.
② 독자들의 문화적 배경에 대한 이해가 부족했다.
③ 필자는 독자와의 관계를 우호적으로 보고 있다.
④ 독자의 교육수준이 고려되지 않은 표현을 사용했다.
⑤ 독자를 설득하는 과정에서 마땅한 근거 없이 감정에 호소하고 있다.

78 다음 글의 목적으로 알맞은 것은?

> 우리 민족의 독립이란 결코 삼천리 삼천만만의 일이 아니라, 진실로 세계 전체의 운명에 관한 일이요, 그러므로 우리나라의 독립을 위하여 일하는 것이 곧 인류를 위하여 일하는 것이다. 만일, 우리의 오늘날 형편이 초라한 것을 보고 자굴지심(自屈之心)을 발하여, 우리가 세우는 나라가 그처럼 위대한 일을 할 것을 의심한다면, 그것은 스스로 모욕(侮辱)하는 일이다. 우리민족의 지나간 역사가 빛나지 아니함이 아니나, 그것은 아직 서곡(序曲)이었다. 우리가 주연배우(主演俳優)로 세계 역사의 무대(舞臺)에 나서는 것은 오늘 이후다. 삼천만의 우리 민족이 옛날의 그리스 민족이나 로마 민족이 한 일을 못 한다고 생각할 수 있겠는가!

① 독자의 생각이나 행동의 변화를 촉구한다.
② 필자의 지식이나 정보를 독자에게 전달한다.
③ 독자의 정서를 유발하여 감동시킨다.
④ 필자 자신의 체험을 독자에게 공감케 한다.
⑤ 필자 자신의 태도나 행동을 스스로 반성하다.

79 다음 글에 이어질 내용으로 부적합한 것은?

> 인간은 흔히 자기 뇌의 10%도 쓰지 못하고 죽는다고 한다. 또 사람들은 천재 과학자인 아인슈타인조차 자기 뇌의 15%이상을 쓰지 못했다는 말을 덧붙임으로써 이 말에 신빙성을 더한다. 이 주장을 처음 제기한 사람은 19세기 심리학자인 윌리엄 제임스로 추정된다. 그는 "보통 사람은 뇌의 10%를 사용하는데 천재는 15~20%를 사용한다." 라고 말한 바 있다. 인류학자 마가렛 미드는 한발 더 나아가 그 비율이 10%가 아니라 6%라고 수정했다. 그러던 것이 1990년대에 와서는 인간이 두뇌를 단지 1% 이하로 활용하고 있다고 했다. 최근에는 인간의 두뇌 활용도가 단지 0.1%에 불과해서 자신의 재능을 사장시키고 있다는 연구 결과도 제기됐다.

① 인간의 두뇌가 가진 능력을 제대로 발휘하지 못하도록 하는 요소가 무엇인지 연구해야 한다.
② 어른들도 계속적인 연구와 노력을 통하여 자신의 능력을 충분히 발휘할 수 있도록 해야 한다.
③ 학교는 자라나는 학생이 재능을 발휘할 수 있도록 여건을 조성해 주어야 한다.
④ 인간의 두뇌 개발을 촉진시킬 수 있는 프로그램을 개발해야 한다.
⑤ 어린 시절부터 개성적인 인간으로 성장할 수 있도록 조기교육을 실시해야 한다.

Q 다음 빈칸에 공통으로 들어갈 말로 알맞은 것을 고르시오. 【80~83】

80

> • 컨디션 난조에 따른 자신감 (　)로 제 기량을 발휘하기 어려웠다.
> • 그 사람은 진실성이 (　)돼 있다는 느낌을 받곤 한다.
> • 문화재 보호 기능이 (　)된 등록문화재 제도에 대해 전면 재검토할 것을 결정했다.

① 결여　　　　　　　　　　② 경시
③ 견지　　　　　　　　　　④ 괄시
⑤ 박멸

81

- 이번 올림픽에서는 세계 신기록이 여러 번 (   )되었다.
- 주가가 1000포인트를 (   )했다.
- 국제 유가가 연일 사상 최고치를 (   )하면서 경제 전망을 어둡게 하고 있다.

① 개선(改善)　　　　　　　　② 경신(更新)
③ 개정(改正)　　　　　　　　④ 갱생(更生)
⑤ 개괄(槪括)

82

- 순천만 여행은 주말을 활용한 생태관광을 (   )한다.
- 이 구두는 독특한 디자인을 선호하는 여성들에게 적극 (   )한다.
- 교수님께서 나를 이 회사에 (   )하셨다.

① 기용(起用)　　　　　　　　② 옹립(擁立)
③ 추천(推薦)　　　　　　　　④ 임명(任命)
⑤ 회부(回附)

83

- 오자가 너무 많아 (   )을 다시 해야겠다.
- 정든 (   )을 떠나려니 마음이 아프다.
- 지금까지 (   )을 생각해 이쯤에서 참는다.
- 허리가 많이 휘어져 있어 척추 (   ) 수술을 받기로 결심했다.

① 인정　　　　　　　　　　② 보정
③ 우정　　　　　　　　　　④ 수정
⑤ 교정

84 다음 글의 기술 방식상 특징을 바르게 이해한 것은?

> 집을 나섰다. 리무진 버스를 타고 거대한 영종대교를 지나 인천공항에 도착해보니 사람들로 북적거렸다. 실로 많은 사람들이 해외를 오가고 있다고 생각하니 '세계화, 지구촌'이란 단어들이 새로운 느낌으로 다가왔다. 출국 수속을 마치고 비행기표를 받았다. 출발까지는 한참을 기다려야 했기에 공항 내 이곳저곳을 두루 살펴보면서 아들과 그동안 못 나눈 이야기로 시간을 보냈다.

① 객관적 정보와 사실들을 개괄하여 설명한다.
② 공항의 풍경과 사물들을 세밀하게 묘사한다.
③ 개인적 감정과 견해를 타인에게 설득시킨다.
④ 시간의 경과에 따른 체험과 행위를 서술한다.
⑤ 특징이 정반대인 대상 2개를 비교한다.

85 아래의 (   )에 들어갈 이음말을 바르게 배열한 것은?

> 사회는 수영장과 같다. 수영장에는 헤엄을 잘 치고 다이빙을 즐기는 사람이 있는가 하면, 헤엄에 익숙지 않은 사람도 있다. 사회에도 권력과 돈을 가진 사람이 있는가 하면, 그렇지 못한 사람도 존재한다. 헤엄을 잘 치고 다이빙을 즐기는 사람이 바라는 수영장과 헤엄에 익숙지 못한 사람이 바라는 수영장은 서로 다를 수밖에 없다. 전자는 높은 데서부터 다이빙을 즐길 수 있게끔 물이 깊은 수영장을 원하지만, 후자는 그렇지 않다. (   ) 문제는 사회라는 수영장이 하나밖에 없다는 것이다. (   ) 수영장을 어떻게 만들 것인지에 관하여 전자와 후자 사이에 갈등이 생기고 쟁투가 벌어진다.

① 그러나 – 하지만
② 그러나 – 한편
③ 그런데 – 그래서
④ 그런데 – 반면에
⑤ 그러므로 – 그러면

86 다음은 굿에 대한 설명이다. 지은이가 가장 중시하는 굿의 의미는 무엇인가?

> 씻김굿은 죽은 사람의 한을 풀어주는 굿이다. 사람이 죽으면 다른 종교에서는 지옥이나 천국으로 간다고 들 하지만, 씻김굿에서는 오직 저승으로 갈 뿐이다. 천국과 지옥이 따로 없이 저승에 가서 편안히 살게 된다는 것이다. 윤회(輪回)도 없다. 사실, 굿판을 벌이는 가장 중요한 이유는, 살아 있는 사람들이 복을 받고 싶기 때문이다. 살아 있는 사람이 복을 받느냐 아니면 재앙을 당하느냐 하는 건, 죽은 사람의 영혼 이 원한을 풀고 편안히 저승에 갔는가, 아니면 아직 이승에서 떠도는가 하는 데 달렸다고 우리 조상들 생각이 그랬던 것이다.

① 내세지향적 의미　　　　　　　　② 형식적 의미
③ 불교적 의미　　　　　　　　　　④ 현실적 의미
⑤ 관습적 의미

87 다음 글의 빈칸에 공통으로 들어갈 말로 알맞은 것은?

> 어쩌면 모든 문명의 바탕에는 (　　)가(이) 깔려 있는지도 모른다. 우리야 지금 과학으로 무장하고 있지 만, 자연 지배의 능력 없이 알몸으로 자연에 맞서야 했던 원시인들에게 세계란 곧 (　　) 그 자체였음에 틀림 없다. 지식이 없는 상태에서 맞닥뜨린 세계는 온갖 우연으로 가득 찬 혼돈의 세계였을 터이고, 그 혼돈은 인간의 생존 자체를 위협하는 것이었으리라. 그리하여 그 앞에서 인간은 무한한 (　　)을(를) 느끼지 않 을 수 없을 게다.

① 공포　　　　　　　　　　　　　② 신앙
③ 욕망　　　　　　　　　　　　　④ 이성
⑤ 본능

88 빈칸에 가장 알맞은 단어들이 순서대로 나열된 것은?

( )는(은) 인간을 노동에서 해방시켜 준다. 즉 '편하게' 해준다. 컴퓨터와 전화를 이용하여 쇼핑과 예약을 할 수 있으며, 은행을 직접 찾아가는 수고에서 벗어 날 수 있다. 그러한 '해방'은 인간에게, 적어도 잠재적으로는, 좀 더 고차원적인 정신활동, 좀 더 심오한 지적 모험, 좀 더 수준 높은 예술적 탐구에 젖어 볼 수 있는 마음의 ( )를(을) 준다.

정보기기는 우리를 편하게 해줄 뿐만 아니라, 우리의 경험세계를 시간의 제약, 공간의 제약, 사회의 제약에서도 벗어나게 해준다. 미국에 있는 아들에게 거는 장거리 전화는 태평양이라는 공간을 초월하게 해주고, 배 또는 비행기를 타고 건너가야 할 시간을 초월하게 해준다. 컴퓨터는 수년 걸릴 계산을 그야말로 전광석화(電光石火)의 속도로 해치운다. 또, 세계 유명 도서관의 모든 정보를 자기 방의 개인 컴퓨터로 얻을 수 있게 되었다. 뿐만 아니라, 텔레비전은 사람들을 여러 가지 제약에서 벗어나게 한다. 텔레비전은 모든 것을 다른 사람들에게 공공연하게 헤쳐 놓는다. 가난한 사람들도 텔레비전을 통하여 재벌들의 상황을 볼 수 있다. 또, 남자에겐 여자의 신비가 깨지고, 여자에겐 남자의 신비가 허물어진다. 이 모든 정보는 텔레비전 이전에는 열 사회집단이 각기의 벽 속에 깊이 감추어 두고 있던 것들이다.

① 문화, 여유
② 정보기기, 여유
③ 문명, 기회
④ 문물, 기대
⑤ 진보, 기회

89 다음의 자료를 활용하여 글을 쓸 때, 제목으로 가장 알맞은 것은?

• 도심 건축물의 공기 순환 모의실험 자료
• 도심과 도시 주변 숲 지대의 연간 기온 변화 비교 자료
• 도심 콘크리트 건축물과 도로 아스팔트의 열전도율 측정 자료
• 연도별 대도시 주거지역 냉난방기 가동으로 인한 전력 소비량 증가 추이 자료

① 여름철 전력 사용량 절감 방안
② 귀농인을 위한 친환경 건축 설계
③ 친환경적 전력 생산 설비의 필요성
④ 도시개발과 환경보전의 양립 가능성
⑤ 에너지 절약형 도시 건축을 위한 제언

90 다음 글의 ㉠~㉢ 중 글의 흐름으로 보아 삭제해도 되는 문장은?

㉠영어 공부를 오랜만에 하는 분이나 회화를 체계적으로 연습한 적이 없는 분들을 위한 기초 영어 회화 교재가 나왔습니다. ㉡이제 이 책으로 두루두루 사용할 수 있는 기본 문형을 반복 훈련하십시오. ㉢이 책은 우선 머뭇거리지 않고 첫 단어를 말할 수 있게 입을 터줄 것입니다. ㉣저자는 수년간 언어 장애인을 치료, 연구하고 있는 권위 있는 의사입니다. ㉤또한 외국인과의 대화에 대한 두려움을 떨쳐낼 수 있도록 도와줄 것입니다.

① ㉠
② ㉡
③ ㉢
④ ㉣
⑤ ㉤

91 다음 글에서 덕수의 깨달음과 관계되는 한자성어로 알맞은 것은?

어느 날 덕수는 서점에 들렀다. 서가에 꽂힌 책들을 보는데 괴테의 「파우스트」가 눈에 띄었다. 독일어 선생님이 입에 침이 마르도록 칭찬했던 작가의 대표작이다. 사실 별로 사고 싶은 생각은 없었지만 책값을 할인해 준다기에 7천원을 지불하고 가방에 넣었다. 그리고 당장 읽고 싶은 생각은 없었지만 속는 셈치고 집으로 돌아오자마자 읽기 시작했다. 그런데 일단 읽기 시작하자 책을 놓을 수가 없었다. 정말 훌륭한 작품이었다. 덕수는 사람들이 왜 괴테를 높이 평가하고 「파우스트」를 명작이라고 일컫는지 그 이유를 알게 되었다.

① 명불허전(名不虛傳)
② 식자우환(識字憂患)
③ 주마간산(走馬看山)
④ 전전긍긍(戰戰兢兢)
⑤ 절차탁마(切磋琢磨)

92 다음 글에 포함되지 않은 내용은?

> 연금술이 가장 번성하던 때는 중세기였다. 연금술사들은 과학자라기보다는 차라리 마술사에 가까운 존재였다. 그들의 대부분은 컴컴한 지하실이나 다락방 속에 틀어박혀서 기묘한 실험에 열중하면서 연금술의 비법을 발견해내고자 하였다. 그것은 오늘날의 화학에서 말하자면 촉매에 해당하는 것이다. 그들은 어떤 분말을 소량 사용하여 모든 금속을 금으로 전화시킬 수 있다고 믿었다. 그리고 그들은 연금석이 그 불가사의한 작용으로 인하여 불로장생의 약이 될 것으로 생각하였다.

① 연금술사의 특징
② 연금술사의 꿈
③ 연금술의 가설
④ 연금술의 기원
⑤ 연금술이 번성하던 시기

93 다음 글의 주제로 알맞은 것은?

> 한국 사람들은 '풀다'라는 말을 잘 쓴다. 억울한 것도 풀고, 분한 것도 풀고, 막혀 있는 것도 풀어야 한다. 그것이 바로 화풀이요, 분풀이요, 원풀이이다. 우리의 민족 신앙에 '살풀이'라는 것이 있다. 아무리 흉한 액운이 닥치더라도 곧 풀어버리면 그 액이 미치지 못한다고 믿는 것이다. 푸닥거리도 마찬가지다. 맺힌 것을 풀어 주면 재앙이 물러가는 것이다. 한국의 샤머니즘의 특징은 죽은 영혼의 원한을 풀어 주는 데 있다. 한국 사람들은 한을 풀지 못하고 구천을 떠도는 영혼을 무서워한다. 한국의 예술 형식도 감정을 풀어 주는 데 근본을 두고 있다. 노래를 부르는 것, 시를 짓는 것, 춤을 추는 것, 그 모든 것을 시름을 풀기 위한 것으로 보는 경우가 많다.

① 한국 사람들은 속마음을 잘 드러내지 않는다.
② 한국 사람들은 음주가무를 즐긴다.
③ 한국 사람들은 화와 분과 원을 잘 풀어낸다.
④ 한국 사람들은 귀신을 무서워한다.
⑤ 살풀이는 세계적 문화유산이다.

94 다음 빈칸에 알맞은 접속사는?

> 곤충에도 뇌가 있다. 뇌에서 명령을 받아 다리나 날개를 움직이고, 음식물을 찾거나 적에게서 도망친다. ( ), 인간의 뇌에 비하면 그다지 발달되어 있다고는 말할 수 없다. ( ), 인간은 더욱 더 복잡한 일을 생각하거나, 기억하거나, 마음을 움직이게 하거나 하기 때문이다.

① 왜냐하면, 게다가   ② 하지만, 왜냐하면
③ 그렇지만, 아니면   ④ 또, 그런데
⑤ 그러나, 그러므로

95 다음 속담과 공통적으로 뜻이 통하는 성어는?

> • 빈대 잡으려다 초가삼간 태운다.
> • 쥐 잡다 장독 깬다.
> • 소 뿔 바로 잡으려다 소 잡는다.

① 설상가상(雪上加霜)   ② 견마지로(犬馬之勞)
③ 교왕과직(矯枉過直)   ④ 도로무익(徒勞無益)
⑤ 침소봉대(針小棒大)

96 다음 글이 어떤 대상이나 주제를 비유적으로 표현한 것이라고 할 때 다음 중 그 비유의 대상으로 가장 적절한 것은?

> 하나의 단순한 유추로 문제를 설정해 보도록 하자. 산길을 굽이굽이 돌아가면서 기분 좋게 내려가는 버스가 있다고 하자. 어떤 승객은 버스가 너무 빨리 달리는 것이 못마땅하여 위험성으로 지적한다. 아직까지 아무도 다친 사람이 없었지만 그런 일은 발생할 수 있다. 버스는 길가의 바윗돌을 들이받아 차체가 망가지면서 부상자나 사망자가 발생할 수 있다. 아니면 버스가 도로 옆 벼랑으로 추락하여 거기에 탔던 사람 모두가 죽을 수도 있다. 그런데도 어떤 승객은 불평을 하지만 다른 승객들은 아무런 불평도 하지 않는다. 그들은 버스가 빨리 다녀 주니 신이 난다. 그만큼 목적지에 빨리 당도할 것이기 때문이다. 운전기사는 누구의 말을 들어야 하는지 알 수 없다. 그러나 걱정하는 사람의 말이 옳다고 한들 이제 속도를 늦추어 봤자 이미 때늦은 것일 수도 있다는 생각을 하게 된다. 버스가 이미 벼랑으로 떨어진 다음에야 브레이크를 밟아 본들 소용없는 노릇이다.

① 한탕주의 　　　　　　　　② 외모지상주의
③ 마약중독 　　　　　　　　④ 온실효과
⑤ 상대성이론

97 다음 글의 제목으로 가장 적절한 것은?

> 실험심리학은 19세기 독일의 생리학자 빌헬름 분트에 의해 탄생된 학문이었다. 분트는 경험과학으로서의 생리학을 당시의 사변적인 독일 철학에 접목시켜 새로운 학문을 탄생시킨 것이다. 분트 이후 독일에서는 실험심리학이 하나의 학문으로 자리 잡아 발전을 거듭했다. 그런데 독일에서의 실험심리학 성공은 유럽 전역으로 확산되지는 못했다. 왜 그랬을까? 당시 프랑스나 영국에서는 대학에서 생리학을 연구하고 교육할 수 있는 자리가 독일처럼 포화상태에 있지 않았고 오히려 팽창 일로에 있었다. 또한, 독일과는 달리 프랑스나 영국에서는 한 학자가 생리학, 법학, 철학 등 여러 학문 분야를 다루는 경우가 자주 있었다.

① 유럽 국가 간 학문 교류와 실험심리학의 정착
② 유럽에서 독일의 특수성
③ 유럽에서 실험심리학의 발전 양상
④ 실험심리학과 생리학의 학문적 관계
⑤ 실험심리학에 대한 유럽과 독일의 차이

Q 다음의 글을 읽고 물음에 답하시오. 【98~99】

고용창출 없는 성장, 직업역량 소외집단의 증가, 빈부격차의 심화, 인구·가족구조의 변화 등에 대해 종합적이고 창의적인 대응 방안의 하나로 나온 것이 '행복한 두루 잔치'와 같은 (   ) 기업이다. 이 기업은 한편으로는 일자리를 필요로 하는 실직계층에 근로기회를 제공하고, 사회서비스를 필요로 하는 취약계층에 필수적인 사회서비스를 공급한다는 점에서 복합적인 효과를 기대할 수 있는 제도이다.

'행복한 두루 잔치'의 경우에 현재는 나름대로 수익을 가지고 성장해 가고 있다. 하지만 현재 이러한 수익구조를 유지해 주는 가장 큰 힘은 정부가 보전하는 임금 때문이라는 것이 운영자의 얘기였다.

98 주어진 글 가운데 (   )에 들어갈 올바른 말은?

① 독점적   ② 사익적
③ 다국적   ④ 호혜적
⑤ 사회적

99 주어진 글의 기업에 대한 설명 중 옳지 않은 것은?

① 빈부격차 심화 등에 대한 창의적인 대응 방안의 하나이다.
② 유급 근로자를 고용하여 영업활동을 수행하지 않는다.
③ 취약계층에게 일자리를 제공하고 관련 서비스나 상품을 생산한다.
④ 정부로부터 인증 받은 기업은 각종 지원 혜택을 받을 수 있다.
⑤ 경제와 고용시장의 동시 성장을 이룰 수 있다.

100 다음 두 글에서 공통적으로 말하고자 하는 것은?

(가) 많은 사람들이 기대했던 우주왕복선 챌린저는 발사 후 1분 13초만에 폭발하고 말았다. 사건조사단에 의하면, 사고원인은 챌린저 주엔진에 있던 O-링에 있었다. O-링은 디오콜사가 NASA로부터 계약을 따내기 위해 저렴한 가격으로 생산될 수 있도록 설계되었다. 하지만 첫 번째 시험에 들어가면서부터 설계상의 문제가 드러나기 시작하였다. NASA의 엔지니어들은 그 문제점들을 꾸준히 제기했으나, 비행시험에 실패할 정도의 고장이 아니라는 것이 디오콜사의 입장이었다. 하지만 O-링을 설계했던 과학자도 문제점을 인식하고 문제가 해결될 때까지 챌린저 발사를 연기하도록 회사 매니저들에게 주지시키려 했지만 거부되었다. 한 마디로 그들의 노력이 미흡했기 때문이다.

(나) 과학의 연구 결과는 사회에서 여러 가지로 활용될 수 있지만, 그 과정에서 과학자의 의견이 반영되는 일은 드물다. 과학자들은 자신이 책임질 수 없는 결과를 이 세상에 내놓는 것과 같다. 과학자는 자신이 개발한 물질을 활용하는 과정에서 나타날 수 있는 위험성을 충분히 알리고 그런 물질의 사용에 대해 사회적 합의를 도출하는 데 적극 협조해야 한다.

① 과학적 결과의 장단점　　　　　② 과학자와 기업의 관계
③ 과학자의 윤리적 책무　　　　　④ 과학자의 학문적 한계
⑤ 과학의 발전과 혜택

101 아래의 지문으로부터 알 수 없는 것은?

'끈끈이주걱'은 물이끼가 자라면서 해가 드는 습지에 서식합니다. 끈끈이주걱은 5cm쯤 되는 잎자루 끝에 동그란 잎을 달고 있습니다. 그리고 잎 가장자리와 잎 안쪽에 털이 많이 나 있습니다. 그 털끝에서 투명한 물엿 같은 점액이 나옵니다. 벌레가 날아와서 잎의 점액에 닿으면 '아차!'하는 순간에 곧 잎에 엉겨 붙고 맙니다. 벌레가 달아나려고 꿈틀거리면 꿈틀거릴수록 끈끈이주걱에서 점액이 더 많이 나옵니다. 이렇게 털과 잎이 움직여서 벌레를 잡아 버립니다. 점액은 벌레를 붙게 할 뿐만 아니라, 벌레를 녹여 버리기도 합니다. 점액 속에 소화액이 들어 있기 때문입니다. 소화액에 녹은 벌레는 잎의 털에 흡수되어 끈끈이주걱의 양분으로 쓰입니다.

① 끈끈이주걱의 서식지　　　　　② 끈끈이주걱의 모양
③ 끈끈이주걱의 특징　　　　　　④ 끈끈이주걱의 번식 방법
⑤ 끈끈이주걱의 양분 흡수

102 다음 글의 내용과 거리가 먼 것은?

현대인에게 비친 환경 문제의 심각성은 인류 문화의 존속 여부와 직접 관련된 문제이므로, 왜 이것이 건축에서도 문제가 되어야 하느냐고 새삼스럽게 논할 필요가 없다. 인간이 필요로 하는 생활공간을 계획하고 설계하는 건축이 어떻게 하면 자연 환경의 균형을 파괴하지 않으면서 인간의 필요를 충족시켜 나갈 수 있느냐를 문제로 삼아야 한다.

… 중략 …

그러면 자연 환경과 인간의 생활환경이 균형을 유지하도록 해야 하는 오늘의 건축가들에게 필요한 공간 개념이란 어떤 것인가? 공간 개념에 대한 필자의 관심은 한국적인 공간 개념의 특징을 찾는 데서 시작되었다. 공간 개념은 보편적인 것이면서도 각 문화권마다 특유의 내용을 담고 있으리라 생각했기에, 우리나라의 자연적인 조건들과 문화적인 여건들에 의해서 형성된 공간 개념이 어떤 것인가를 알아보고자 하였다.

① 현대의 환경 문제는 심각한 상황이다.
② 건축가들도 환경의 문제를 인식해야 한다.
③ 건축가들은 인간이 필요로 하는 생활공간을 계획하고 설계한다.
④ 공간 개념은 한 나라의 자연적인 조건들과 문화적인 여건들과는 상관이 없다.
⑤ 인간의 생활환경은 자연환경과 균형을 유지하는 것이 중요하다.

103 다음 글의 주제로 알맞은 것은?

혈연의 정, 부부의 정, 이웃 또는 친지의 정을 따라서 서로 사랑하고 도와가며 살아가는 지혜가 곧 전통 윤리의 기본이다. 정에 바탕을 둔 윤리인 까닭에 우리나라의 전통 윤리에는 자기중심적인 일면이 있다. 정이라는 것은 자기와의 관계가 가까운 사람에 대해서는 강하게 일어나고 먼 사람에 대해서는 약하게 일어나는 것이 보통이므로, 정에 바탕을 둔 윤리가 명령하는 행위는 상대가 누구냐에 따라서 달라질 수 있다. 예컨대, 남의 아버지보다는 내 아버지를 더 위하고 남의 아들보다는 내 아들을 더 아끼는 것이 정에 바탕을 둔 윤리에 부합하는 태도이다.

① 남의 아버지보다 내 아버지를 더 위해야 한다.
② 우리나라의 전통윤리는 가족관계의 유교적인 위계질서로부터 형성되었다.
③ 우리나라의 전통윤리는 자기중심적인 면이 강하다.
④ 공과 사를 철저히 구분하는 것이 전통윤리에 부합하는 행동이다.
⑤ 우리나라의 전통윤리는 정(情)에 바탕을 둔 윤리이다.

104 다음에서 반드시 고려해야 할 사항임에도 불구하고 간과된 것은?

> 대부분의 한국인들은 영어로 대화하는 데에 불편함을 느낀다. 따라서 영국에 주영대사로 새로 부임하게 되는 외교관 K씨가 영어로 대화하는 데 불편을 느낄 것이다.

① 한국어의 어순과 영어의 어순은 다르다.
② 대부분의 한국인들은 불어로 말하는 데도 불편을 느낀다.
③ 대부분의 한국인들은 독어로 말하는 데 불편을 느끼지 않는다.
④ 외교관으로 일하는 한국인은 대부분 영어로 말하는 데 불편을 느끼지 않는다.
⑤ 외교관으로 일하는 한국인은 대부분 일어로 말하는 데 불편을 느낀다.

105 다음 괄호에 들어갈 어휘로 적절한 것은?

> 북한산의 본래 이름은 삼각산이다. 오늘날에는 주객(主客)이 (   )되어 북한산이 본명으로 정착 되어 가고 있고 오히려 삼각산이란 이름은 사람들의 기억 속에서 사라져 가고 있는 추세이다.

① 교류(交流)　　　　　　② 침투(浸透)
③ 전도(顚倒)　　　　　　④ 상충(相衝)
⑤ 도태(淘汰)

106 다음 글에서 글의 통일성과 일관성을 해치는 것은?

> ㉠도시인들은 공해에 시달린다. ㉡거리를 달리는 온갖 차들, 공장의 굴뚝, 연탄이나 석유를 연료로 쓰는 일반 주택의 난방 시설 등에서 쉬지 않고 뿜는 연기와 가스는 도시의 공기를 흐리게 한다. ㉢요즘 집을 새로 지을 때 멋을 부려서 굴뚝의 모양과 색깔을 다양하게 한다. 특히 공장 굴뚝은 여러 가지 모양의 색을 칠해서 무늬를 아름답게 만든다. ㉣모든 집에서 흘러나오는 하수와 공장에서 흘려보내는 폐수는 강물을 더럽혀서 깨끗한 수돗물을 공급하는데 지장을 준다. ㉤뿐만 아니라, 확성기, 라디오, 텔레비전, 온갖 차들의 경적, 공장의 기계들이 내는 소음은 사람들의 청각을 마비시키고 신경을 마비시켜서 정신적인 피로를 가져다준다.

① ㉠

② ㉡

③ ㉢

④ ㉣

⑤ ㉤

ⓠ 다음 글에서 ㉠과 ㉡의 관계와 가장 유사한 것을 고르시오. 【107~109】

107

> 미생물학적으로 세균은 그 특성에 따라 여러 가지 종류로 나눌 수 있다. 이들 중 인간과 가장 밀접한 관계를 가지고 있는 것은 역시 장내 세균일 것이다. 이들을 흔히 ㉠대장균이라고 부르는데 정온 동물의 장내에 1cc 당 약 100억 마리가 존재한다. 이들이 우리의 장내에서 일정 숫자를 유지함으로써 ㉡질병을 일으킬 수 있는 나쁜 세균의 침입을 막아 주는 것이다. 어떤 이유에서인지 이들의 숫자가 감소하면 질병 현상이 생기게 된다. 그러므로 그 악명 높은 대장균이 우리에게는 질병을 막아주는 성벽과 같은 역할을 하고 있다. 이외에도 대장균은 최근 유행하는 유전 공학의 기본 도구로 사용되고 있다. 한마디로 대장균이 없는 미생물학은 생각할 수 없을 정도로 중요한 것이다.

① 댐 : 홍수

② 풀 : 나무

③ 문학 : 예술

④ 시간 : 시계

⑤ 의사 : 환자

108

요즈음 점술가들의 사업이 크게 번창하고 있다는 말이 들린다. 이름난 점술가를 한 번 만나 보기 위해 몇 달 전, 심지어는 일 년 전에 예약을 해야 한다니 놀라운 일이다. 더욱 흥미로운 것은 이들 '사업'에 과학 문명의 첨단 장비들까지 한몫을 한다는 점이다. 이들은 전화로 예약을 받고 컴퓨터로 장부 정리를 하며 그랜저를 몰고 온 손님을 맞이하는 것이다. ㉠과학과 ㉡점술의 기묘한 공존 방식이다.

① 차다 : 뜨겁다　　　　　　② 유죄 : 무죄
③ 인간 : 학생　　　　　　④ 꽃 : 나비
⑤ 자유 : 평등

109

우리나라의 노비 제도는 그 제도적 귀속성이나 인구 비율이 중국보다 강하면서도 노비의 지위는 중국보다 상대적으로 높았다. 그것은 극히 제한된 것이긴 하지만 유외잡직(流外雜職)의 벼슬에 나갈 수 있는 통로가 있고, 독자적인 생활 경리를 가질 수도 있어서 단순한 물건(재산)이나 짐승처럼 취급되지는 않았다. 따라서 ㉠노비의 일부는 노예적 처지에 있는 경우가 있더라도, 대부분의 노비는 반자유민인 ㉡농노(農奴)의 성격이 강하였다.

① 속옷 : 내의　　　　　　② 잡지 : 신문
③ 배우 : 가수　　　　　　④ 책 : 도서
⑤ 남자 : 총각

CHAPTER

03 자료해석

≫ 정답 및 해설 p.401

01 다음과 같은 규칙으로 자연수를 나열할 때 13은 몇 번째에 처음 나오는가?

> 2, 2, 3, 3, 3, 5, 5, 5, 5, 5, 5, ⋯

① 28

② 29

③ 30

④ 31

02 다음과 같은 규칙으로 자연수를 나열할 때 16은 몇 번째에 처음 나오는가?

> 2, 1, 4, 2, 1, 6, 3, 2, 1, 8, 4, 2, 1, ⋯

① 25

② 26

③ 27

④ 28

03 다음과 같은 규칙으로 자연수를 나열할 때 21은 몇 번째에 처음 나오는가?

> 3, 6, 6, 9, 9, 9, 12, 12, 12, 12, ⋯

① 22

② 23

③ 24

④ 25

04 다음과 같은 규칙으로 자연수를 나열할 때 29는 몇 번째에 처음 나오는가?

2, 3, 3, 5, 5, 5, 7, 7, 7, 7, 7, ⋯

① 78

② 79

③ 82

④ 83

05 다음과 같은 규칙으로 자연수를 나열할 때 20은 몇 번째에 처음 나오는가?

2, 2, 4, 4, 4, 4, 6, 6, 6, 6, 6, 6, ⋯

① 83

② 91

③ 18

④ 110

Q 다음 제시된 숫자의 배열을 보고 규칙을 적용하여 빈칸에 들어갈 숫자를 고르시오. 【06~10】

06

13 5 18 23 41 64 105 ( )

① 169

② 160

③ 159

④ 148

07

7 13 20 27 36 43 ( )

① 47   ② 52
③ 59   ④ 61

08

11 17 29 53 101 197 ( )

① 358   ② 374
③ 389   ④ 392

09

9 15 18 29 36 43 72 57 ( )

① 123   ② 131
③ 137   ④ 144

10

26   81   37   92   48   ( )

① 3   ② 4
③ 5   ④ 6

11 2개의 주사위를 동시에 던질 때, 주사위에 나타난 숫자의 합이 7이 될 확률과 두 주사위가 같은 수가 나올 확률의 합은?

① $\dfrac{1}{12}$

② $\dfrac{1}{2}$

③ $\dfrac{1}{9}$

④ $\dfrac{1}{3}$

12 돈가스와 우동뿐인 식당에 총 50명의 손님이 다녀갔다. 돈가스를 주문한 사람은 42명, 우동을 주문한 사람은 36명일 때, 돈가스와 우동을 동시에 주문한 사람은 몇 명인가?

① 26명

② 28명

③ 30명

④ 32명

13 공원을 가는 데 집에서 갈 때는 시속 2km로 가고 돌아 올 때는 3km 먼 길을 시속 4km로 걸어왔다. 쉬지 않고 걸어 총 시간이 6시간이 걸렸다면 처음 집에서 공원을 간 거리는 얼마나 되는가?

① 7km

② 7.5km

③ 8km

④ 8.5km

14 재현이가 농도가 20%인 소금물에서 물 60g을 증발시켜 농도가 25%인 소금물을 만든 후, 여기에 소금을 더 넣어 40%의 소금물을 만든다면 몇 g의 소금을 넣어야 하겠는가?

① 45g   ② 50g

③ 55g   ④ 60g

15 원가가 100원인 물건이 있다. 이 물건을 정가의 20%를 할인해서 팔았을 때, 원가의 4%의 이익이 남게 하기 위해서는 원가에 몇 %이익을 붙여 정가를 정해야 하는가?

① 20%   ② 30%

③ 40%   ④ 50%

16 구멍이 나서 물이 새는 통이 있다. 처음에 20ℓ 의 물이 있었는데, 1시간이 지나자 15ℓ 밖에 남지 않았다. 그 후 2시간이 더 지났을 때의 물의 양은?

① 8ℓ   ② 7ℓ

③ 6ℓ   ④ 5ℓ

17 ○○출판사에서 A교재의 원가에 3할을 붙여서 정가를 책정한 후 정가에서 1,000원 할인해서 판매하였더니 원가에서 2할의 이익을 얻었다. 이때 ○○출판사 A교재의 원가는 얼마인가?

① 9,000원

② 9,500원

③ 10,000원

④ 10,500원

18 길이가 $400m$인 甲열차가 ◇◇다리를 건너는 데 50초가 걸리고, 길이가 $200m$인 乙열차는 이 다리를 甲열차의 2배 속력으로 23초 만에 통과한다. 이때, 다리의 길이는?

① $1.7km$

② $1.9km$

③ $2.1km$

④ $2.3km$

19 현준이와 정미가 매달 초에 받는 월급의 비율은 5 : 4이고, 한 달 동안 두 사람이 지출한 비용의 비율은 7 : 5이다. 말일인 현재 두 사람에게 남은 월급은 각각 300,000원이라면 현준이가 매달 받는 월급은 얼마인가?

① 900,000원

② 950,000원

③ 1,000,000원

④ 1,050,000원

20 가로의 길이가 64m, 세로의 길이가 80m인 직사각형 모양의 땅 둘레에 일정한 간격으로 말뚝을 박으려고 한다. 네 모퉁이에 반드시 말뚝을 박기로 할 때, 말뚝은 최소한 몇 개가 필요한가?

① 16개   ② 18개
③ 20개   ④ 22개

Q 다음 그래프는 A씨 가정의 작년과 금년의 소비지출내역이다. 물음에 답하시오. 【21~24】

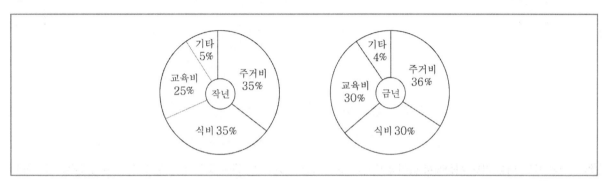

21 작년의 총 소비액이 100만 원일 때 식비는?

① 21만 원   ② 23만 원
③ 35만 원   ④ 39만 원

22 금년의 총 소비액이 150만 원일 때 주거비는?

① 30만 원   ② 36만 원
③ 47만 원   ④ 54만 원

23 금년의 총 소비액이 150만 원일 때 교육비는?

① 30만 원

② 33만 원

③ 45만 원

④ 48만 원

24 총소비액이 작년에는 100만 원, 금년은 150만 원일 때 작년과 금년의 주거비 차이는?

① 8만 원

② 10만 원

③ 19만 원

④ 25만 원

25 다음 표는 해상 어느 지점에서 깊이에 따른 수온을 2월과 8월에 측정한 것이다. 표를 보고 유추한 설명으로 옳은 것은?

	깊이(m)	0	10	20	30	50	75	100	125	150	200	250	300
수온	2월(℃)	8.87	8.88	8.87	8.86	7.60	6.68	4.49	4.67	4.63	3.86	1.39	1.12
	8월(℃)	24.54	18.50	13.24	11.08	7.63	5.39	2.95	1.84	1.58	1.31	1.13	0.96

① 모든 깊이에서 8월의 수온이 2월의 수온보다 높다.

② 2월의 수온은 깊이가 30m일 때 가장 높다.

③ 2월의 온도는 깊이가 깊을수록 낮아진다.

④ 8월의 온도는 깊이가 깊을수록 낮아진다.

26 다음은 A~E국의 최종학력별 근로형태 비율에 관한 자료이다. A국의 대졸 인원이 15,000명이고, A국의 대졸 무직자의 수와 C국의 대졸 무직자의 수가 같을 때 C국의 대졸 인원은 몇 명인가?

(단위 : %)

		A	B	C	D	E
중졸	전일제근로자	35	31	31	39	31
	시간제근로자	29	27	14	19	42
	무직자	36	42	55	42	27
고졸	전일제근로자	46	47	42	54	49
	시간제근로자	31	29	15	20	40
	무직자	23	24	43	26	11
대졸	전일제근로자	57	61	59	67	55
	시간제근로자	25	28	13	19	39
	무직자	18	11	28	14	6

① 10,043명
② 9,643명
③ 9,472명
④ 9,356명

27 다음은 지난 분기의 국가기술자격 등급별 시험 시행 결과이다. ⓐ와 ⓑ에 들어갈 수로 적절한 것은?

〈국가기술자격 등급별 시험 시행 결과〉

구분 등급	필기			실기		
	응시자	합격자	합격률	응시자	합격자	합격률
기술사	19,327	2,056	10.6	3,173	1,919	60.5
기능장	21,651	9,903	ⓐ	16,390	4,862	29.7
기사	345,833	135,170	39.1	210,000	89,380	42.6
산업기사	210,814	78,209	37.1	101,949	49,993	ⓑ
기능사	916,224	423,269	46.2	752,202	380,198	50.5
전체	1,513,849	648,607	42.8	1,083,714	526,352	48.6

※ 합격률(%) = $\dfrac{합격자}{응시자} \times 100$

	ⓐ	ⓑ			ⓐ	ⓑ
①	45.7	49.0		②	44.2	48.5
③	45.7	48.5		④	42.2	49.0

28 다음은 어느 지역의 13세 이상의 연령대별 독서 현황을 나타낸 자료이다. 빈칸 ⓐ, ⓑ의 합은?

〈13세 이상의 연령대별 독서 현황〉

	1인당 연간 독서권수	독서인구 1인당 연간 독서권수	독서인구 비율
13~19세	15.0	20.2	74.3
20~29세	14.0	ⓐ	74.1
30~39세	13.1	ⓑ	68.6
40~49세	9.6	15.2	63.2
50~59세	5.9	12.6	46.8
60~64세	2.8	10.4	26.9
65세 이상	2.3	10.0	23.0

① 35.4　　　　　② 36.9
③ 38.0　　　　　④ 38.8

29 다음은 R학교의 자격시험 점수, 응시 및 합격자 현황이다. 산업기사 중 가장 응시율이 높은 종목은?

구분	종목	접수	응시	합격
산업기사	치공구설계	28	22	14
	컴퓨터응용가공	48	42	14
	기계설계	86	76	31
	용접	24	11	2
	전체	186	151	61
기능사	기계가공조립	17	17	17
	컴퓨터응용선반	41	34	29
	웹디자인	9	8	6
	귀금속가공	22	22	16
	컴퓨터응용밀링	17	15	12
	전산응용기계제도	188	156	66
	전체	294	252	146

*응시율(%) $= \dfrac{\text{응시자수}}{\text{접수자수}} \times 100$

**합격률(%) $= \dfrac{\text{합격자수}}{\text{응시자수}} \times 100$

① 치공구설계 ② 컴퓨터응용가공
③ 기계설계 ④ 용접

30 모든 가구가 애완동물을 키우는 W마을의 애완동물 현황을 조사한 자료이다. 염소를 키우는 가구는 전체의 몇 %인가? (단, 계산은 소수점 둘째 자리에서 반올림한다)

개	여우	돼지	염소	양	고양이
34	3	17	26	16	24

① 18.6 ② 19.8
③ 20.5 ④ 21.7

Q 다음은 서울시 산업체 기초통계조사이다. 물음에 답하시오. 【31~33】

구분	사업체(개)	종사자(명)	남자(명)	여자(명)
농업 및 임업	30	305	261	44
어업	9	991	785	206
광업	55	1,054	934	120
제조업	76,017	631,741	415,718	216,023
건설업	17,438	208,616	179,425	29,191
도매 및 소매업	231,047	825,979	490,841	335,138
숙박 및 음식점업	119,413	395,122	145,062	250,060
합계	444,009	2,063,808	1,233,026	830,782

31 다음 중 여성의 고용비율이 가장 높은 산업은?

① 어업   ② 제조업

③ 숙박 및 음식점업   ④ 도매 및 소매업

32 다음 중 광업에서 여성이 차지하는 비율은?

① 약 11.4%   ② 약 12.5%

③ 약 12.8%   ④ 약 11.2%

33 도매 및 소매업은 전체 산업체의 몇 %를 차지하는가?

① 약 42%   ② 약 52%

③ 약 57%   ④ 약 62%

34 다음은 A 극장의 입장객 분포를 조사한 것이다. 도표의 내용과 다른 것은?

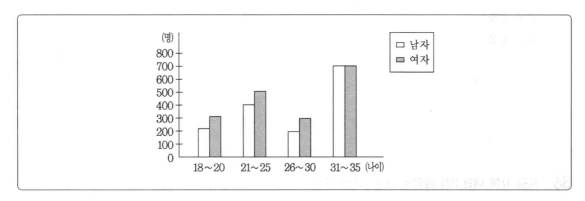

① 18~20세 사이의 전체 입장객은 500명이다.

② 18~20세 사이의 여자 300명은 극장에 갔다.

③ 여자보다 남자가 더 적게 극장에 갔다.

④ 31~35세 사이의 남성은 여성보다 더 많이 극장에 갔다.

Q 다음은 3개의 공장이 3개의 제품을 하루에 생산해 내는 양을 나타낸 것이다. 물음에 답하시오. 【35~37】

구분	제품 Ⅰ	제품 Ⅱ	제품 Ⅲ
A 공장	180	120	50
B 공장	450	550	150
C 공장	70	40	50

35 3개의 제품 중 제품 Ⅰ의 비중이 가장 큰 공장은?

① A 공장　　　　　　　　　　② B 공장
③ C 공장　　　　　　　　　　④ 모두 같음

36 제품 Ⅱ에 대한 3개 공장의 평균 생산량은?

① 약 200개　　　　　　　　　② 약 237개
③ 약 250개　　　　　　　　　④ 약 289개

37 3개의 공장 중 C 공장이 차지하는 제품 Ⅲ의 생산량 비율은?

① 10%　　　　　　　　　　　② 20%
③ 30%　　　　　　　　　　　④ 40%

Q 다음은 A고등학교 B반의 수학시험결과를 그래프로 나타낸 것이다. 물음에 답하시오.【38~39】

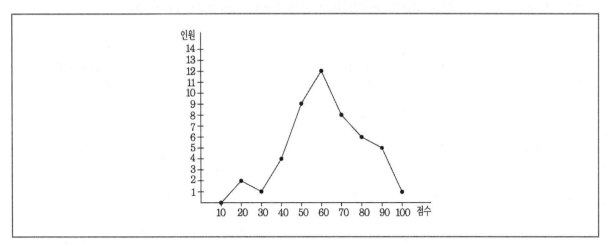

38 100점 만점을 기준으로 40점 이하를 과락이라 할 때 이 학급 학생 중 과락은 모두 몇 명이며, 전체 학생의 몇 %에 해당하는가?

① 5명, 5%   ② 7명, 9%

③ 5명, 10%   ④ 7명, 15%

39 위 학급의 학생 중 평균 이하의 학생은 몇 명인가? (단, 평균점수는 1의 자리에서 반올림한다)

① 9명   ② 15명

③ 28명   ④ 30명

Q 다음은 A, B, C 대학 졸업생들 중 대기업 ㈎, ㈏, ㈐, ㈑에 지원한 사람의 비율을 나타낸 것이다. 물음에 답하시오. (단, (　)안은 지원자 중 취업한 사람의 비율을 나타낸다). 【40~42】

학교＼그룹	㈎ 그룹	㈏ 그룹	㈐ 그룹	㈑ 그룹	취업 희망자수
A 대학	60% (50%)	15% (80%)	㉠% (60%)	5% (90%)	800명
B 대학	55% (40%)	20% (65%)	12% (75%)	13% (90%)	700명
C 대학	75% (65%)	10% (70%)	4% (90%)	11% (㉡%)	400명

40 다음 중 ㉠에 해당하는 수는?

① 10% ② 20%

③ 30% ④ 40%

41 C 대학 졸업생 중 ㈑그룹에 지원하여 취업한 사람이 모두 20명이라 할 때 ㉡에 알맞은 수는?

① 24% ② 30%

③ 45% ④ 65%

42 B 대학 졸업생 중 ㈎ 그룹에 지원하여 취업한 사람은 모두 몇 명인가?

① 150명

② 152명

③ 154명

④ 155명

43 다음은 현행 건강검진의 문제점 중 하나인 수검률 저조의 자료로 활용하는 표이다. 이 표에 대한 설명으로 옳지 않은 것은?

지역	검진대상인원	검진인원	수검률	비고
A	110	40	36.3	병원급 검진기관 존재
B	298	90	30.2	검진기관 없음
C	785	315	40.1	홍보 및 이동검진 실시
D	215	45	20.9	이동검진 실시하지 않음

① 수검률 저조의 원인으로는 홍보의 부족, 검진기관의 유무, 검사에 대한 불신 등을 들 수 있다.

② 수검률이 높을수록 홍보 및 이동검진 등의 활동이 실시되었음을 알 수 있다.

③ 대상자들의 검진기관 이용 불편 및 불신은 수검률을 떨어뜨리는 원인이 된다.

④ 건강검진은 투약과 치료가 행해지지 않으므로 대상자들이 검진을 하지 않는다.

Q 다음은 멀티쇼핑몰 X, Y, Z 지점의 하루 방문객수를 조사한 표이다. 그래프를 보고 물음에 답하시오.
【44~46】

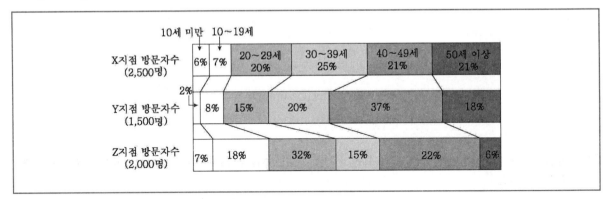

44 X지점의 방문자 수 중에 30대인 사람은?

① 621명　　　　　　　　　② 623명

③ 625명　　　　　　　　　④ 627명

45 Y지점의 방문자 수 중에 30대 미만인 사람은?

① 375명　　　　　　　　　② 380명

③ 385명　　　　　　　　　④ 390명

46 위 그래프에서 확실하게 알 수 있는 것은?

① 각 지점의 평균 방문객 수　　　　② 각 지점의 방문자수의 총 수

③ 각 지점의 연령별 이용 경향　　　④ 각 지점 입지에 의한 이용연령층 차이

47 다음은 A, B, C, D 국가의 산술적 인구밀도와 경지인구밀도를 조사한 표이다. 이에 대한 설명으로 옳지 않은 것은?

국가	인구	산술적 인구밀도	경지인구밀도
A	4,500	45	120
B	1,500	40	50
C	3,000	20	25
D	3,000	25	75

① 국토면적은 B국이 가장 작다.
② 경지면적은 C국이 가장 넓다.
③ 경지율이 가장 높은 국가는 D국이다.
④ 경지면적이 가장 좁은 국가는 B국이다.

Q 다음 표는 지역별 월별 평균 기온을 나타낸 것이다. 물음에 답하시오. 【48~50】

도시 \ 월	1월	4월	7월	10월
서울	−2.5	9.5	28.4	10.2
경기	−1.8	9.2	26.2	6.8
강원	−6.9	5.8	23.4	3.7
충청	1.2	8.3	25.1	4.3
영남	3.7	13.4	27.8	12.3

48 1월의 경우 영남지방은 서울지방에 비하여 평균기온이 몇 ℃ 높은가?

① 3.8℃   ② 5.4℃
③ 6.2℃   ④ 8.7℃

49 강원도지역의 1월과 7월의 평균기온 차이는 몇 ℃인가?

① 23.2℃

② 28.2℃

③ 28.4℃

④ 30.3℃

50 서울지역의 경우 1월과 4월 사이 3개월 동안 평균기온이 매월 일정하게 증가했다면 1개월마다 몇 ℃ 높아지는가?

① 2.0℃

② 3.0℃

③ 4.0℃

④ 5.0℃

51 다음은 서원 야구팀의 1회부터 9회까지의 안타수를 표기한 것이다. 회당 안타수의 표준편차는?

회	1	2	3	4	5	6	7	8	9
안타수	1	3	5	4	6	2	3	3	0

① $\dfrac{2\sqrt{3}}{3}$

② $\dfrac{\sqrt{28}}{9}$

③ $\dfrac{\sqrt{14}}{3}$

④ $\dfrac{\sqrt{28}}{3}$

Q 다음의 표를 보고 물음에 답하시오. 【52~53】

점수	수험생수	비율
400점	2	4%
320 ~ 400점 미만	4	8%
240 ~ 320점 미만	8	16%
160 ~ 240점 미만	12	㉡
80 ~ 160점 미만	㉠	38%
0 ~ 80점 미만	5	10%
합계	50	100%

52 ㉠에 알맞은 수험생수는?

① 10명　　　　　　　　　② 11명

③ 17명　　　　　　　　　④ 19명

53 ㉡에 알맞은 수는?

① 20%　　　　　　　　　② 24%

③ 28%　　　　　　　　　④ 30%

Q 다음은 어떤 학급의 국어시험 득점의 도수분포도이다. 물음에 답하시오. 【54~55】

득점	0	1	2	3	4	5	6	7	8	9	10	합계
합계	0	1	0	3	2	4	8	12	10	6	4	50

54 득점이 7점인 계급의 상대도수는 얼마인가?

① 0.08
② 0.14
③ 0.17
④ 0.24

55 득점의 평균치는 얼마인가?

① 6.2점
② 6.7점
③ 6.9점
④ 7.3점

Q 다음은 상록이네 반에서 실시한 영어듣기평가의 결과를 나타낸 분포도이다. 물음에 답하시오. 【56~59】

점수	인원수	상대도수
0 ～ 20점 미만	4	0.100
20 ～ 40점 미만	7	0.175
40 ～ 60점 미만	㉠	0.150
60 ～ 80점 미만	9	0.225
80 ～ 100점 미만	12	0.300
100점	㉡	㉣
합계	㉢	1

56 ㉣에 해당되는 상대도수는?

① 0.02

② 0.05

③ 0.09

④ 0.14

57 다음 중 합계 ㉢에 해당하는 수는?

① 20명

② 30명

③ 40명

④ 50명

58 ㉠에 해당되는 학생 수는?

① 4명

② 6명

③ 8명

④ 10명

59 100점을 받은 학생(ⓛ)은 모두 몇 명인가?

① 1명   ② 2명

③ 3명   ④ 4명

Ⓠ 다음은 서원발전소가 각 구입처별로 구입한 연료의 구매현황을 나타낸 표이다. 물음에 답하시오. 【60~61】

구분	A		B		C		합계	
	연료량	금액	연료량	금액	연료량	금액	연료량	금액
1~4월	880톤	7,238,000	453톤	3,241,000	200톤	1,231,000	1,533톤	11,710,000
5월	152톤	1,362,000	152톤	1,668,000	45톤	325,000	349톤	3,355,000

60 다음 설명 중 옳지 않은 것은?

① A업체로부터의 5월 도입 연료량은 1~4월 월평균도입 연료량보다 적다.

② B업체로부터의 5월 도입연료금액은 1~4월 총도입금액의 50% 이상이다.

③ C업체로부터 5월에 도입한 연료의 톤당 금액은 1~4월 평균보다 높다.

④ 5월 중 톤당 도입단가가 가장 낮은 구입처는 A이다.

61 C업체의 1~4월 평균 도입연료량은 5월과 비교하였을 때 얼마나 차이가 나는가?

① 5월 연료량이 5톤 많다.   ② 5월 연료량이 5톤 적다.

③ 5월 연료량이 10톤 많다.   ④ 5월 연료량이 10톤 적다.

Q 다음은 대학교 응시생수와 합격생수를 나타낸 표이다. 물음에 답하시오. 【62~63】

분류	응시인원	1차 합격자	2차 합격자
어문학부	3,300명	1,695명	900명
법학부	2,500명	1,500명	800명
자연과학부	2,800명	980명	540명
생명공학부	3,900명	950명	430명
전기전자공학부	2,650명	1,150명	540명

62 자연과학부의 1차 시험 경쟁률은 얼마인가?

① 1 : 1.5

② 1 : 2.9

③ 1 : 3.4

④ 1 : 4

63 1차 시험 경쟁률이 가장 높은 학부는?

① 어문학부

② 법학부

③ 생명공학부

④ 전기전자공학부

64 다음은 A도시의 생활비 지출에 관한 자료이다. 연령에 따른 전년도 대비 지출 증가비율을 나타낸 것이라 할 때 작년에 비해 가게운영이 더 어려웠을 가능성이 높은 업소는?

품목 \ 연령(세)	24 이하	25~29	30~34	35~39	40~44	45~49	50~54	55~59	60~64	65 이상
식료품	7.5	7.3	7.0	5.1	4.5	3.1	2.5	2.3	2.3	2.1
의류	10.5	12.7	−2.5	0.5	−1.2	1.1	−1.6	−0.5	−0.5	−6.5
신발	5.5	6.1	3.2	2.7	2.9	−1.2	1.5	1.3	1.2	−1.9
의료	1.5	1.2	3.2	3.5	3.2	4.1	4.9	5.8	6.2	7.1
교육	5.2	7.5	10.9	15.3	16.7	20.5	15.3	−3.5	−0.1	−0.1
교통	5.1	5.5	5.7	5.9	5.3	5.7	5.2	5.3	2.5	2.1
오락	1.5	2.5	−1.2	−1.9	−10.5	−11.7	−12.5	−13.5	−7.5	−2.5
통신	5.3	5.2	3.5	3.1	2.5	2.7	2.7	−2.9	−3.1	−6.5

① 30대 후반이 주로 찾는 의류 매장
② 중학생 대상의 국어·영어, 수학 학원
③ 30대 초반의 사람들이 주로 찾는 볼링장
④ 할아버지들이 자주 이용하는 마을버스 회사

65 다음 표는 어떤 학교 학생의 학교에서 집까지의 거리를 조사한 결과이다. ㉠과 ㉡에 들어갈 수로 옳은 것은? (조사결과는 학교에서 집까지의 거리가 1km 미만인 사람과 1km 이상인 사람으로 나눠서 표시함)

성별	1km 미만	1km 이상	합계
남성	[ ](%)	168 (㉠%)	240(100%)
여성	[㉡](36%)	[ ](64%)	200(100%)

① ㉠ : 60, ㉡ : 70
② ㉠ : 60, ㉡ : 72
③ ㉠ : 70, ㉡ : 70
④ ㉠ : 70, ㉡ : 72

66 다음은 지하가 없는 동일한 바닥면적을 가진 건물들에 관한 사항이다. 이 중 층수가 가장 높은 건물은?

건물	대지면적	연면적	건폐율
A	400m^2	1,200m^2	50%
B	300m^2	840m^2	70%
C	300m^2	1,260m^2	60%
D	400m^2	1,440m^2	60%

① A   ② B

③ C   ④ D

67 수능시험을 자격시험으로 전환하자는 의견에 대한 여론조사결과 다음과 같은 결과를 얻었다면 이를 통해 내릴 수 있는 결론으로 타당하지 않은 것은?

교육수준	중졸 이하		고중퇴 및 고졸		전문대중퇴 이상		전체	
조사대상지역	A	B	A	B	A	B	A	B
지지율	67.9	65.4	59.2	53.8	46.5	32	59.2	56.8

① 지지율은 학력이 낮을수록 증가한다.

② 조사대상자 중 A지역주민이 B지역주민보다 저학력자의 지지율이 높다.

③ 학력의 수준이 동일한 경우 지역별 지지율에 차이가 나타난다.

④ 조사대상자 중 A지역의 주민수는 B지역의 주민수보다 많다.

Q 다음은 ㈜서원각의 신입사원 300명을 대상으로 어떤 스포츠 종목에 관심이 있는지 조사한 표이다. 물음에 답하시오. 【68~69】

스포츠 종목	비율	스포츠 종목	비율
야구	30%	축구와 농구	7%
농구	20%	야구와 축구	9%
축구	25%	농구와 야구	6%
—	—	야구, 농구, 축구	3%

68 두 종목 이상에 관심이 있는 사원수는?

① 25명 ② 50명
③ 75명 ④ 100명

69 세 종목 이상에 관심이 있는 사원수는?

① 9명 ② 19명
③ 21명 ④ 30명

Q 다음은 A, B, C 세 제품의 가격, 월 전기료 및 관리비용을 나타낸 표이다. 물음에 답하시오. (단, 총 지불금액은 제품의 가격을 포함한다) 【70~71】

분류	가격	월 전기료	월 관리비
A 제품	300만 원	3만 원	1만 원
B 제품	270만 원	4만 원	1만 원
C 제품	240만 원	3만 원	2만 원

70 제품 구입 후 1년을 사용했다고 가정했을 경우 총 지불액이 가장 높은 제품은?

① A

② B

③ C

④ 모두 같음

71 월 관리비와 전기료가 가장 저렴한 제품을 구입하고자 할 경우 구입 후 3년 동안 지출한 금액이 가장 작은 제품은?

① A

② B

③ C

④ 모두 같음

Q 다음은 영희네 반 영어시험의 점수분포도이다. 물음에 답하시오. 【72~73】

점수	0 ~ 20	20 ~ 40	40 ~ 60	60 ~ 80	80 ~ 90	90 ~ 100	합계
인원수	3	㉠	15	24	㉡	3	60
상대도수	0.050	0.15	0.250	0.400	0.100	0.050	1

72 다음 중 ㉠에 알맞은 수는?

① 6명　　　　　　　　　　② 9명

③ 15명　　　　　　　　　④ 20명

73 다음 중 ㉡에 알맞은 수는?

① 3명　　　　　　　　　　② 4명

③ 5명　　　　　　　　　　④ 6명

74 다음은 다섯 나라의 인터넷뱅킹이용자비율과 인터넷이용자비율을 나타낸 그래프이다. 인터넷이용자 중 인터넷뱅킹이용자비율이 가장 작은 나라는?

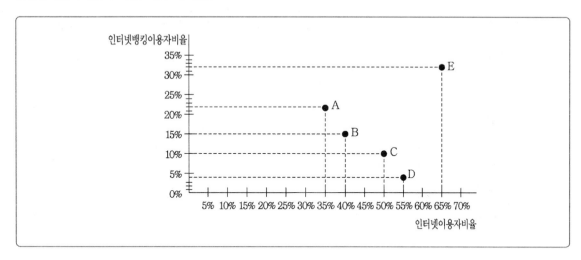

① A

② B

③ C

④ D

Q 다음은 H 자동차회사의 고객만족도결과이다. 물음에 답하시오. 【75～76】

분류	출고시기 1～12개월	출고시기 13～24개월	고객평균
애프터서비스	20%	16%	18%
정숙성	2%	1%	1.5%
연비	15%	12%	13.5%
색상	10%	12%	11%
주행편의성	12%	8%	10%
안정성	40%	50%	45%
옵션	1%	1%	1%
합계	100%	100%	100%

75 출고시기와 상관없이 조사에 참가한 전체대상자 중 2,700명이 애프터서비스를 장점으로 선택하였다면 이 설문에 응한 고객은 모두 몇 명인가?

① 5,000명
② 10,000명
③ 15,000명
④ 20,000명

76 차를 출고받은지 13～24개월 된 고객 중 120명이 연비를 선택하였다면 옵션을 선택한 고객은 몇 명인가?

① 5명
② 10명
③ 15명
④ 20명

77 다음은 서울시 유료도로에 대한 자료이다. 산업용 도로 3km의 건설비는 얼마가 되는가?

분류	도로수	총길이	건설비
관광용 도로	5	30km	30억
산업용 도로	7	55km	300억
산업관광용 도로	9	198km	400억
합계	21	283km	730억

① 약 5.5억 원   ② 약 11억 원
③ 약 16.5억 원   ④ 약 22억 원

78 다음은 어떤 학교에서 실시한 설문 조사의 결과이다. 이를 통해 알 수 있는 것은?

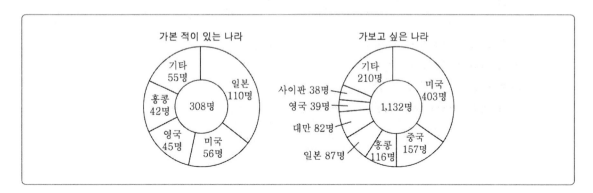

① 미국에 가보고 싶다고 대답한 학생보다 중국·홍콩·일본·대만에 가보고 싶다고 대답한 학생의 수가 더 많다.
② 4명 중에 1명은 미국에 가보고 싶다고 생각하지만 실제로 미국에 간 학생은 실제로 일본에 간 학생의 절반 이다.
③ 올해 일본에 간 학생은 작년에 간 사람의 1.5배이다.
④ 아시아에 가보고 싶은 학생이 많은 것은 실제로 아시아에 간 적이 있는 학생이 많기 때문이다.

79 다음은 새해 토정비결과 궁합에 관하여 사람들의 믿는 정도를 조사한 결과이다. 둘 다 가장 믿을 확률이 높은 사람들은?

대상 \ 구분		토정비결	궁합
나이별	20대	30.5	35.7
	30대	33.2	36.2
	40대	45.9	50.3
	50대	52.5	61.9
	60대	50.3	60.2
학력별	초등학교 졸업	81.2	83.2
	중학교 졸업	81.1	83.3
	고등학교 졸업	52.4	51.6
	대학교 졸업	32.3	30.3
	대학원 졸업	27.5	26.2
성별	남자	45.2	39.7
	여자	62.3	69.5

① 초등학교 졸업 학력의 60대 여성
② 중학교 졸업 학력의 50대 여성
③ 고등학교 졸업 학력의 40대 남성
④ 대학교 졸업 학력의 30대 남성

Q 다음 표는 태양계의 행성에 관한 것이다. 다음 물음에 답하시오. 【80~81】

행성명	태양에서의 평균거리(억km)	공전주기(년)	자전주기(일)
수성	0.58	0.24	58.6
금성	1.08	0.62	243.0
지구	1.50	1.00	1.0
화성	2.28	1.88	1.0
목성	7.9	11.9	0.41
토성	14.3	29.5	0.44
천왕성	28.7	84.0	0.56
해왕성	45	165	0.77

80 다음 중 위 표에서 알 수 있는 사실은?

> ㉠ 태양계에서의 평균거리가 먼 행성일수록 공전주기가 길다.
> ㉡ 태양에서의 평균거리가 먼 행성일수록 자전주기가 짧다.
> ㉢ 공전주기와 자전주기는 반비례 관계이다.

① ㉠   ② ㉡

③ ㉢   ④ ㉠㉡㉢

81 어떤 행성 X와 태양과의 거리를 a, 행성 X의 바로 안쪽을 공전하는 행성과 태양과의 거리를 b라 하면 (a−b)÷a를 계산하고 그 몫을 반올림하여 소수점 첫째 자리까지 구하면 0.5이다. 행성 X는?

① 금성   ② 지구

③ 해왕성   ④ 목성

82 다음은 서원고등학교 A반과 B반의 시험성적에 관한 표이다. 이에 대한 설명으로 옳지 않은 것은?

분류	A반 평균(명)		B반 평균(명)		총점
	남학생(20)	여학생(15)	남학생(15)	여학생(20)	
국어	6.0	6.5	6.0	6.0	427.5
영어	5.0	5.5	6.5	5.0	380

① 국어과목의 경우 A반 학생의 평균이 B반 학생의 평균보다 높다.
② 영어과목의 경우 A반 학생의 평균이 B반 학생의 평균보다 낮다.
③ 2과목 전체 평균의 경우 A반 여학생의 평균이 B반 남학생의 평균보다 높다.
④ 2과목 전체 평균의 경우 A반 남학생의 평균은 B반 여학생의 평균과 같다.

83 다음은 학생 40명을 대상으로 영어와 수학을 각각 5문제씩 주관식 시험을 본 성적을 상관표로 나타낸 것이다. 점수는 문제당 1점으로 배점한다. 영어성적이 수학성적에 비해 우수한 학생과 수학성적이 영어성적에 비해 우수한 학생의 수를 비교할 경우에 대한 설명으로 옳은 것은?

수학 \ 영어	0점	1점	2점	3점	4점	5점
0점	1	–	–	–	–	–
1점	–	3	–	2	2	–
2점	–	–	5	–	–	–
3점	–	–	4	5	6	–
4점	–	1	–	4	–	–
5점	–	–	3	2	–	2

① 영어성적이 우수한 학생이 4명이 더 많다.
② 수학성적이 우수한 학생이 4명 더 많다.
③ 영어성적이 더 우수한 학생은 모두 14명이다.
④ 수학성적이 더 우수한 학생은 모두 10명이다.

Ⓠ 다음은 P사의 과별 연수참가상황을 정리한 것이다. A과, B과, C과의 전원은 영어와 컴퓨터 연수 중 하나만 선택하였다. 물음에 답하시오. 【84~86】

구분	영어연수	컴퓨터연수	합계
A과	㉠명 (40%)	㉡명 (60%)	40명 (100%)
B과	36명 (㉢%)	44명 (㉣%)	80명 (100%)
C과	㉤명 (56%)	22명 (44%)	[ ] (100%)

84 ㉠, ㉡에 들어갈 수치로 옳은 것은?

① ㉠ : 13, ㉡ : 26
② ㉠ : 14, ㉡ : 27
③ ㉠ : 16, ㉡ : 24
④ ㉠ : 17, ㉡ : 23

85 ㉢, ㉣에 들어갈 수치로 옳은 것은?

① ㉢ : 45, ㉣ : 55
② ㉢ : 46, ㉣ : 54
③ ㉢ : 47, ㉣ : 53
④ ㉢ : 48, ㉣ : 52

86 ㉤에 들어갈 수치로 옳은 것은?

① 24
② 26
③ 28
④ 30

다음은 서원학원 A반의 모의고사 수학점수 분포표이다. ㉠에 해당하는 수로 알맞은 것은?

점수	학생수	학생수/총학생수
0 ~ 20	6	0.15
21 ~ 40	8	0.2
41 ~ 60	9	0.225
61 ~ 80	㉠	㉢
81 ~ 100	11	0.275
합계	㉡	1

① 6
③ 8

② 7
④ 9

Q 다음은 학생 1,000명을 대상으로 5개의 문구회사의 볼펜에 대한 선호도를 2회에 걸쳐 조사한 자료이다. 물음에 답하시오. 【88~89】

1차 \ 2차	A	B	C	D	E	계
A	10	15		17	23	185
B	14	11	22	89	㉡	
C	12	135	17	11	13	188
D	21	21	15	34	114	205
E	200	13	㉠	18	15	
합계	257		185	169		1,000

88 표의 빈칸 ㉠에 알맞은 수는?

① 10
③ 12

② 11
④ 13

89 표의 빈칸 ㉡에 알맞은 수는?

① 28
③ 30

② 29
④ 32

Q 다음은 A고등학교 학생들의 신장을 그래프로 나타낸 것이다. 다음 물음에 답하시오. 【90~91】

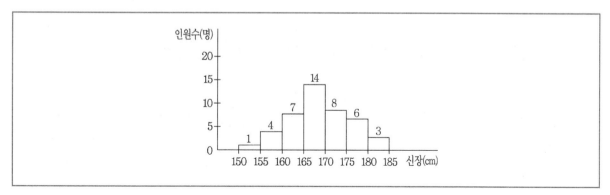

90 조사 대상 학생들의 수는 총 몇 명인가?

① 33명   ② 34명

③ 43명   ④ 45명

91 신장이 작은 쪽부터 10번째에 있는 학생은 어디에 해당하는가?

① 150 ~ 155cm   ② 155 ~ 160cm

③ 160 ~ 165cm   ④ 165 ~ 170cm

Q 다음은 서원중학교의 국어와 수학 성적을 집계한 표이다. 물음에 답하시오. 【92~93】

수학＼국어	0～29	30～49	50～69	70～79	80～89	90～100
0～29	2	4		3		
30～49	1		6	5		
50～69				4	5	
70～79				1	5	
80～89					7	
90～100						2

92 수학을 70점 이상 득점한 학생의 수는?

① 12명 ② 15명
③ 20명 ④ 25명

93 수학은 50점 미만이나 국어는 50점 이상을 득점한 학생의 수는?

① 6명 ② 10명
③ 12명 ④ 14명

94 다음은 과학점수가 70점인 수영이를 기준으로 하여 그 점수차를 나타낸 표이다. 이 학생들의 평균은 얼마인가?

분류	소희	영희	진희	시아	선아	정수	동수
점수차	+5	−3	+10	−5	−1	0	+12

① 약 68점 ② 약 70점
③ 약 72점 ④ 약 75점

Q 다음은 용산역, 서울역, 영등포역을 이용한 승객을 연령별로 분류해 놓은 표이다. 물음에 답하시오. 【95~96】

구분	10대	20대	30대	40대	50대	총인원수
용산역	8%	35%	22%	25%	10%	3,000
서울역	3%	10%	50%	9%	28%	2,000
영등포역	14%	23%	21%	28%	14%	2,500

95 서울역의 이용승객 중 50대 승객은 모두 몇 명인가?

① 550명 ② 560명
③ 570명 ④ 580명

96 영등포역 30대 미만 승객은 서울역 이용승객 중 30대 미만 승객의 몇 배인가?

① 2.5배 ② 3.5배
③ 4.5배 ④ 5.5배

97 다음은 IQ검사와 직무적성검사를 바탕으로 S기업의 사원을 분류하여 평가한 결과이다. IQ검사에 높은 점수를 받은 집단을 A, 직무적성검사에서 높은 점수를 받은 집단을 B라 하며 A와 B에 동시에 속하는 사람은 제외한다고 할 때 다음 중 옳지 않은 것은?

평가항목 \ 집단	A	B	사원 전체 평균
직무적성검사	50.3	52.6	30.7
승진시험 성적	85.2	80.3	81.0
인사담당자 평가	52.6	54.2	50.1
IQ	151.0	130.2	131.5

① A집단의 승진시험 성적이 가장 높은 것은 IQ와 관련이 있을 것이다.
② 인사담당자는 IQ가 높은 사람들보다 직무적성검사 성적이 높은 사람을 더 높게 평가하는 경향이 있다.
③ 직무적성검사 점수와 승진시험 성적은 비례관계를 보인다.
④ 직무적성검사에서 높은 점수를 받은 사람이 IQ도 높을 것이라 말할 수는 없다.

98 다음은 7월부터 12월까지 서울과 파리의 월평균 기온과 강수량을 나타낸 것이다. 보기 중 옳은 것은?

구분		7월	8월	9월	10월	11월	12월
서울	기온(℃)	24.6	25.4	20.6	14.3	6.6	−0.4
	강수량(mm)	369.1	293.9	168.9	49.4	53.1	21.7
파리	기온(℃)	18.6	17.9	14.2	10.8	7.4	4.3
	강수량(mm)	79	84	79	59	71	67

① 서울과 파리 모두 7월에 월평균 강수량이 가장 적다.
② 7월부터 12월까지 월평균기온은 항상 서울이 파리보다 높다.
③ 파리의 월평균 기온은 7월부터 12월까지 점점 낮아진다.
④ 서울의 월평균 강수량은 7월부터 12월까지 감소한다.

Q [표1]은 정서 표현 수준을 측정하는 설문지에 대한 참가자 A의 반응이고, [표2]는 전체 조사 대상자(표본)의 정서 표현 영역별 평균값이다. 물음에 답하시오. 【99~100】

[표1]

문항	문항내용	전혀 그렇지 않다	거의 그렇지 않다	가끔 그렇다	자주 그렇다	항상 그렇다
1	나는 주위 사람이 알아차릴 정도로 화를 낸다.	1	2	3	4	⑤
2	나는 친구들 앞에서 잘 웃는다.	1	2	③	4	5
3	나는 혼자 있을 때 과거의 일을 생각하고 크게 웃는다.	1	2	③	4	5
4	나는 일이 뜻대로 되지 않을 땐 실망감을 표현한다.	1	2	3	④	5

* 긍정 정서 표현 점수는 문항 2와 3을, 부정 정서 표현 점수는 문항 1과 4를, 전체 표현 점수는 모든 문항을 합산하여 계산한다.

[표2]

정서 표현 영역	표본의 평균값
긍정 정서 표현	8.1
부정 정서 표현	6.3
전체 표현성	14.4

99 A의 점수를 바르게 나타낸 것은?

	긍정 정서 표현 점수	부정 정서 표현 점수
①	9	5
②	7	8
③	8	6
④	6	9

100 위의 자료에 대한 설명으로 옳지 않은 것은?

① 표본의 평균값에서 긍정 정서 표현 점수는 부정 정서 표현 점수보다 높다.

② A의 긍정 정서 표현 점수는 표본의 평균값보다 높다.

③ A의 부정 정서 표현 점수는 표본의 평균값보다 높다.

④ A의 전체 표현성 점수는 표본의 평균값보다 높다.

04 지각속도

≫ 정답 및 해설 **p420**

ⓠ 다음 보기의 왼쪽과 오른쪽 기호의 대응을 참고하여 각 문제의 대응이 같으면 답안지에 '① 맞음'을, 틀리면 '② 틀림'을 선택하시오. 【01~05】

ㅁ=선	ㄹ=루	ㅋ=스	ㅊ=파	ㄴ=딜
2=라	5=모	4=돌	6=공	1=트

01 모 스 선 공 딜 – 5ㅋㅁ62   ① 맞음   ② 틀림

02 라 파 트 루 선 – 2ㅊ1ㄹㅁ   ① 맞음   ② 틀림

03 돌 루 공 라 딜 – 4ㄹ1ㅋㄴ   ① 맞음   ② 틀림

04 스 파 루 트 – ㅋ5ㄹ1   ① 맞음   ② 틀림

05 선 파 딜 트 라 – ㅁㅊㄴ12   ① 맞음   ② 틀림

Q 다음 보기에서 각 문제의 왼쪽에 표시된 굵은 글씨체의 기호, 문자, 숫자의 개수를 세어 오른쪽 개수에서 찾으시오. 【06~10】

06 **e**　They're all posing in a picture frame Whilst my world's crashing down
　① 5개　② 3개
　③ 4개　④ 2개

07 **ㅇ**　인생은 살기 어렵다는데 시가 이렇게 쉽게 쓰여지는 것은 부끄러운 일이다.
　① 8개　② 10개
　③ 9개　④ 11개

08 **6**　76451321489187653121798465132179865431
　① 1개　② 3개
　③ 2개　④ 4개

09 **o**　Sing song when I'm walking home Jump up to the top LeBron
　① 6개　② 4개
　③ 5개　④ 3개

10 **一**　최근 단일한 인공지능 프로그램의 활용 범위를 넓혀 말의 인지적, 감성적 이해 기능을 갖춘 인공지능을 만드는 일이 현실화되고 있다.
　① 11개　② 13개
　③ 12개　④ 14개

Q 다음 보기의 왼쪽과 오른쪽 기호의 대응을 참고하여 각 문제의 대응이 같으면 답안지에 '① 맞음'을, 틀리면 '② 틀림'을 선택하시오. 【11~15】

네 = ;	울 = $	르 = @	베 = ^	칸 = ~	트 = &
테 = *	소 = ₩	모 = %	이 = /	은 = !	메 = #

11　베 르 테 르 – ^ @ * @
　① 맞음　② 틀림

12　네 이 메 르 – ; / % @
　① 맞음　② 틀림

13 소 울 메 이 트 – ₩ $ # ; ^ ① 맞음 ② 틀림

14 테 네 울 메 베 – * ; $ # ^ ① 맞음 ② 틀림

15 이 모 르 칸 은 – / % @ ~ ! ① 맞음 ② 틀림

Q **다음 보기에서 각 문제의 왼쪽에 표시된 굵은 글씨체의 기호, 문자, 숫자의 개수를 세어 오른쪽 개수에서 찾으시오. 【16~20】**

16 **s** Daddy hums as he packs our car with suitcases and a cooler full of snacks.

① 5개 ② 6개 ③ 7개 ④ 8개

17 **ㅁ** 건축모범규준은 미국화재예방협회에서 개발한 것이 가장 널리 활용되는데 3년마다 개정안이 마련된다.

① 4개 ② 5개 ③ 6개 ④ 7개

18 **ᚴ** ᚢ<ᛁᛜᚠᚴᛗᚢᚹᚱᚴᛘᚴᛏᛁᛒᛚᛝᛡᚾᛙᚠᛗᚾᛕᛚᛘᚴᚹᚢᚴᚦᛝᛈᚴᛒᚾ

① 2개 ② 3개 ③ 4개 ④ 5개

19 **p** whilst at the same time respecting their right to remain silent if they choose to keep their counsel and put the prosecution to proof.

① 5개 ② 4개 ③ 6개 ④ 7개

20 **7** 794546145173413548671875435418541321354

① 3개 ② 4개 ③ 5개 ④ 6개

ⓠ 다음 제시된 각 문제의 왼쪽에 표시된 굵은 글씨체의 기호, 문자, 숫자의 개수로 옳은 것을 찾으시오. 【21~45】

21 **7**
27436832481227264248658756855787 5684365
① 4개　　② 5개
③ 6개　　④ 7개

22 **ㄱ**
황금의 꽃같이 굳고 빛나는 옛 맹서는 차디찬 티끌이 되어서 한숨의 미풍에 날어갔습니다.
① 4개　　② 5개
③ 6개　　④ 7개

23 **▽**
△▽□◇◎○☆◎◆△▽☆●○◇□◇△▽☆○▽☆○◇◇◎
① 4개　　② 5개
③ 6개　　④ 7개

24 **ㄴ**
사람들이 없으면, 틈틈이 제 집 수탉을 몰고 와서 우리 수탉과 쌈을 붙여 놓는다.
① 3개　　② 4개
③ 5개　　④ 6개

25 **4**
4683654858756843265783264324534328432642632 5462546725
① 8개　　② 9개
③ 10개　　④ 11개

26 **ㄹ**
이 남산골 샌님이 마른 날 나막신 소리를 내는 것은 그다지 얘깃거리가 될 것도 없다.
① 5개　　② 6개
③ 7개　　④ 8개

27 **7**
13746765786532546832432454532643273645400 38974856
① 3개　　② 4개
③ 5개　　④ 6개

28 **◎**
☆★○●◎◇◆□■△▲▽▲△□◎○☆◎◆△▽→▽▲■◆◇●★
① 2개　　② 3개
③ 4개　　④ 5개

29 **2**
5155210531554205525563057355840594551050
① 3개　　② 4개
③ 5개　　④ 6개

30 ㅎ   실상 하늘 아래 외톨이로 서 보는 날도 하늘만은 함께 있어 주지 않던가.   ① 2개 ② 3개 ③ 4개 ④ 5개

31 ㅁ   산 꿩도 설게 울은 슬픈 날 산 절의 마당귀에 여인의 머리오리가 눈물 방울과 같이 떨어진 날이 있었다.   ① 1개 ② 2개 ③ 3개 ④ 4개

32 g   I hope we can get together again soon.   ① 1개 ② 2개 ③ 3개 ④ 4개

33 ㅂ   부지런한 계절이 피여선 지고 큰 강물이 비로소 길을 열었다.   ① 1개 ② 2개 ③ 3개 ④ 4개

34 6   78945252549635458721549563546472146264732 4   ① 3개 ② 4개 ③ 5개 ④ 6개

35 ㄷ   금동이의 아름다운 술은 일만 백성의 피요, 옥소반의 아름다운 안주는 일만 백성의 기름이라.   ① 2개 ② 3개 ③ 4개 ④ 5개

36 ㅅ   그 바람에 나의 몸뚱이도 겹쳐서 쓰러지며, 한참 퍼드러진 노란 동백꽃 속으로 푹 파묻혀 버렸다.   ① 1개 ② 2개 ③ 3개 ④ 4개

37 ㅊ   사슴을 만나면 사슴과 놀고 칡범을 따라 칡범을 따라 칡범을 만나면 칡 범과 놀고   ① 2개 ② 3개 ③ 4개 ④ 5개

38 1   85215975365481963214795713579514714732159   ① 4개 ② 5개 ③ 6개 ④ 7개

39 ㅎ   밤에 홀로 유리를 닦는 것은 외로운 황홀한 심사이어니.   ① 2개 ② 3개 ③ 4개 ④ 5개

40 ↑   →↑←↓→↓←↑←↓↑→↓←↑↑↓→↓←↑→↓←↑

① 5개   ② 6개
③ 7개   ④ 8개

41 ◇   ▽△□◇◎○☆※§ ☆◎□△▽○◇§ ※◇☆※§ ▽□◇◎◇○◇▽

① 3개   ② 4개
③ 5개   ④ 6개

42 3   32154657893547194234567823135479345 3

① 5개   ② 6개
③ 7개   ④ 8개

43 ㅋ   날카로운 첫 키스의 추억은 나의 운명의 지침을 돌려놓고, 뒷걸음쳐서 사라졌습니다.

① 1개   ② 2개
③ 3개   ④ 4개

44 ㅍ   비를 몰아오는 동풍에 나부껴 풀은 눕고 드디어 울었다.

① 2개   ② 3개
③ 4개   ④ 5개

45 k   We both like listening to the same kind of music.

① 0개   ② 1개
③ 2개   ④ 3개

Q 다음 주어진 표의 숫자와 문자의 대응을 참고하여 각 문제의 대응이 같으면 답안지에 ①을, 틀리면 ②를 선택하시오. 【46~63】

0	1	2	3	4	5	6	7	8	9
ㄱ	ㄴ	ㄷ	ㄹ	ㅁ	ㅂ	ㅅ	ㅇ	ㅈ	ㅊ

46 123 – ㄴㄷㅈ   ① 맞음   ② 틀림

47 112 – ㄴㄴㅁ   ① 맞음   ② 틀림

48 486 – ㅁㅈㅅ   ① 맞음   ② 틀림

49 2954 – ㄷㅊㅂㅁ   ① 맞음   ② 틀림

50 2580 – ㄷㅂㅈㅅ   ① 맞음   ② 틀림

51 7712 – ㅇㅇㄴㄷ   ① 맞음   ② 틀림

52 4989 – ㅁㅊㅈㅊ   ① 맞음   ② 틀림

53 911 – ㅊㄴㄴ   ① 맞음   ② 틀림

54 5845 – ㄱㅈㄴㄹ   ① 맞음   ② 틀림

55	2455 – ㄷㅁㅂㅂ	① 맞음	② 틀림
56	ㄱㅇㄱ – 070	① 맞음	② 틀림
57	ㅈㄷㄱ – 821	① 맞음	② 틀림
58	ㅁㄱㄹ – 403	① 맞음	② 틀림
59	ㅂㅊㄴ – 597	① 맞음	② 틀림
60	ㄴㅈㄹ – 188	① 맞음	② 틀림
61	ㅂㅈㅊ – 589	① 맞음	② 틀림
62	ㅅㅂㅅㅂ – 6556	① 맞음	② 틀림
63	ㅂㅈㄷㅅ – 5826	① 맞음	② 틀림

Q 다음의 그림은 서로 연관성을 지닌다. 이를 보고 제시된 그림은 문장으로, 문장은 그림으로 옳게 바꾼 것을 고르시오. 【64~66】

| ☺ – 곰 | ● – 호랑이 | ☼ – 이/가 | ∽ – 와/과 |
| ☂ – 싸우다 | ☖ – 도망쳤다 | ϟ – 함께 | ☽ – 뛰다 |

64

☺∽●☼☂

① 호랑이와 곰이 싸우다.　　　　　② 호랑이와 곰이 뛰다.
③ 곰과 호랑이가 도망쳤다.　　　　④ 곰과 호랑이가 싸우다.

65

●☼☺∽☂☼☖

① 호랑이가 곰과 싸우다 호랑이가 도망쳤다.　　② 호랑이가 곰과 싸우다 곰이 도망쳤다.
③ 곰과 호랑이가 뛰다가 곰이 도망쳤다.　　　④ 호랑이가 곰과 뛰다가 곰이 도망쳤다.

66

곰이 호랑이와 함께 싸우다.

① ☺☼●∽ϟ☂　　　　　　② ☺☼● ∽ϟ☂
③ ☺☼●∽ϟ☽　　　　　　④ ●☼●∽ϟ☽

Q 다음의 표를 참고하여 제시된 단어를 알파벳 또는 한글로 바르게 표기한 것을 고르시오. 【67~73】

ㄱ	ㄴ	ㄷ	ㄹ	ㅁ	ㅂ	ㅅ	ㅇ	ㅈ	ㅊ	ㅋ	ㅌ	ㅍ	ㅎ
A	B	C	D	E	F	G	H	I	J	K	L	M	N

ㅏ	ㅑ	ㅓ	ㅕ	ㅗ	ㅛ	ㅜ	ㅠ	ㅡ	ㅣ	ㅔ	ㅐ	ㅖ	ㅒ
a	b	c	d	e	f	g	h	i	j	k	l	m	n

67

엘리트

① HkDDiLi　　　　　　② HkDDjLj

③ HkDDgLj　　　　　　④ HkDDjLi

68

순발력

① GgBFaDDcC　　　　② GgBFaDDdA

③ GgBFcDDCA　　　　④ GgBFaDDbC

69

식목일

① GjAEeAHjD　　　　② GjAeEAHjD

③ GiAEeBHjD　　　　④ GiAeEAHjD

70

> Banana

① ㄴㅑㅖㅏㅒㅏ ② ㅑㅏㅖㅏㅒㅏ
③ ㄷㅑㅖㅏㅖㅏ ④ ㄷㅏㅖㅏㅖㅏ

71

> HaHaHeHe

① ㅇㅏㅇㅏㅇㅗㅇㅗ ② ㅎㅏㅎㅏㅎㅗㅎㅗ
③ ㅠㄱㅠㄱㄱㅠㅁㅠㅁ ④ ㅠㄴㅠㄴㄴㅠㄷㅠㄷ

72

> BhJLk

① ㅑㅠㅣㅒㅖ ② ㅎㅏㅎㅏㅎㅗㅎㅗ
③ ㄴㅠㅊㅌㅖ ④ ㄴㅜㅊㅌㅖ

73

> giacef

① ㅜㅡㅣㅖㅗㅠ ② ㅜㅡㅏㅓㅗㅛ
③ ㅜㅣㅓㅏㅗㅛ ④ ㅠㅡㅏㅓㅗㅛ

Q 다음 제시된 각 문제의 왼쪽에 표시된 굵은 글씨체의 기호, 문자, 숫자의 개수로 옳은 것을 찾으시오. 【74~93】

74 ㅈ

정보화사회의 본질은 정보기기의 설치나 발전에 있는 것이 아니라 그것을 이용한 정보의 효율적 생산과 유통, 그리고 이를 통한 풍요로운 삶의 추구에 있다.

① 3개 ② 4개
③ 5개 ④ 6개

75 ♤

▽☆★○●◎◇◆□■△▲▽▼◁◀▷▶♤♠♡♥♧♣♠◉◈▣■◐●■▤

① 0개 ② 1개
③ 2개 ④ 3개

76 8

32154895135489231548723154579899132134 54987

① 3개 ② 4개
③ 5개 ④ 6개

77 s

Joe's statement admits of one interpretation only, that he was certainly aware of what he was doing.

① 4개 ② 5개
③ 6개 ④ 7개

78 y

what happens to someone or what will happen to them in the future, especially things that they cannot change or avoid.

① 1개 ② 2개
③ 3개 ④ 4개

79 ㅇ

가까운 곳에 있는 것은 눈에 익어서 좋게 보이지 않고 멀리 있는 것은 훌륭해 보인다.

① 11개 ② 12개
③ 13개 ④ 14개

80 ㅍ

장대높이뛰기 선수가 되고자 하는 사람은 처음에는 낮은 높이에서부터 시작해야 하며, 기량이 상승함에 따라서 조금씩 더 높은 자리에 도전해야 한다.

① 1개 ② 2개
③ 3개 ④ 4개

81 ㄹ

여름철이면 산천 자연을 가까이 해서 장소를 옮겨 교육하고 거기에서 흥을 돋우기 위해 조촐한 잔치를 열어 인정을 나누기도 했다.

① 8개 ② 9개
③ 10개 ④ 11개

82 ㅁ

아무리 못난 사람도 남들에게 심한 모욕을 당하면 대항하게 된다.

① 5개 ② 6개
③ 7개 ④ 8개

83 ㅇ 정직한 사람을 벗하고, 성실한 사람을 벗하며, 견문이 많은 사람을 벗하면 유익하고, 몸가짐만 그럴듯하게 꾸미는 사람을 벗하고, 아첨 잘하는 사람을 벗하며, 말만 익숙한 사람을 벗하면 해로우니라.

① 10개 ② 11개 ③ 12개 ④ 15개

84 h Computers have increased our near-term predictive power for weather.

① 1개 ② 2개 ③ 3개 ④ 4개

85 N THIS MAY BE DEFINED BRIEFLY AS AN ILLOGICAL BELIEF IN THE OCCURRENCE OF THE IMPROBABLE.

① 2개 ② 3개 ③ 4개 ④ 5개

86 ㄹ 실존주의는 과학·기술문명 속에 매몰되어 비인간화되어 가는 현실을 고발하고, 잃어버렸던 자아의 각성과 회복을 강력히 주장하는 사상이다.

① 6개 ② 7개 ③ 8개 ④ 9개

87 ㅍ 경찰은 시민들이 불안해 하지 않도록 그 소문이 퍼지는 것을 막았다.

① 0개 ② 1개 ③ 2개 ④ 3개

88 7 12356487995213546871132549778421359712354748 9514783

① 5개 ② 6개 ③ 7개 ④ 8개

89 ㅋ 과학기술은 인류의 삶을 발전시키기도 했지만, 인류의 생존과 관련된 많은 문제를 야기하기도 하였다.

① 1개 ② 3개 ③ 5개 ④ 6개

90 ㄱ 그림의 떡으로 보기만 할 뿐 실제로 얻을 수 없는 것을 이르는 말

① 3개 ② 4개 ③ 5개 ④ 6개

91 ㅇ 수염이 대 자라도 먹어야 양반이다.

① 5개 ② 6개 ③ 7개 ④ 8개

92 8 7418547196347189517535918

① 1개 ② 2개 ③ 3개 ④ 4개

93 ㄹ 이익을 취하기 위해 못된 꾀로 남을 속임

① 3개 ② 4개 ③ 5개 ④ 6개

Q 다음 보기의 왼쪽과 오른쪽 기호의 대응을 참고하여 각 문제의 대응이 같으면 '맞음', 틀리면 '틀림'을 선택하시오. 【94~103】

a=강	b=응	c=산	d=전	e=남	f=도	g=길	h=아
l=해	j=원	k=선	l=나	m=고	n=호	o=차	p=기

94 전 남 강 산 도 – d e a c f   ① 맞음   ② 틀림

95 강 남 산 길 도 – a e c g h   ① 맞음   ② 틀림

96 강 원 도 산 길 – a j f c g   ① 맞음   ② 틀림

97 호 남 선 기 차 – n e k p o   ① 맞음   ② 틀림

98 남 해 기 차 길 – e i p o f   ① 맞음   ② 틀림

99 전 선 고 산 도 – d e m c f   ① 맞음   ② 틀림

100 해 남 강 길 호 – i e a g n   ① 맞음   ② 틀림

101 남 해 선 길 도 – e i k h a   ① 맞음   ② 틀림

102 원 산 도 선 길 – j c f k g   ① 맞음   ② 틀림

103 남 원 호 응 도 – e j n b c   ① 맞음   ② 틀림

Q 다음 보기의 왼쪽과 오른쪽 기호의 대응을 참고하여 각 문제의 대응이 같으면 '맞음', 틀리면 '틀림'을 선택하시오. 【104~113】

a=자	b=한	c=기	d=국	e=우	f=대	g=족	h=이
i=도	j=소	k=개	l=동	m=서	n=랑	o=민	p=사

104 자 기 소 개 서 – a c j k m   ① 맞음   ② 틀림

105 한 국 도 자 기 – b d i a c   ① 맞음   ② 틀림

106 서 소 우 이 도 – m j e g i   ① 맞음   ② 틀림

107 우 이 동 한 우 – e h l b e   ① 맞음   ② 틀림

108 자 국 민 소 개 – a d o j k   ① 맞음   ② 틀림

109 개 도 국 서 민 – k i d p o   ① 맞음   ② 틀림

110 민 족 대 이 동 – o g f h l   ① 맞음   ② 틀림

111 대 한 민 국 – f c o d   ① 맞음   ② 틀림

112 동 기 자 랑 – l c b n   ① 맞음   ② 틀림

113 한 민 족 사 랑 – b o g p n   ① 맞음   ② 틀림

Q 다음 보기의 왼쪽과 오른쪽 기호의 대응을 참고하여 각 문제의 대응이 같으면 '맞음', 틀리면 '틀림'을 선택하시오. 【114~121】

a=경	b=기	c=금	d=대	e=도	f=부	g=상
h=아	i=여	j=은	k=주	l=타	m=트	n=파

114 아 파 트 대 상 - h n m d g   ① 맞음   ② 틀림

115 경 기 도 여 주 - a b e i j   ① 맞음   ② 틀림

116 부 여 아 파 트 - f i h n m   ① 맞음   ② 틀림

117 기 부 금 타 기 - b f c l b   ① 맞음   ② 틀림

118 파 도 타 기 - n e l c   ① 맞음   ② 틀림

119 경 주 파 트 - a k n l   ① 맞음   ② 틀림

120 부 상 은 기 타 - f g j b l   ① 맞음   ② 틀림

121 타 도 대 상 - l e d g   ① 맞음   ② 틀림

자질 · 상황판단능력 평가

CHAPTER 01 직무성격검사

Q 다음 상황을 읽고 제시된 질문에 답하시오. 【001~180】

① 전혀 그렇지 않다	② 그렇지 않다	③ 보통이다	④ 그렇다	⑤ 매우 그렇다

001	신경질적이라고 생각한다.	① ② ③ ④ ⑤
002	주변 환경을 받아들이고 쉽게 적응하는 편이다.	① ② ③ ④ ⑤
003	여러 사람들과 있는 것보다 혼자 있는 것이 좋다.	① ② ③ ④ ⑤
004	주변이 어리석게 생각되는 때가 자주 있다.	① ② ③ ④ ⑤
005	나는 지루하거나 따분해지면 소리치고 싶어지는 편이다.	① ② ③ ④ ⑤
006	남을 원망하거나 증오하거나 했던 적이 한 번도 없다.	① ② ③ ④ ⑤
007	보통사람들보다 쉽게 상처받는 편이다.	① ② ③ ④ ⑤
008	사물에 대해 곰곰이 생각하는 편이다.	① ② ③ ④ ⑤
009	감정적이 되기 쉽다.	① ② ③ ④ ⑤
010	고지식하다는 말을 자주 듣는다.	① ② ③ ④ ⑤
011	주변사람에게 정떨어지게 행동하기도 한다.	① ② ③ ④ ⑤
012	수다떠는 것이 좋다.	① ② ③ ④ ⑤
013	푸념을 늘어놓은 적이 없다.	① ② ③ ④ ⑤
014	항상 뭔가 불안한 일이 있다.	① ② ③ ④ ⑤
015	나는 도움이 안 되는 인간이라고 생각한 적이 가끔 있다.	① ② ③ ④ ⑤
016	주변으로부터 주목받는 것이 좋다.	① ② ③ ④ ⑤

017	사람과 사귀는 것은 성가시다라고 생각한다.	① ② ③ ④ ⑤
018	나는 충분한 자신감을 가지고 있다.	① ② ③ ④ ⑤
019	밝고 명랑한 편이어서 화기애애한 모임에 나가는 것이 좋다.	① ② ③ ④ ⑤
020	남을 상처 입힐 만한 것에 대해 말한 적이 없다.	① ② ③ ④ ⑤
021	부끄러워서 얼굴 붉히지 않을까 걱정된 적이 없다.	① ② ③ ④ ⑤
022	낙심해서 아무것도 손에 잡히지 않은 적이 있다.	① ② ③ ④ ⑤
023	나는 후회하는 일이 많다고 생각한다.	① ② ③ ④ ⑤
024	남이 무엇을 하려고 하든 자신에게는 관계없다고 생각한다.	① ② ③ ④ ⑤
025	나는 다른 사람보다 기가 세다.	① ② ③ ④ ⑤
026	특별한 이유없이 기분이 자주 들뜬다.	① ② ③ ④ ⑤
027	화낸 적이 없다.	① ② ③ ④ ⑤
028	작은 일에도 신경쓰는 성격이다.	① ② ③ ④ ⑤
029	배려심이 있다는 말을 주위에서 자주 듣는다.	① ② ③ ④ ⑤
030	나는 의지가 약하다고 생각한다.	① ② ③ ④ ⑤
031	어렸을 적에 혼자 노는 일이 많았다.	① ② ③ ④ ⑤
032	여러 사람 앞에서도 편안하게 의견을 발표할 수 있다.	① ② ③ ④ ⑤
033	아무 것도 아닌 일에 흥분하기 쉽다.	① ② ③ ④ ⑤
034	지금까지 거짓말한 적이 없다.	① ② ③ ④ ⑤
035	소리에 굉장히 민감하다.	① ② ③ ④ ⑤
036	친절하고 착한 사람이라는 말을 자주 듣는 편이다.	① ② ③ ④ ⑤
037	남에게 들은 이야기로 인하여 의견이나 결심이 자주 바뀐다.	① ② ③ ④ ⑤
038	개성있는 사람이라는 소릴 많이 듣는다.	① ② ③ ④ ⑤

039	모르는 사람들 사이에서도 나의 의견을 확실히 말할 수 있다.	① ② ③ ④ ⑤
040	붙임성이 좋다는 말을 자주 듣는다.	① ② ③ ④ ⑤
041	지금까지 변명을 한 적이 한 번도 없다.	① ② ③ ④ ⑤
042	남들에 비해 걱정이 많은 편이다.	① ② ③ ④ ⑤
043	자신이 혼자 남겨졌다는 생각이 자주 드는 편이다.	① ② ③ ④ ⑤
044	기분이 아주 쉽게 변한다는 말을 자주 듣는다.	① ② ③ ④ ⑤
045	남의 일에 관련되는 것이 싫다.	① ② ③ ④ ⑤
046	주위의 반대에도 불구하고 나의 의견을 밀어붙이는 편이다.	① ② ③ ④ ⑤
047	기분이 산만해지는 일이 많다.	① ② ③ ④ ⑤
048	남을 의심해 본적이 없다.	① ② ③ ④ ⑤
049	꼼꼼하고 빈틈이 없다는 말을 자주 듣는다.	① ② ③ ④ ⑤
050	문제가 발생했을 경우 자신이 나쁘다고 생각한 적이 많다.	① ② ③ ④ ⑤
051	자신이 원하는 대로 지내고 싶다고 생각한 적이 많다.	① ② ③ ④ ⑤
052	아는 사람과 마주쳤을 때 반갑지 않은 느낌이 들 때가 많다.	① ② ③ ④ ⑤
053	어떤 일이라도 끝까지 잘 해낼 자신이 있다.	① ② ③ ④ ⑤
054	기분이 너무 고취되어 안정되지 않은 경우가 있다.	① ② ③ ④ ⑤
055	지금까지 감기에 걸린 적이 한 번도 없다.	① ② ③ ④ ⑤
056	보통 사람보다 공포심이 강한 편이다.	① ② ③ ④ ⑤
057	인생은 살 가치가 없다고 생각된 적이 있다.	① ② ③ ④ ⑤
058	이유없이 물건을 부수거나 망가뜨리고 싶은 적이 있다.	① ② ③ ④ ⑤
059	나의 고민, 진심 등을 털어놓을 수 있는 사람이 없다.	① ② ③ ④ ⑤
060	자존심이 강하다는 소릴 자주 듣는다.	① ② ③ ④ ⑤

061	아무것도 안하고 멍하게 있는 것을 싫어한다.	① ② ③ ④ ⑤
062	지금까지 감정적으로 행동했던 적은 없다.	① ② ③ ④ ⑤
063	항상 뭔가에 불안한 일을 안고 있다.	① ② ③ ④ ⑤
064	세세한 일에 신경을 쓰는 편이다.	① ② ③ ④ ⑤
065	그때그때의 기분에 따라 행동하는 편이다.	① ② ③ ④ ⑤
066	혼자가 되고 싶다고 생각한 적이 많다.	① ② ③ ④ ⑤
067	남에게 재촉당하면 화가 나는 편이다.	① ② ③ ④ ⑤
068	주위에서 낙천적이라는 소릴 자주 듣는다.	① ② ③ ④ ⑤
069	남을 싫어해 본 적이 단 한 번도 없다.	① ② ③ ④ ⑤
070	조금이라도 나쁜 소식은 절망의 시작이라고 생각한다.	① ② ③ ④ ⑤
071	언제나 실패가 걱정되어 어쩔 줄 모른다.	① ② ③ ④ ⑤
072	다수결의 의견에 따르는 편이다.	① ② ③ ④ ⑤
073	혼자서 영화관에 들어가는 것은 전혀 두려운 일이 아니다.	① ② ③ ④ ⑤
074	승부근성이 강하다.	① ② ③ ④ ⑤
075	자주 흥분하여 침착하지 못한다.	① ② ③ ④ ⑤
076	지금까지 살면서 남에게 폐를 끼친 적이 없다.	① ② ③ ④ ⑤
077	내일 해도 되는 일을 오늘 안에 끝내는 것을 좋아한다.	① ② ③ ④ ⑤
078	무엇이든지 자기가 나쁘다고 생각하는 편이다.	① ② ③ ④ ⑤
079	자신을 변덕스러운 사람이라고 생각한다.	① ② ③ ④ ⑤
080	고독을 즐기는 편이다.	① ② ③ ④ ⑤
081	감정적인 사람이라고 생각한다.	① ② ③ ④ ⑤
082	자신만의 신념을 가지고 있다.	① ② ③ ④ ⑤

083	다른 사람을 바보 같다고 생각한 적이 있다.	① ② ③ ④ ⑤
084	남의 비밀을 금방 말해버리는 편이다.	① ② ③ ④ ⑤
085	대재앙이 오지 않을까 항상 걱정을 한다.	① ② ③ ④ ⑤
086	문제점을 해결하기 위해 항상 많은 사람들과 이야기하는 편이다.	① ② ③ ④ ⑤
087	내 방식대로 일을 처리하는 편이다.	① ② ③ ④ ⑤
088	영화를 보고 운 적이 있다.	① ② ③ ④ ⑤
089	사소한 충고에도 걱정을 한다.	① ② ③ ④ ⑤
090	학교를 쉬고 싶다고 생각한 적이 한 번도 없다.	① ② ③ ④ ⑤
091	불안감이 강한 편이다.	① ② ③ ④ ⑤
092	사람을 설득시키는 것이 어렵지 않다.	① ② ③ ④ ⑤
093	다른 사람에게 어떻게 보일지 신경을 쓴다.	① ② ③ ④ ⑤
094	다른 사람에게 의존하는 경향이 있다.	① ② ③ ④ ⑤
095	그다지 융통성이 있는 편이 아니다.	① ② ③ ④ ⑤
096	숙제를 잊어버린 적이 한 번도 없다.	① ② ③ ④ ⑤
097	밤길에는 발소리가 들리기만 해도 불안하다.	① ② ③ ④ ⑤
098	자신은 유치한 사람이다.	① ② ③ ④ ⑤
099	잡담을 하는 것보다 책을 읽는 편이 낫다.	① ② ③ ④ ⑤
100	나는 영업에 적합한 타입이라고 생각한다.	① ② ③ ④ ⑤
101	술자리에서 술을 마시지 않아도 흥을 돋굴 수 있다.	① ② ③ ④ ⑤
102	한 번도 병원에 간 적이 없다.	① ② ③ ④ ⑤
103	나쁜 일은 걱정이 되어 어쩔 줄을 모른다.	① ② ③ ④ ⑤
104	금세 무기력해지는 편이다.	① ② ③ ④ ⑤

105	비교적 고분고분한 편이라고 생각한다.	① ② ③ ④ ⑤
106	독자적으로 행동하는 편이다.	① ② ③ ④ ⑤
107	적극적으로 행동하는 편이다.	① ② ③ ④ ⑤
108	금방 감격하는 편이다.	① ② ③ ④ ⑤
109	밤에 잠을 못 잘 때가 많다.	① ② ③ ④ ⑤
110	후회를 자주 하는 편이다.	① ② ③ ④ ⑤
111	쉽게 뜨거워지고 쉽게 식는 편이다.	① ② ③ ④ ⑤
112	자신만의 세계를 가지고 있다.	① ② ③ ④ ⑤
113	말하는 것을 아주 좋아한다.	① ② ③ ④ ⑤
114	이유없이 불안할 때가 있다.	① ② ③ ④ ⑤
115	주위 사람의 의견을 생각하여 발언을 자제할 때가 있다.	① ② ③ ④ ⑤
116	생각없이 함부로 말하는 경우가 많다.	① ② ③ ④ ⑤
117	정리가 되지 않은 방에 있으면 불안하다.	① ② ③ ④ ⑤
118	슬픈 영화나 TV를 보면 자주 운다.	① ② ③ ④ ⑤
119	자신을 충분히 신뢰할 수 있는 사람이라고 생각한다.	① ② ③ ④ ⑤
120	노래방을 아주 좋아한다.	① ② ③ ④ ⑤
121	자신만이 할 수 있는 일을 하고 싶다.	① ② ③ ④ ⑤
122	자신을 과소평가 하는 경향이 있다.	① ② ③ ④ ⑤
123	책상 위나 서랍 안은 항상 깔끔히 정리한다.	① ② ③ ④ ⑤
124	건성으로 일을 하는 때가 자주 있다.	① ② ③ ④ ⑤
125	남의 험담을 한 적이 없다.	① ② ③ ④ ⑤
126	초조하면 손을 떨고, 심장박동이 빨라진다.	① ② ③ ④ ⑤

127	말싸움을 하여 진 적이 한 번도 없다.	① ② ③ ④ ⑤
128	다른 사람들과 덩달아 떠든다고 생각할 때가 자주 있다.	① ② ③ ④ ⑤
129	아첨에 넘어가기 쉬운 편이다.	① ② ③ ④ ⑤
130	이론만 내세우는 사람과 대화하면 짜증이 난다.	① ② ③ ④ ⑤
131	상처를 주는 것도 받는 것도 싫다.	① ② ③ ④ ⑤
132	매일매일 그 날을 반성한다.	① ② ③ ④ ⑤
133	주변 사람이 피곤해하더라도 자신은 항상 원기왕성하다.	① ② ③ ④ ⑤
134	친구를 재미있게 해주는 것을 좋아한다.	① ② ③ ④ ⑤
135	아침부터 아무것도 하고 싶지 않을 때가 있다.	① ② ③ ④ ⑤
136	지각을 하면 학교를 결석하고 싶어진다.	① ② ③ ④ ⑤
137	이 세상에 없는 세계가 존재한다고 생각한다.	① ② ③ ④ ⑤
138	하기 싫은 것을 하고 있으면 무심코 불만을 말한다.	① ② ③ ④ ⑤
139	투지를 드러내는 경향이 있다.	① ② ③ ④ ⑤
140	어떤 일이라도 헤쳐나갈 자신이 있다.	① ② ③ ④ ⑤
141	착한 사람이라는 말을 자주 듣는다.	① ② ③ ④ ⑤
142	조심성이 있는 편이다.	① ② ③ ④ ⑤
143	이상주의자이다.	① ② ③ ④ ⑤
144	인간관계를 중요하게 생각한다.	① ② ③ ④ ⑤
145	협조성이 뛰어난 편이다.	① ② ③ ④ ⑤
146	정해진 대로 따르는 것을 좋아한다.	① ② ③ ④ ⑤
147	정이 많은 사람을 좋아한다.	① ② ③ ④ ⑤
148	조직이나 전통에 구애를 받지 않는다.	① ② ③ ④ ⑤

145	잘 아는 사람과만 만나는 것이 좋다.	① ② ③ ④ ⑤
146	파티에서 사람을 소개받는 편이다.	① ② ③ ④ ⑤
147	모임이나 집단에서 분위기를 이끄는 편이다.	① ② ③ ④ ⑤
148	취미 등이 오랫동안 지속되지 않는 편이다.	① ② ③ ④ ⑤
149	다른 사람을 부럽다고 생각해 본 적이 없다.	① ② ③ ④ ⑤
150	꾸지람을 들은 적이 한 번도 없다.	① ② ③ ④ ⑤
151	시간이 오래 걸려도 항상 침착하게 생각하는 경우가 많다.	① ② ③ ④ ⑤
152	실패의 원인을 찾고 반성하는 편이다.	① ② ③ ④ ⑤
153	여러 가지 일을 재빨리 능숙하게 처리하는 데 익숙하다.	① ② ③ ④ ⑤
154	행동을 한 후 생각을 하는 편이다.	① ② ③ ④ ⑤
155	민첩하게 활동을 하는 편이다.	① ② ③ ④ ⑤
156	일을 더디게 처리하는 경우가 많다.	① ② ③ ④ ⑤
157	몸을 움직이는 것을 좋아한다.	① ② ③ ④ ⑤
158	스포츠를 보는 것이 좋다.	① ② ③ ④ ⑤
159	일을 하다 어려움에 부딪히면 단념한다.	① ② ③ ④ ⑤
160	너무 신중하여 타이밍을 놓치는 때가 많다.	① ② ③ ④ ⑤
161	시험을 볼 때 한 번에 모든 것을 마치는 편이다.	① ② ③ ④ ⑤
162	일에 대한 계획표를 만들어 실행을 하는 편이다.	① ② ③ ④ ⑤
163	한 분야에서 1인자가 되고 싶다고 생각한다.	① ② ③ ④ ⑤
164	규모가 큰 일을 하고 싶다.	① ② ③ ④ ⑤
165	높은 목표를 설정하여 수행하는 것이 의욕적이라고 생각한다.	① ② ③ ④ ⑤
166	다른 사람들과 있으면 침착하지 못하다.	① ② ③ ④ ⑤

167	수수하고 조심스러운 편이다.	① ② ③ ④ ⑤
168	여행을 가기 전에 항상 계획을 세운다.	① ② ③ ④ ⑤
169	구입한 후 끝까지 읽지 않은 책이 많다.	① ② ③ ④ ⑤
170	쉬는 날은 집에 있는 경우가 많다.	① ② ③ ④ ⑤
171	돈을 허비한 적이 없다.	① ② ③ ④ ⑤
172	흐린 날은 항상 우산을 가지고 나간다.	① ② ③ ④ ⑤
173	조연상을 받은 배우보다 주연상을 받은 배우를 좋아한다.	① ② ③ ④ ⑤
174	유행에 민감하다고 생각한다.	① ② ③ ④ ⑤
175	친구의 휴대폰 번호를 모두 외운다.	① ② ③ ④ ⑤
176	환경이 변화되는 것에 구애받지 않는다.	① ② ③ ④ ⑤
177	조직의 일원으로 별로 안 어울린다고 생각한다.	① ② ③ ④ ⑤
178	외출시 문을 잠그었는지 몇 번을 확인한다.	① ② ③ ④ ⑤
179	성공을 위해서는 어느 정도의 위험성을 감수해야 한다고 생각한다.	① ② ③ ④ ⑤
180	남들이 이야기하는 것을 보면 자기에 대해 험담을 하고 있는 것 같다.	① ② ③ ④ ⑤

CHAPTER 02 상황판단검사

01

> 당신은 분대장이다. 야간 주둔지 경계근무를 서고 있는데 후임병이 자꾸 졸고 있다.
>
> 이 상황에서 당신이 ⓐ 가장 할 것 같은 행동은 무엇입니까?
> ⓑ 가장 하지 않을 것 같은 행동은 무엇입니까?

ⓐ **가장 할 것 같은 행동** ( )
ⓑ **가장 하지 않을 것 같은 행동** ( )

선 택 지

① 당장 일어나라고 소리를 질러 깨운다.

② 그냥 피곤한가 보다 하고 내버려 둔다.

③ 일단은 내버려 두고 교대 후 잠을 재우지 않는다.

④ 3중대 당직사관에게 탄불출 인원을 지금이라도 편성하여 보내줄 것을 요청한다.

⑤ 고양이 소리 등 무서운 동물 소리를 낸다.

⑥ 흔들어 깨운 후 연애얘기 등 졸지 않도록 자꾸 말을 건다.

⑦ 징계위원회에 회부한다.

02

당신은 소대장이다. 4박 5일의 지긋지긋한 소대전술훈련을 마치고 복귀 행군 중 한 사병이 뱀에 물리게 되었다. 어느 누구도 어떠한 조치를 취해야 할지 몰라 안절부절 못하고 있다.

이 상황에서 당신이 ⓐ 가장 할 것 같은 행동은 무엇입니까?
　　　　　　　　　　　ⓑ 가장 하지 않을 것 같은 행동은 무엇입니까?

ⓐ 가장 할 것 같은 행동 　　　　　　　　　　　　　　　　　　　　　　　　(　　　　)
ⓑ 가장 하지 않을 것 같은 행동 　　　　　　　　　　　　　　　　　　　　　(　　　　)

선 택 지

① 　그냥 모른 척 한다.

② 　응급조치를 위해 군화 끈을 빼 물린 부위를 동여맨 뒤 독을 빨아낸다.

③ 　사수에게 업고 뛰라고 한다.

④ 　칼로 상처 부위를 짼 후 부축을 받아 복귀하라고 한다.

⑤ 　양 쪽으로 부축을 하게하고 계속 행군한다.

⑥ 　숨겨둔 소주를 부어 물린 부위를 소독한다.

⑦ 　그딴 걸로 안 죽는다고 기합을 준다.

03

당신은 소대장이다. A상병이 정신교육 자료를 출력하기 위해 유일하게 인쇄가 되는 중대장 자리에 앉아 컴퓨터를 켜는데 갑자기 모니터가 꺼지고 다시는 켜지지 않는 것이 아닌가? 중대장은 자기 물건을 허락도 없이 만지는 것을 아주 싫어하는 사람으로 유명하다. 예전에도 중대장의 컴퓨터를 함부로 만졌다가 아침부터 모든 중대원들을 완전 군장을 하고 행정반에서 벌을 세웠다는 소문이 있다.

이 상황에서 당신이 ⓐ 가장 할 것 같은 행동은 무엇입니까?

　　　　　　　　ⓑ 가장 하지 않을 것 같은 행동은 무엇입니까?

ⓐ 가장 할 것 같은 행동　　　　　　　　　　　　　　　　　(　　)

ⓑ 가장 하지 않을 것 같은 행동　　　　　　　　　　　　　(　　)

선 택 지
①　모든 중대원들끼리 비밀로 하라고 한다.
②　모르는 척 한다.
③　중대장에게 사실대로 보고를 한다.
④　미리 완전 군장을 하고 행정반 앞에 서 있게 한다.
⑤　중대장에게 컴퓨터를 켰는데 정전이 되었다고 한다.
⑥　중대장 대신 중대원들에게 기합을 주는 척을 한다.
⑦　중대장이 왔을 때 친절하게 컴퓨터를 켜주는 척하며 왜 안켜지지 한다.

04

> 당신은 소대장이다. 그런데 당신의 부하가 변심한 여자친구 때문에 괴로워하고 있다.
>
> 이 상황에서 당신이 ⓐ 가장 할 것 같은 행동은 무엇입니까?
> ⓑ 가장 하지 않을 것 같은 행동은 무엇입니까?

ⓐ 가장 할 것 같은 행동 (   )
ⓑ 가장 하지 않을 것 같은 행동 (   )

선 택 지
① 모르는 척 한다.
② 군기가 빠졌다고 하면서 얼차려 등을 실시한다.
③ PX에 가서 술을 사주면서 이야기를 들어준다.
④ 힘든 훈련에서 열외시켜 준다.
⑤ 중대장에게 가서 조언을 구한다.
⑥ 휴가나 외박 등 특혜를 준다.
⑦ 부하의 여자 친구에게 연락하여 현재 부하의 힘든 상황을 이야기 해 준다.

05

당신은 소대장이다. 대대장이 당신에게 군 관련 홍보물을 제작할 것을 지시했다. 그러나 홍보물과 관련한 제작비에 관한 언급이 없다.

이 상황에서 당신이 ⓐ 가장 할 것 같은 행동은 무엇입니까?
　　　　　　　　　　　ⓑ 가장 하지 않을 것 같은 행동은 무엇입니까?

ⓐ 가장 할 것 같은 행동　　　　　　　　　　　　　　　　　　　　（　　　　）
ⓑ 가장 하지 않을 것 같은 행동　　　　　　　　　　　　　　　　（　　　　）

선 택 지

① 그냥 사비로 홍보물을 제작한다.

② 제작비를 줄 때까지 홍보물을 만들지 않는다.

③ 홍보물을 만든 후 제작비를 청구한다.

④ 제작비를 지원할 곳을 수소문하여 제작비를 지원받을 수 있도록 한다.

⑤ 상관에게 정중하게 제작비에 관해 물어본다.

⑥ 홍보물을 제작하고 제작비는 군으로 청구할 수 있게끔 한다.

⑦ 다른 동료에게 상의해 본다.

06

> 당신은 소대장이다. 그런데 우연히 당신의 부하들이 당신에 대한 험담을 하는 것을 듣게 되었다.
>
> 이 상황에서 당신이 ⓐ 가장 할 것 같은 행동은 무엇입니까?
> ⓑ 가장 하지 않을 것 같은 행동은 무엇입니까?

ⓐ 가장 할 것 같은 행동 ( )
ⓑ 가장 하지 않을 것 같은 행동 ( )

선 택 지

① 모르는 척 한다.

② 험담하는 부하들에게 얼차려를 시킨다.

③ 험담하는 부하들에게 힘든 훈련을 지속적으로 시킨다.

④ 부하들이 험담하는 내용을 경청하여 반성한다.

⑤ 험담하는 부하들에게 주의를 기울여 내 편으로 만든다.

⑥ 다른 소대 소대장들에게 조언을 구한다.

⑦ 험담하는 부하들의 동료들에게 자신이 들은 내용을 우회적으로 알리면서 본인이 알고 있음을 알린다.

07

당신은 소대장이다. 당신의 어머니가 편찮으시다고 병원에서 급히 호출이 왔다. 그런데 막상 병원으로 출발하려고 하는데, 군에서도 갑자기 중요한 일이 발생하게 되었다.

이 상황에서 당신이 ⓐ 가장 할 것 같은 행동은 무엇입니까?
　　　　　　　　　　　　ⓑ 가장 하지 않을 것 같은 행동은 무엇입니까?

ⓐ 가장 할 것 같은 행동 　　　　　　　　　　　　　　　（　　　　）
ⓑ 가장 하지 않을 것 같은 행동 　　　　　　　　　　　　（　　　　）

선 택 지
① 　군에 양해를 구하고 병원으로 간다.
② 　어머니는 지인들에게 부탁하고 군의 업무를 본다.
③ 　병원에 연락하여 어머니의 상태와 군의 업무를 비교 형량하여 경하다고 생각하는 일에 양해를 구한다.
④ 　무조건 군대로 간다.
⑤ 　영창 갈 것을 각오하고 병원으로 간다.
⑥ 　대대장에게 가서 자신의 상황을 말하고 휴가를 몇 번 반납할테니 지금 병원에 보내줄 것을 부탁한다.
⑦ 　자신의 현재 상황을 어머니에게 알리고 군으로 간다.

08

어느 날부터 군대 내의 비품이 하나씩 사라지고 있다. 처음에는 그 정도가 미비하여 눈치챌 수 없었으나 점점 심해졌다. 부대원들이 모두 비품을 횡령하는 사람에 대해서 궁금해 하고 있을 때 당신의 부하가 비품을 횡령하는 것을 목격하게 되었다. 그런데 그 부하의 행동이 딸의 병원비 마련을 위한 것임을 알게 되었다.

이 상황에서 당신이 ⓐ 가장 할 것 같은 행동은 무엇입니까?
　　　　　　　　　 ⓑ 가장 하지 않을 것 같은 행동은 무엇입니까?

ⓐ 가장 할 것 같은 행동　　　　　　　　　　　　　　　　　　　　(　　　　)
ⓑ 가장 하지 않을 것 같은 행동　　　　　　　　　　　　　　　　　(　　　　)

선 택 지
① 모르는 척 한다.
② 상관에게 부하의 횡령 사실을 알린다.
③ 부하를 돕기 위해 횡령을 쉽게 할 수 있도록 도와준다.
④ 부하를 불러 횡령사실을 알고 있음을 말하고 횡령 행위를 멈출 것을 말한다.
⑤ 비품관리자에게 물품이 사적으로 이용된다고 이야기하고 철저한 관리를 부탁한다.
⑥ 동료들에게 부하의 딱한 사실을 알리고 작게나마 병원비를 마련해 준다.
⑦ 부하의 횡령사실을 부하와 친한 동료에게 우회적으로 말한다.

09

> 당신은 소대장이다. 새로운 소대에 배치되게 되었다. 그런데 당신의 소대원의 많은 수가 당신보다 나이가 많다.
>
> 이 상황에서 당신이 ⓐ 가장 할 것 같은 행동은 무엇입니까?
> ⓑ 가장 하지 않을 것 같은 행동은 무엇입니까?

ⓐ 가장 할 것 같은 행동 　　　　　　　　　　　　　　　　　　(　　)
ⓑ 가장 하지 않을 것 같은 행동 　　　　　　　　　　　　　　　(　　)

선 택 지
① 　현재 소대의 분위기를 최대한 존중한다.
② 　병장이나 분대장 혹은 내무실에서 가장 영향력이 센 사병을 휘어잡기 위해 노력한다.
③ 　명령에 불성실한 부하에겐 혹독한 훈련을 시킨다.
④ 　영향력이 가장 큰 사병들과 친해져서 부대 분위기를 빨리 파악하고 분위기를 화기애애하도록 만든다.
⑤ 　군대는 계급이므로 자신보다 나이가 많은 사병이라도 엄하게 대한다.
⑥ 　군대는 계급 사회이지만 자신보다 나이가 많은 사병에겐 인간적으로 존중한다.
⑦ 　선임 소대장에게 조언을 구한다.

10

당신은 소대장이다. 내무반에서 병들(병장, 상병, 일병)간에 싸움이 일어났다.

이 상황에서 당신이 ⓐ 가장 할 것 같은 행동은 무엇입니까?
　　　　　　　　　ⓑ 가장 하지 않을 것 같은 행동은 무엇입니까?

ⓐ 가장 할 것 같은 행동　　　　　　　　　　　　　　　　(　　)
ⓑ 가장 하지 않을 것 같은 행동　　　　　　　　　　　　(　　)

선 택 지

① 모르는 척 한다.

② 내무실 전체 사병들을 운동장에 집합시켜 얼차려를 시킨다.

③ 병들을 불러 어떻게 된 일인지 상황을 파악한다.

④ 이유 불문하고 군대는 계급이 우선이므로 일병에게 가장 엄한 처벌을 한다.

⑤ 소대 내가 소란스러워진 것이므로 이유 불문하고 병장에게 가장 엄한 처벌을 한다.

⑥ 싸움에 가담한 병들을 영창에 보낸다.

⑦ 싸움에 가담한 병들을 불러 기합을 준 후 화해시킨다.

11

> 당신은 소대장이다. 최근 들어 소대원들 및 부사관들이 현재 생활에 대하여 고충이 상당히 많은 것 같이 보인다. 그런데 다른 소대장들은 자기 부하들의 고충을 아주 잘 해결해 주고 있다고 들었다. 소대 부사관 중 한 명이 고충이 너무 심하여 소원수리를 몇 번이나 했다고 한다.
>
> 이 상황에서 당신이 ⓐ 가장 할 것 같은 행동은 무엇입니까?
>   　　　　　　ⓑ 가장 하지 않을 것 같은 행동은 무엇입니까?

ⓐ 가장 할 것 같은 행동　　　　　　　　　　　　　　　　　　(　　　　)
ⓑ 가장 하지 않을 것 같은 행동　　　　　　　　　　　　　　　(　　　　)

선 택 지
① 부사관들의 고충에 대해 그다지 고려하지 않는다.
② 부사관들의 고충에 주의를 기울이고 완화시키기 위한 필수적인 조정을 실시하도록 한다.
③ 지속적인 얼차려의 실시로 대부분의 고충을 없앨 수 있는지를 판단하여, 얼차려를 실시한다.
④ 가장 빈번한 고충이 무엇인지를 판단하여 그 고충의 발생원인을 예방하는 대책을 강구하도록 한다.
⑤ 중대장에게 보고하여 조언을 구한다.
⑥ 대대장에게 보고하여 조언을 구한다.
⑦ 다른 소대의 소대장들에게 조언을 구하고 그들과 똑같이 행동한다.

12

당신은 부사관이다. 임관한 지 2년이 되어 3년의 연장근무 심사를 받게 되었는데 심사가 끝난 며칠 후 자가차량을 몰지 못하는 규정을 위반한 채 차량을 몰고 부대를 나서다가 대대장에게 적발되고 말았다.

이 상황에서 당신이 ⓐ 가장 할 것 같은 행동은 무엇입니까?
　　　　　　　　　 ⓑ 가장 하지 않을 것 같은 행동은 무엇입니까?

ⓐ 가장 할 것 같은 행동　　　　　　　　　　　　　　　　　　　　(　　　)
ⓑ 가장 하지 않을 것 같은 행동　　　　　　　　　　　　　　　　　(　　　)

선 택 지

① 　내 차가 아니라고 주장한다.

② 　중대장이 급한 일을 시켜 어쩔 수 없다고 핑계를 댄다.

③ 　다른 소대 지휘관이 자가차량을 운전해도 묵인된다는 말을 했다고 전한다.

④ 　인사사고 등이 피해를 유발하지도 않았는데 뭐가 어떠냐고 따진다.

⑤ 　재빨리 그 자리를 떠나버린다.

⑥ 　자가차량을 운전하는 다른 부사관들의 이름을 다 불러준다.

⑦ 　잘못을 시인하고 인사사고 및 입원 등 부대결원의 발생 등이 나타나지 않도록 하겠다고 말을 하고 적법한 기간까지 차량을 운전하지 않겠다고 한다.

13

당신은 소대장이다. 당신이 소대원들의 소지품을 검사하는 도중 전역이 한 달 정도 남은 병장에게서 닌텐도 게임기를 압수하였다. 그런데 동료 소대장이 그 병장을 불러 병장에게 직접 자기가 보는 앞에서 닌텐도 게임기를 발로 밟아 부수라고 명령하였다. 알고 보니 그 병장은 얼마 전 초소 근무 중 공포탄을 발사하는 실수를 저지른 장본인이었다. 주위의 다른 부사관과 소대장들은 모두 병장을 봐주지 말라는 분위기였다.

이 상황에서 당신이 ⓐ 가장 할 것 같은 행동은 무엇입니까?
ⓑ 가장 하지 않을 것 같은 행동은 무엇입니까?

ⓐ **가장 할 것 같은 행동**　　　　　　　　　　　　　　　　(　　)
ⓑ **가장 하지 않을 것 같은 행동**　　　　　　　　　　　　(　　)

선　택　지
① 전역이 얼마 남지 않았으므로 봐주자고 한다.
② 닌텐도 게임기는 고가이므로 압수만 하도록 한다.
③ 망치를 가져와 직접 게임기를 박살낸다.
④ 반입불가물품을 외워보라고 한 후 게임기가 해당되는지를 확인한 후 압수하고 1주일 동안 일과 후 하루 2시간씩 군장을 돌라고 명령한다.
⑤ 게임기를 압수한 후 영창을 보내버린다.
⑥ 다른 소대원의 사기를 저하시키면 안되므로 그 자리에서 바로 얼차려를 실시한다.
⑦ 그 자리에서 압수한 뒤 나중에 몰래 병장을 불러 잘 타이른 후 돌려주도록 한다.

14

당신은 소대장이다. 모처럼 포상휴가를 얻어 지리산에 등반을 가게 되었다. 찌는 듯한 여름이었기 때문에 많이 지치고 힘든 등반이었다. 그런데 산 중턱쯤 다다랐을 때 더위에 지친 한 노인이 쓰러져 있는 것을 발견하게 되었다. 주변에는 당신 외엔 아무도 없으며, 휴대폰은 통화불능지역이다.

이 상황에서 당신이 ⓐ 가장 할 것 같은 행동은 무엇입니까?
　　　　　　　　　　 ⓑ 가장 하지 않을 것 같은 행동은 무엇입니까?

ⓐ **가장 할 것 같은 행동**　　　　　　　　　　　　　　　　　　　(　　　)
ⓑ **가장 하지 않을 것 같은 행동**　　　　　　　　　　　　　　　　(　　　)

선 택 지

① 모르는 척 하고 지나간다.

② 다른 사람들이 올 때까지 기다리면서 관찰한다.

③ 노인을 신속히 시원한 그늘로 옮기고 찬물을 마시게 한 후 마사지를 하면서 응급조치를 실시한다.

④ 산을 내려와 다른 사람들에게 도움을 요청한다.

⑤ 노인의 의식상태를 확인한 후 인공호흡을 실시한다.

⑥ 휴대폰이 터지는 지역을 찾아 119에 신고한다.

⑦ 노인의 가방을 조사하여 노인의 신원을 확인한다.

15

> 당신은 부사관이다. 후임병과 함께 야간보초를 서고 있는데 초소 근처에 수상한 그림자가 나타났다. 아직 교대시간은 멀었으며, 대대장이나 중대장도 아닌 것 같았다. 수상한 그림자가 점점 다가왔고 당신의 소대원이 그를 불러세워 수하 및 관등성명을 요구하였으나 이에 불응하고 갑자기 도주를 하기 시작하였다.
>
> 이 상황에서 당신이 ⓐ 가장 할 것 같은 행동은 무엇입니까?
> ⓑ 가장 하지 않을 것 같은 행동은 무엇입니까?

ⓐ 가장 할 것 같은 행동   (   )

ⓑ 가장 하지 않을 것 같은 행동   (   )

선 택 지
① 후임병한테 쫓아가서 잡아오라고 한다.
② 꼭 잡으리라 생각하며 재빨리 쫓아간다.
③ 아직 근무시간이므로 초소를 떠나지 말라고 명령한다.
④ 즉각적으로 중대장에게 보고를 한다.
⑤ 공포탄을 발사한다.
⑥ 일계급 특진을 위해 후임병에게 초소를 맡긴 후 필사적으로 수상한 사람을 잡는다.
⑦ 초소장에게 보고를 한 후 명령을 기다린다.

복무적합도검사

01 복무적합도검사의 개요

① 개념과 목적

인성(성격)이란 개인을 특징짓는 평범하고 일상적인 사회적 이미지, 즉 지속적이고 일관된 공적 성격 (Public-personality)이며, 환경에 대응함으로써 선천적·후천적 요소의 상호작용으로 결정화된 심리적·사회적 특성 및 경향을 의미한다. 인성검사는 직무적성검사를 실시하는 대부분의 기관에서 병행하여 실시하고 있으며, 인성검사만 독자적으로 실시하는 기관도 있다.

군에서는 인성검사를 통하여 각 개인이 어떠한 성격 특성이 발달되어 있고, 어떤 특성이 얼마나 부족한지, 그 것이 해당 직무의 특성 및 조직문화와 얼마나 맞는지를 알아보고 이에 적합한 인재를 선발하고자 한다. 또한 개인에게 적합한 직무 배분과 부족한 부분을 교육을 통해 보완하도록 할 수 있다.

② 성격의 특성

(1) 정서적 측면

정서적 측면은 평소 마음의 당연시하는 자세나 정신상태가 얼마나 안정하고 있는지 또는 불안정한지를 측정한 다. 정서의 상태는 직무수행이나 대인관계와 관련하여 태도나 행동으로 드러난다. 그러므로, 정서적 측면을 측 정하는 것에 의해, 장래 조직 내의 인간관계에 어느 정도 잘 적응할 수 있을까(또는 적응하지 못할까)를 예측하 는 것이 가능하다. 그렇기 때문에, 정서적 측면의 결과는 채용시에 상당히 중시된다. 아무리 능력이 좋아도 장 기적으로 조직 내의 인간관계에 잘 적응할 수 없다고 판단되는 인재는 기본적으로는 채용되지 않는다. 일반적 으로 인성(성격)검사는 채용과는 관계없다고 생각하나 정서적으로 조직에 적응하지 못하는 인재는 채용단계에서 가려내지는 것을 유의하여야 한다.

① **민감성(신경도)** … 꼼꼼함, 섬세함, 성실함 등의 요소를 통해 일반적으로 신경질적인지 또는 자신의 존재를 위협받는다라는 불안을 갖기 쉬운지를 측정한다.

질문	그렇다	약간 그렇다	그저 그렇다	별로 그렇지 않다	그렇지 않다
• 배려적이라고 생각한다.					
• 어지러진 방에 있으면 불안하다.					
• 실패 후에는 불안하다.					
• 세세한 것까지 신경쓴다.					
• 이유 없이 불안할 때가 있다.					

▶ 측정결과

㉠ '그렇다'가 많은 경우(상처받기 쉬운 유형) : 사소한 일에 신경쓰고 다른 사람의 사소한 한마디 말에 상처를 받기 쉽다.
  • 면접관의 심리 : '동료들과 잘 지낼 수 있을까?', '실패할 때마다 위축되지 않을까?'
  • 면접대책 : 다소 신경질적이라도 능력을 발휘할 수 있다는 평가를 얻도록 한다. 주변과 충분한 의사소통이 가능하고, 결정한 것을 실행할 수 있다는 것을 보여주어야 한다.
㉡ '그렇지 않다'가 많은 경우(정신적으로 안정적인 유형) : 사소한 일에 신경쓰지 않고 금방 해결하며, 주위 사람의 말에 과민하게 반응하지 않는다.
  • 면접관의 심리 : '계약할 때 필요한 유형이고, 사고 발생에도 유연하게 대처할 수 있다.'
  • 면접대책 : 일반적으로 '민감성'의 측정치가 낮으면 플러스 평가를 받으므로 더욱 자신감 있는 모습을 보여준다.

② **자책성(과민도)** … 자신을 비난하거나 책망하는 정도를 측정한다.

질문	그렇다	약간 그렇다	그저 그렇다	별로 그렇지 않다	그렇지 않다
• 후회하는 일이 많다.					
• 자신을 하찮은 존재로 생각하는 경우가 있다.					
• 문제가 발생하면 자기의 탓이라고 생각한다.					
• 무슨 일이든지 끙끙대며 진행하는 경향이 있다.					
• 온순한 편이다.					

▶ 측정결과

㉠ '그렇다'가 많은 경우(자책하는 유형) : 비관적이고 후회하는 유형이다.
  • 면접관의 심리 : '끙끙대며 괴로워하고, 일을 진행하지 못할 것 같다.'
  • 면접대책 : 기분이 저조해도 항상 의욕을 가지고 생활하는 것과 책임감이 강하다는 것을 보여준다.
㉡ '그렇지 않다'가 많은 경우(낙천적인 유형) : 기분이 항상 밝은 편이다.
  • 면접관의 심리 : '안정된 대인관계를 맺을 수 있고, 외부의 압력에도 흔들리지 않는다.'
  • 면접대책 : 일반적으로 '자책성'의 측정치가 낮으면 플러스 평가를 받으므로 자신감을 가지고 임한다.

③ **기분성(불안도)** … 기분의 굴곡이나 감정적인 면의 미숙함이 어느 정도인지를 측정하는 것이다.

질문	그렇다	약간 그렇다	그저 그렇다	별로 그렇지 않다	그렇지 않다
• 다른 사람의 의견에 자신의 결정이 흔들리는 경우가 많다. • 기분이 쉽게 변한다. • 종종 후회한다. • 다른 사람보다 의지가 약한 편이라고 생각한다. • 금방 싫증을 내는 성격이라는 말을 자주 듣는다.					

▶ 측정결과

㉠ '그렇다'가 많은 경우(감정의 기복이 많은 유형) : 의지력보다 기분에 따라 행동하기 쉽다.
  • 면접관의 심리 : '감정적인 것에 약하며, 상황에 따라 생산성이 떨어지지 않을까?'
  • 면접대책 : 주변 사람들과 항상 협조한다는 것을 강조하고 한결같은 상태로 일할 수 있다는 평가를 받도록 한다.
㉡ '그렇지 않다'가 많은 경우(감정의 기복이 적은 유형) : 감정의 기복이 없고, 안정적이다.
  • 면접관의 심리 : '안정적으로 업무에 임할 수 있다.'
  • 면접대책 : 기분성의 측정치가 낮으면 플러스 평가를 받으므로 자신감을 가지고 면접에 임한다.

④ **독자성(개인도)** … 주변에 대한 견해나 관심, 자신의 견해나 생각에 어느 정도의 속박감을 가지고 있는지를 측정한다.

질문	그렇다	약간 그렇다	그저 그렇다	별로 그렇지 않다	그렇지 않다
• 창의적 사고방식을 가지고 있다. • 융통성이 있는 편이다. • 혼자 있는 편이 많은 사람과 있는 것보다 편하다. • 개성적이라는 말을 듣는다. • 교제는 번거로운 것이라고 생각하는 경우가 많다.					

▶ 측정결과

㉠ '그렇다'가 많은 경우 : 자기의 관점을 중요하게 생각하는 유형으로, 주위의 상황보다 자신의 느낌과 생각을 중시한다.
  • 면접관의 심리 : '제멋대로 행동하지 않을까?'
  • 면접대책 : 주위 사람과 협조하여 일을 진행할 수 있다는 것과 상식에 얽매이지 않는다는 인상을 심어준다.
㉡ '그렇지 않다'가 많은 경우 : 상식적으로 행동하고 주변 사람의 시선에 신경을 쓴다.
  • 면접관의 심리 : '다른 직원들과 협조하여 업무를 진행할 수 있겠다.'
  • 면접대책 : 협조성이 요구되는 기업체에서는 플러스 평가를 받을 수 있다.

⑤ **자신감**(자존심도) … 자기 자신에 대해 얼마나 긍정적으로 평가하는지를 측정한다.

질문	그렇다	약간 그렇다	그저 그렇다	별로 그렇지 않다	그렇지 않다
• 다른 사람보다 능력이 뛰어나다고 생각한다. • 다소 반대의견이 있어도 나만의 생각으로 행동할 수 있다. • 나는 다른 사람보다 기가 센 편이다. • 동료가 나를 모욕해도 무시할 수 있다. • 대개의 일을 목적한 대로 헤쳐나갈 수 있다고 생각한다.					

▶ **측정결과**

㉠ '그렇다'가 많은 경우 : 자기 능력이나 외모 등에 자신감이 있고, 비판당하는 것을 좋아하지 않는다.
 • 면접관의 심리 : '자만하여 지시에 잘 따를 수 있을까?'
 • 면접대책 : 다른 사람의 조언을 잘 받아들이고, 겸허하게 반성하는 면이 있다는 것을 보여주고, 동료들과 잘 지내며 리더의 자질이 있다는 것을 강조한다.

㉡ '그렇지 않다'가 많은 경우 : 자신감이 없고 다른 사람의 비판에 약하다.
 • 면접관의 심리 : '패기가 부족하지 않을까?', '쉽게 좌절하지 않을까?'
 • 면접대책 : 극도의 자신감 부족으로 평가되지는 않는다. 그러나 마음이 약한 면은 있지만 의욕적으로 일을 하겠다는 마음가짐을 보여준다.

⑥ **고양성**(분위기에 들뜨는 정도) … 자유분방함, 명랑함과 같이 감정(기분)의 높고 낮음의 정도를 측정한다.

질문	그렇다	약간 그렇다	그저 그렇다	별로 그렇지 않다	그렇지 않다
• 침착하지 못한 편이다. • 다른 사람보다 쉽게 우쭐해진다. • 모든 사람이 아는 유명인사가 되고 싶다. • 모임이나 집단에서 분위기를 이끄는 편이다. • 취미 등이 오랫동안 지속되지 않는 편이다.					

▶ 측정결과

㉠ '그렇다'가 많은 경우 : 자극이나 변화가 있는 일상을 원하고 기분을 들뜨게 하는 사람과 친밀하게 지내는 경향이 강하다.
  • 면접관의 심리 : '일을 진행하는 데 변덕스럽지 않을까?'
  • 면접대책 : 밝은 태도는 플러스 평가를 받을 수 있지만, 착실한 업무능력이 요구되는 직종에서는 마이너스 평가가 될 수 있다. 따라서 자기조절이 가능하다는 것을 보여준다.
㉡ '그렇지 않다'가 많은 경우 : 감정이 항상 일정하고, 속을 드러내 보이지 않는다.
  • 면접관의 심리 : '안정적인 업무 태도를 기대할 수 있겠다.'
  • 면접대책 : '고양성'의 낮음은 대체로 플러스 평가를 받을 수 있다. 그러나 '무엇을 생각하고 있는지 모르겠다' 등의 평을 듣지 않도록 주의한다.

⑦ **허위성**(진위성) … 필요 이상으로 자기를 좋게 보이려 하거나 기업체가 원하는 '이상형'에 맞춘 대답을 하고 있는지, 없는지를 측정한다.

질문	그렇다	약간 그렇다	그저 그렇다	별로 그렇지 않다	그렇지 않다
• 약속을 깨뜨린 적이 한 번도 없다. • 다른 사람을 부럽다고 생각해 본 적이 없다. • 꾸지람을 들은 적이 없다. • 사람을 미워한 적이 없다. • 화를 낸 적이 한 번도 없다.					

▶ 측정결과

㉠ '그렇다'가 많은 경우 : 실제의 자기와는 다른, 말하자면 원칙으로 해답할 가능성이 있다.
  • 면접관의 심리 : '거짓을 말하고 있다.'

- 면접대책 : 조금이라도 좋게 보이려고 하는 '거짓말쟁이'로 평가될 수 있다. '거짓을 말하고 있다.'는 마음 따위가 전혀 없다해도 결과적으로는 정직하게 답하지 않는다는 것이 되어 버린다. '허위성'의 측정 질문은 구분되지 않고 다른 질문 중에 섞여 있다. 그러므로 모든 질문에 솔직하게 답하여야 한다. 또한 자기 자신과 너무 동떨어진 이미지로 답하면 좋은 결과를 얻지 못한다. 그리고 면접에서 '허위성'을 기본으로 한 질문을 받게 되므로 당황하거나 또다른 모순된 답변을 하게 된다. 겉치레를 하거나 무리한 욕심을 부리지 말고 '이런 사회인이 되고 싶다.'는 현재의 자신보다, 조금 성장한 자신을 표현하는 정도가 적당하다.
- ⓛ '그렇지 않다'가 많은 경우 : 냉정하고 정직하며, 외부의 압력과 스트레스에 강한 유형이다. '대쪽같음'의 이미지가 굳어지지 않도록 주의한다.

(2) 행동적인 측면

행동적 측면은 인격 중에 특히 행동으로 드러나기 쉬운 측면을 측정한다. 사람의 행동 특징 자체에는 선도 악도 없으나, 일반적으로는 일의 내용에 의해 원하는 행동이 있다. 때문에 행동적 측면은 주로 직종과 깊은 관계가 있는데 자신의 행동 특성을 살려 적합한 직종을 선택한다면 플러스가 될 수 있다.

행동 특성에서 보여지는 특징은 면접장면에서도 드러나기 쉬운데 본서의 모의 TEST의 결과를 참고하여 자신의 태도, 행동이 면접관의 시선에 어떻게 비치는지를 점검하도록 한다.

① **사회적 내향성** … 대인관계에서 나타나는 행동경향으로 '낯가림'을 측정한다.

질문	선택
A : 파티에서는 사람을 소개받은 편이다. B : 파티에서는 사람을 소개하는 편이다.	
A : 처음 보는 사람과는 즐거운 시간을 보내는 편이다. B : 처음 보는 사람과는 어색하게 시간을 보내는 편이다.	
A : 친구가 적은 편이다. B : 친구가 많은 편이다.	
A : 자신의 의견을 말하는 경우가 적다. B : 자신의 의견을 말하는 경우가 많다.	
A : 사교적인 모임에 참석하는 것을 좋아하지 않는다. B : 사교적인 모임에 항상 참석한다.	

▶ 측정결과

㉠ 'A'가 많은 경우 : 내성적이고 사람들과 접하는 것에 소극적이다. 자신의 의견을 말하지 않고 조심스러운 편이다.
- 면접관의 심리 : '소극적인데 동료와 잘 지낼 수 있을까?'
- 면접대책 : 대인관계를 맺는 것을 싫어하지 않고 의욕적으로 일을 할 수 있다는 것을 보여준다.

㉡ 'B'가 많은 경우 : 사교적이고 자기의 생각을 명확하게 전달할 수 있다.
- 면접관의 심리 : '사교적이고 활동적인 것은 좋지만, 자기 주장이 너무 강하지 않을까?'
- 면접대책 : 협조성을 보여주고, 자기 주장이 너무 강하다는 인상을 주지 않도록 주의한다.

② **내성성**(침착도) … 자신의 행동과 일에 대해 침착하게 생각하는 정도를 측정한다.

질문	선택
A : 시간이 걸려도 침착하게 생각하는 경우가 많다. B : 짧은 시간에 결정을 하는 경우가 많다. A : 실패의 원인을 찾고 반성하는 편이다. B : 실패를 해도 그다지(별로) 개의치 않는다. A : 결론이 도출되어도 몇 번 정도 생각을 바꾼다. B : 결론이 도출되면 신속하게 행동으로 옮긴다. A : 여러 가지 생각하는 것이 능숙하다. B : 여러 가지 일을 재빨리 능숙하게 처리하는 데 익숙하다. A : 여러 가지 측면에서 사물을 검토한다. B : 행동한 후 생각을 한다.	

▶ **측정결과**

㉠ 'A'가 많은 경우 : 행동하기 보다는 생각하는 것을 좋아하고 신중하게 계획을 세워 실행한다.
 • 면접관의 심리 : '행동으로 실천하지 못하고, 대응이 늦은 경향이 있지 않을까?'
 • 면접대책 : 발로 뛰는 것을 좋아하고, 일을 더디게 한다는 인상을 주지 않도록 한다.

㉡ 'B'가 많은 경우 : 차분하게 생각하는 것보다 우선 행동하는 유형이다.
 • 면접관의 심리 : '생각하는 것을 싫어하고 경솔한 행동을 하지 않을까?'
 • 면접대책 : 계획을 세우고 행동할 수 있는 것을 보여주고 '사려깊다'라는 인상을 남기도록 한다.

③ **신체활동성** … 몸을 움직이는 것을 좋아하는가를 측정한다.

질문	선택
A : 민첩하게 활동하는 편이다. B : 준비행동이 없는 편이다. A : 일을 척척 해치우는 편이다. B : 일을 더디게 처리하는 편이다. A : 활발하다는 말을 듣는다. B : 얌전하다는 말을 듣는다. A : 몸을 움직이는 것을 좋아한다. B : 가만히 있는 것을 좋아한다. A : 스포츠를 하는 것을 즐긴다. B : 스포츠를 보는 것을 좋아한다.	

▶ 측정결과

㉠ 'A'가 많은 경우 : 활동적이고, 몸을 움직이게 하는 것이 컨디션이 좋다.
- 면접관의 심리 : '활동적으로 활동력이 좋아 보인다.'
- 면접대책 : 활동하고 얻은 성과 등과 주어진 상황의 대응능력을 보여준다.

㉡ 'B'가 많은 경우 : 침착한 인상으로, 차분하게 있는 타입이다.
- 면접관의 심리 : '좀처럼 행동하려 하지 않아 보이고, 일을 빠르게 처리할 수 있을까?'

④ **지속성(노력성)** … 무슨 일이든 포기하지 않고 끈기 있게 하려는 정도를 측정한다.

질문	선택
A : 일단 시작한 일은 시간이 걸려도 끝까지 마무리한다. B : 일을 하다 어려움에 부딪히면 단념한다. A : 끈질긴 편이다. B : 바로 단념하는 편이다. A : 인내가 강하다는 말을 듣는다. B : 금방 싫증을 낸다는 말을 듣는다. A : 집념이 깊은 편이다. B : 담백한 편이다. A : 한 가지 일에 구애되는 것이 좋다고 생각한다. B : 간단하게 체념하는 것이 좋다고 생각한다.	

▶ 측정결과

㉠ 'A'가 많은 경우 : 시작한 것은 어려움이 있어도 포기하지 않고 인내심이 높다.
- 면접관의 심리 : '한 가지의 일에 너무 구애되고, 업무의 진행이 원활할까?'
- 면접대책 : 인내력이 있는 것은 플러스 평가를 받을 수 있지만 집착이 강해 보이기도 한다.

㉡ 'B'가 많은 경우 : 뒤끝이 없고 조그만 실패로 일을 포기하기 쉽다.
- 면접관의 심리 : '질리는 경향이 있고, 일을 정확히 끝낼 수 있을까?'
- 면접대책 : 지속적인 노력으로 성공했던 사례를 준비하도록 한다.

⑤ **신중성(주의성)** … 자신이 처한 주변상황을 즉시 파악하고 자신의 행동이 어떤 영향을 미치는지를 측정한다.

질문	선택
A : 여러 가지로 생각하면서 완벽하게 준비하는 편이다. B : 행동할 때부터 임기응변적인 대응을 하는 편이다.	
A : 신중해서 타이밍을 놓치는 편이다. B : 준비 부족으로 실패하는 편이다.	
A : 자신은 어떤 일에도 신중히 대응하는 편이다. B : 순간적인 충동으로 활동하는 편이다.	
A : 시험을 볼 때 끝날 때까지 재검토하는 편이다. B : 시험을 볼 때 한 번에 모든 것을 마치는 편이다.	
A : 일에 대해 계획표를 만들어 실행한다. B : 일에 대한 계획표 없이 진행한다.	

▶ 측정결과

㉠ 'A'가 많은 경우 : 주변 상황에 민감하고, 예측하여 계획있게 일을 진행한다.

• 면접관의 심리 : '너무 신중해서 적절한 판단을 할 수 있을까?', '앞으로의 상황에 불안을 느끼지 않을까?'

• 면접대책 : 예측을 하고 실행을 하는 것은 플러스 평가가 되지만, 너무 신중하면 일의 진행이 정체될 가능성을 보이므로 추진력이 있다는 강한 의욕을 보여준다.

㉡ 'B'가 많은 경우 : 주변 상황을 살펴 보지 않고 착실한 계획없이 일을 진행시킨다.

• 면접관의 심리 : '사려깊지 않고 않고, 실패하는 일이 많지 않을까?', '판단이 빠르고 유연한 사고를 할 수 있을까?'

• 면접대책 : 사전준비를 중요하게 생각하고 있다는 것 등을 보여주고, 경솔한 인상을 주지 않도록 한다. 또한 판단력이 빠르거나 유연한 사고 덕분에 일 처리를 잘 할 수 있다는 것을 강조한다.

(3) 의욕적인 측면

의욕적인 측면은 의욕의 정도, 활동력의 유무 등을 측정한다. 여기서의 의욕이란 우리들이 보통 말하고 사용하는 '하려는 의지'와는 조금 뉘앙스가 다르다. '하려는 의지'란 그 때의 환경이나 기분에 따라 변화하는 것이지만, 여기에서는 조금 더 변화하기 어려운 특징, 말하자면 정신적 에너지의 양으로 측정하는 것이다.

의욕적 측면은 행동적 측면과는 다르고, 전반적으로 어느 정도 점수가 높은 쪽을 선호한다. 모의검사의 의욕적 측면의 결과가 낮다면, 평소 일에 몰두할 때 조금 의욕 있는 자세를 가지고 서서히 개선하도록 노력해야 한다.

① **달성의욕** ··· 목적의식을 가지고 높은 이상을 가지고 있는지를 측정한다.

질문	선택
A : 경쟁심이 강한 편이다. B : 경쟁심이 약한 편이다.	
A : 어떤 한 분야에서 제1인자가 되고 싶다고 생각한다. B : 어느 분야에서든 성실하게 임무를 진행하고 싶다고 생각한다.	
A : 규모가 큰 일을 해보고 싶다. B : 맡은 일에 충실히 임하고 싶다.	
A : 아무리 노력해도 실패한 것은 아무런 도움이 되지 않는다. B : 가령 실패했을 지라도 나름대로의 노력이 있었으므로 괜찮다.	
A : 높은 목표를 설정하여 수행하는 것이 의욕적이다. B : 실현 가능한 정도의 목표를 설정하는 것이 의욕적이다.	

▶ 측정결과

㉠ 'A'가 많은 경우 : 큰 목표와 높은 이상을 가지고 승부욕이 강한 편이다.
- 면접관의 심리 : '열심히 일을 해줄 것 같은 유형이다.'
- 면접대책 : 달성의욕이 높다는 것은 어떤 직종이라도 플러스 평가가 된다.

㉡ 'B'가 많은 경우 : 현재의 생활을 소중하게 여기고 비약적인 발전을 위해 기를 쓰지 않는다.
- 면접관의 심리 : '외부의 압력에 약하고, 기획입안 등을 하기 어려울 것이다.'
- 면접대책 : 일을 통하여 하고 싶은 것들을 구체적으로 어필한다.

② **활동의욕** … 자신에게 잠재된 에너지의 크기로, 정신적인 측면의 활동력이라 할 수 있다.

질문	선택
A : 하고 싶은 일을 실행으로 옮기는 편이다. B : 하고 싶은 일을 좀처럼 실행할 수 없는 편이다.	
A : 어려운 문제를 해결해 가는 것이 좋다. B : 어려운 문제를 해결하는 것을 잘하지 못한다.	
A : 일반적으로 결단이 빠른 편이다. B : 일반적으로 결단이 느린 편이다.	
A : 곤란한 상황에도 도전하는 편이다. B : 사물의 본질을 깊게 관찰하는 편이다.	
A : 시원시원하다는 말을 잘 듣는다. B : 꼼꼼하다는 말을 잘 듣는다.	

▶ 측정결과

㉠ 'A'가 많은 경우 : 꾸물거리는 것을 싫어하고 재빠르게 결단해서 행동하는 타입이다.
• 면접관의 심리 : '일을 처리하는 솜씨가 좋고, 일을 척척 진행할 수 있을 것 같다.'
• 면접대책 : 활동의욕이 높은 것은 플러스 평가가 된다. 사교성이나 활동성이 강하다는 인상을 준다.
㉡ 'B'가 많은 경우 : 안전하고 확실한 방법을 모색하고 차분하게 시간을 아껴서 일에 임하는 타입이다.
• 면접관의 심리 : '재빨리 행동을 못하고, 일의 처리속도가 느린 것이 아닐까?'
• 면접대책 : 활동성이 있는 것을 좋아하고 움직임이 더디다는 인상을 주지 않도록 한다.

❸ 성격의 유형

(1) 인성검사유형의 4가지 척도

정서적인 측면, 행동적인 측면, 의욕적인 측면의 요소들은 성격 특성이라는 관점에서 제시된 것들로 각 개인의 장·단점을 파악하는 데 유용하다. 그러나 전체적인 개인의 인성을 이해하는 데는 한계가 있다.

성격의 유형은 개인의 '성격적인 특색'을 가리키는 것으로, 사회인으로서 적합한지, 아닌지를 말하는 관점과는 관계가 없다. 따라서 채용의 합격 여부에는 사용되지 않는 경우가 많으며, 입사 후의 적정 부서 배치의 자료가 되는 편이라 생각하면 된다. 그러나 채용과 관계가 없다고 해서 아무런 준비도 필요없는 것은 아니다. 자신을 아는 것은 면접 대책의 밑거름이 되므로 모의검사 결과를 충분히 활용하도록 하여야 한다.

본서에서는 4개의 척도를 사용하여 기본적으로 16개의 패턴으로 성격의 유형을 분류하고 있다. 각 개인의 성격이 어떤 유형인지 재빨리 파악하기 위해 사용되며, '적성'에 맞는지, 맞지 않는지의 관점에 활용된다.

- 흥미 · 관심의 방향 : 내향형 ←—————→ 외향형
- 사물에 대한 견해 : 직관형 ←—————→ 감각형
- 판단하는 방법 : 감정형 ←—————→ 사고형
- 환경에 대한 접근방법 : 지각형 ←—————→ 판단형

(2) 성격유형

① **흥미 · 관심의 방향**(내향⇆외향) … 흥미 · 관심의 방향이 자신의 내면에 있는지, 주위환경 등 외면에 향하는 지를 가리키는 척도이다.

② **일(사물)을 보는 방법**(직감⇆감각) … 일(사물)을 보는 법이 직감적으로 형식에 얽매이는지, 감각적으로 상식 적인지를 가리키는 척도이다.

③ **판단하는 방법**(감정⇆사고) … 일을 감정적으로 판단하는지, 논리적으로 판단하는지를 가리키는 척도이다.

④ **환경에 대한 접근방법** … 주변상황에 어떻게 접근하는지, 그 판단기준을 어디에 두는지를 측정한다.

02 복무적합도검사 TEST

Q 다음 (   ) 안에 진술이 자신에게 적합하면 YES, 그렇지 않으면 NO를 선택하시오. 【001~271】

→ 복무적합도검사는 면접시 활용되며, 응시자의 인성을 파악하기 위한 자료이므로 별도의 정답이 존재하지 않습니다.

		YES	NO
001	사람들이 붐비는 도시보다 한적한 시골이 좋다.	( )	( )
002	전자기기를 잘 다루지 못하는 편이다.	( )	( )
003	인생에 대해 깊이 생각해 본 적이 없다.	( )	( )
004	혼자서 식당에 들어가는 것은 전혀 두려운 일이 아니다.	( )	( )
005	남녀 사이의 연애에서 중요한 것은 돈이다.	( )	( )
006	걸음걸이가 빠른 편이다.	( )	( )
007	육류보다 채소류를 더 좋아한다.	( )	( )
008	소곤소곤 이야기하는 것을 보면 자기에 대해 험담하고 있는 것으로 생각된다.	( )	( )
009	여럿이 어울리는 자리에서 이야기를 주도하는 편이다.	( )	( )
010	집에 머무는 시간보다 밖에서 활동하는 시간이 더 많은 편이다.	( )	( )
011	무엇인가 창조해내는 작업을 좋아한다.	( )	( )
012	자존심이 강하다고 생각한다.	( )	( )
013	금방 흥분하는 성격이다.	( )	( )
014	거짓말을 한 적이 많다.	( )	( )
015	신경질적인 편이다.	( )	( )
016	끙끙대며 고민하는 타입이다.	( )	( )

		YES	NO
017	사람들이 붐비는 도시보다 한적한 시골이 좋다.	( )	( )
018	누군가와 마주하는 것보다 통화로 이야기하는 것이 더 편하다.	( )	( )
019	운동신경이 뛰어난 편이다.	( )	( )
020	생각나는 대로 말해버리는 편이다.	( )	( )
021	싫어하는 사람이 없다.	( )	( )
022	학창시절 국·영·수보다는 예체능 과목을 더 좋아했다.	( )	( )
023	쓸데없는 고생을 하는 일이 많다.	( )	( )
024	자주 생각이 바뀌는 편이다.	( )	( )
025	갈등은 대화로 해결한다.	( )	( )
026	내 방식대로 일을 한다.	( )	( )
027	영화를 보고 운 적이 많다.	( )	( )
028	어떤 것에 대해서도 화낸 적이 없다.	( )	( )
029	좀처럼 아픈 적이 없다.	( )	( )
030	자신은 도움이 안 되는 사람이라고 생각한다.	( )	( )
031	어떤 일이든 쉽게 싫증을 내는 편이다.	( )	( )
032	개성적인 사람이라고 생각한다.	( )	( )
033	자기주장이 강한 편이다.	( )	( )
034	뒤숭숭하다는 말을 들은 적이 있다.	( )	( )
035	인터넷 사용이 아주 능숙하다.	( )	( )
036	사람들과 관계 맺는 것을 보면 잘하지 못한다.	( )	( )

		YES	NO
037	사고방식이 독특하다.	( )	( )
038	대중교통보다는 걷는 것을 더 선호한다.	( )	( )
039	끈기가 있는 편이다.	( )	( )
040	신중한 편이라고 생각한다.	( )	( )
041	인생의 목표는 큰 것이 좋다.	( )	( )
042	어떤 일이라도 바로 시작하는 타입이다.	( )	( )
043	낯가림을 하는 편이다.	( )	( )
044	생각하고 나서 행동하는 편이다.	( )	( )
045	쉬는 날은 밖으로 나가는 경우가 많다.	( )	( )
046	시작한 일은 반드시 완성시킨다.	( )	( )
047	면밀한 계획을 세운 여행을 좋아한다.	( )	( )
048	야망이 있는 편이라고 생각한다.	( )	( )
049	활동력이 있는 편이다.	( )	( )
050	많은 사람들과 와자지껄하게 식사하는 것을 좋아하지 않는다.	( )	( )
051	장기적인 계획을 세우는 것을 꺼려한다.	( )	( )
052	자기 일이 아닌 이상 무심한 편이다.	( )	( )
053	하나의 취미에 열중하는 타입이다.	( )	( )
054	스스로 모임에서 회장에 어울린다고 생각한다.	( )	( )
055	입신출세의 성공이야기를 좋아한다.	( )	( )
056	어떠한 일도 의욕을 가지고 임하는 편이다.	( )	( )

057	학급에서는 존재가 희미했다.	( )	( )
058	항상 무언가를 생각하고 있다.	( )	( )
059	스포츠는 보는 것보다 하는 게 좋다.	( )	( )
060	문제 상황을 바르게 인식하고 현실적이고 객관적으로 대처한다.	( )	( )
061	흐린 날은 반드시 우산을 가지고 간다.	( )	( )
062	여러 명보다 1:1로 대화하는 것을 선호한다.	( )	( )
063	공격하는 타입이라고 생각한다.	( )	( )
064	리드를 받는 편이다.	( )	( )
065	너무 신중해서 기회를 놓친 적이 있다.	( )	( )
066	시원시원하게 움직이는 타입이다.	( )	( )
067	야근을 해서라도 업무를 끝낸다.	( )	( )
068	누군가를 방문할 때는 반드시 사전에 확인한다.	( )	( )
069	아무리 노력해도 결과가 따르지 않는다면 의미가 없다.	( )	( )
070	솔직하고 타인에 대해 개방적이다.	( )	( )
071	유행에 둔감하다고 생각한다.	( )	( )
072	정해진 대로 움직이는 것은 시시하다.	( )	( )
073	꿈을 계속 가지고 있고 싶다.	( )	( )
074	질서보다 자유를 중요시하는 편이다.	( )	( )
075	혼자서 취미에 몰두하는 것을 좋아한다.	( )	( )
076	직관적으로 판단하는 편이다.	( )	( )

		YES	NO
077	영화나 드라마를 보며 등장인물의 감정에 이입된다.	( )	( )
078	시대의 흐름에 역행해서라도 자신을 관철하고 싶다.	( )	( )
079	다른 사람의 소문에 관심이 없다.	( )	( )
080	창조적인 편이다.	( )	( )
081	비교적 눈물이 많은 편이다.	( )	( )
082	융통성이 있다고 생각한다.	( )	( )
083	친구의 휴대전화 번호를 잘 모른다.	( )	( )
084	스스로 고안하는 것을 좋아한다.	( )	( )
085	정이 두터운 사람으로 남고 싶다.	( )	( )
086	새로 나온 전자제품의 사용방법을 익히는 데 오래 걸린다.	( )	( )
087	세상의 일에 별로 관심이 없다.	( )	( )
088	변화를 추구하는 편이다.	( )	( )
089	업무는 인간관계로 선택한다.	( )	( )
090	환경이 변하는 것에 구애되지 않는다.	( )	( )
091	다른 사람들에게 첫인상이 좋다는 이야기를 자주 듣는다.	( )	( )
092	인생은 살 가치가 없다고 생각한다.	( )	( )
093	의지가 약한 편이다.	( )	( )
094	다른 사람이 하는 일에 별로 관심이 없다.	( )	( )
095	자주 넘어지거나 다치는 편이다.	( )	( )
096	심심한 것을 못 참는다.	( )	( )

		YES	NO
097	다른 사람을 욕한 적이 한 번도 없다.	( )	( )
098	몸이 아프더라도 병원에 잘 가지 않는 편이다.	( )	( )
099	금방 낙심하는 편이다.	( )	( )
100	평소 말이 빠른 편이다.	( )	( )
101	어려운 일은 되도록 피하는 게 좋다.	( )	( )
102	다른 사람이 내 의견에 간섭하는 것이 싫다.	( )	( )
103	낙천적인 편이다.	( )	( )
104	남을 돕다가 오해를 산 적이 있다.	( )	( )
105	모든 일에 준비성이 철저한 편이다.	( )	( )
106	상냥하다는 말을 들은 적이 있다.	( )	( )
107	맑은 날보다 흐린 날을 더 좋아한다.	( )	( )
108	많은 친구들을 만나는 것보다 단 둘이 만나는 것이 더 좋다.	( )	( )
109	평소에 불평불만이 많은 편이다.	( )	( )
110	가끔 나도 모르게 엉뚱한 행동을 하는 때가 있다.	( )	( )
111	생리현상을 잘 참지 못하는 편이다.	( )	( )
112	다른 사람을 기다리는 경우가 많다.	( )	( )
113	술자리나 모임에 억지로 참여하는 경우가 많다.	( )	( )
114	결혼과 연애는 별개라고 생각한다.	( )	( )
115	노후에 대해 걱정이 될 때가 많다.	( )	( )
116	잃어버린 물건은 쉽게 찾는 편이다.	( )	( )

		YES	NO
117	비교적 쉽게 감격하는 편이다.	( )	( )
118	어떤 것에 대해서는 불만을 가진 적이 없다.	( )	( )
119	걱정으로 밤에 못 잘 때가 많다.	( )	( )
120	자주 후회하는 편이다.	( )	( )
121	쉽게 학습하지만 쉽게 잊어버린다.	( )	( )
122	낮보다 밤에 일하는 것이 좋다.	( )	( )
123	많은 사람 앞에서도 긴장하지 않는다.	( )	( )
124	상대방에게 감정 표현을 하기가 어렵게 느껴진다.	( )	( )
125	인생을 포기하는 마음을 가진 적이 한 번도 없다.	( )	( )
126	규칙에 대해 드러나게 반발하기보다 속으로 반발한다.	( )	( )
127	자신의 언행에 대해 자주 반성한다.	( )	( )
128	활동범위가 좁아 늘 가던 곳만 고집한다.	( )	( )
129	나는 끈기가 다소 부족하다.	( )	( )
130	좋다고 생각하더라도 좀 더 검토하고 나서 실행한다.	( )	( )
131	위대한 인물이 되고 싶다.	( )	( )
132	한 번에 많은 일을 떠맡아도 힘들지 않다.	( )	( )
133	사람과 약속은 부담스럽다.	( )	( )
134	질문을 받으면 충분히 생각하고 나서 대답하는 편이다.	( )	( )
135	머리를 쓰는 것보다 땀을 흘리는 일이 좋다.	( )	( )
136	결정한 것에는 철저히 구속받는다.	( )	( )

		YES	NO
137	아무리 바쁘더라도 자기관리를 위한 운동을 꼭 한다.	( )	( )
138	이왕 할 거라면 일등이 되고 싶다.	( )	( )
139	과감하게 도전하는 타입이다.	( )	( )
140	자신은 사교적이 아니라고 생각한다.	( )	( )
141	무심코 도리에 대해서 말하고 싶어진다.	( )	( )
142	목소리가 큰 편이다.	( )	( )
143	단념하기보다 실패하는 것이 낫다고 생각한다.	( )	( )
144	예상하지 못한 일은 하고 싶지 않다.	( )	( )
145	파란만장하더라도 성공하는 인생을 살고 싶다.	( )	( )
146	활기찬 편이라고 생각한다.	( )	( )
147	자신의 성격으로 고민한 적이 있다.	( )	( )
148	무심코 사람들을 평가 한다.	( )	( )
149	때때로 성급하다고 생각한다.	( )	( )
150	자신은 꾸준히 노력하는 타입이라고 생각한다.	( )	( )
151	터무니없는 생각이라도 메모한다.	( )	( )
152	리더십이 있는 사람이 되고 싶다.	( )	( )
153	열정적인 사람이라고 생각한다.	( )	( )
154	다른 사람 앞에서 이야기를 하는 것이 조심스럽다.	( )	( )
155	세심하기보다 통찰력이 있는 편이다.	( )	( )
156	엉덩이가 가벼운 편이다.	( )	( )

		YES	NO
157	여러 가지로 구애받는 것을 견디지 못한다.	( )	( )
158	돌다리도 두들겨 보고 건너는 쪽이 좋다.	( )	( )
159	자신에게는 권력욕이 있다.	( )	( )
160	자신의 능력보다 과중한 업무를 할당받으면 기쁘다.	( )	( )
161	사색적인 사람이라고 생각한다.	( )	( )
162	비교적 개혁적이다.	( )	( )
163	좋고 싫음으로 정할 때가 많다.	( )	( )
164	전통에 얽매인 습관은 버리는 것이 적절하다.	( )	( )
165	교제 범위가 좁은 편이다.	( )	( )
166	발상의 전환을 할 수 있는 타입이라고 생각한다.	( )	( )
167	주관적인 판단으로 실수한 적이 있다.	( )	( )
168	현실적이고 실용적인 면을 추구한다.	( )	( )
169	타고난 능력에 의존하는 편이다.	( )	( )
170	다른 사람을 의식하여 외모에 신경을 쓴다.	( )	( )
171	마음이 담겨 있으면 선물은 아무 것이나 좋다.	( )	( )
172	여행은 내 마음대로 하는 것이 좋다.	( )	( )
173	추상적인 일에 관심이 있는 편이다.	( )	( )
174	큰일을 먼저 결정하고 세세한 일을 나중에 결정하는 편이다.	( )	( )
175	괴로워하는 사람을 보면 답답하다.	( )	( )
176	자신의 가치기준을 알아주는 사람은 아무도 없다.	( )	( )

		YES	NO
177	인간성이 없는 사람과는 함께 일할 수 없다.	( )	( )
178	상상력이 풍부한 편이라고 생각한다.	( )	( )
179	의리, 인정이 두터운 상사를 만나고 싶다.	( )	( )
180	인생은 앞날을 알 수 없어 재미있다.	( )	( )
181	조직에서 분위기 메이커다.	( )	( )
182	반성하는 시간에 차라리 실수를 만회할 방법을 구상한다.	( )	( )
183	늘 하던 방식대로 일을 처리해야 마음이 편하다.	( )	( )
184	쉽게 이룰 수 있는 일에는 흥미를 느끼지 못한다.	( )	( )
185	좋다고 생각하면 바로 행동한다.	( )	( )
186	후배들은 무섭게 가르쳐야 따라온다.	( )	( )
187	한 번에 많은 일을 떠맡는 것이 부담스럽다.	( )	( )
188	능력 없는 상사라도 진급을 위해 아부할 수 있다.	( )	( )
189	질문을 받으면 그때의 느낌으로 대답하는 편이다.	( )	( )
190	땀을 흘리는 것보다 머리를 쓰는 일이 좋다.	( )	( )
191	단체 규칙에 그다지 구속받지 않는다.	( )	( )
192	물건을 자주 잃어버리는 편이다.	( )	( )
193	불만이 생기면 즉시 말해야 한다.	( )	( )
194	안전한 방법을 고르는 타입이다.	( )	( )
195	사교성이 많은 사람을 보면 부럽다.	( )	( )
196	성격이 급한 편이다.	( )	( )

		YES	NO
197	갑자기 중요한 프로젝트가 생기면 혼자서라도 야근할 수 있다.	( )	( )
198	내 인생에 절대로 포기하는 경우는 없다.	( )	( )
199	예상하지 못한 일도 해보고 싶다.	( )	( )
200	평범하고 평온하게 행복한 인생을 살고 싶다.	( )	( )
201	상사의 부정을 눈감아 줄 수 있다.	( )	( )
202	자신은 소극적이라고 생각하지 않는다.	( )	( )
203	이것저것 평하는 것이 싫다.	( )	( )
204	자신은 꼼꼼한 편이라고 생각한다.	( )	( )
205	꾸준히 노력하는 것을 잘 하지 못한다.	( )	( )
206	내일의 계획이 이미 머릿속에 계획되어 있다.	( )	( )
207	협동성이 있는 사람이 되고 싶다.	( )	( )
208	동료보다 돋보이고 싶다.	( )	( )
209	다른 사람 앞에서 이야기를 잘한다.	( )	( )
210	실행력이 있는 편이다.	( )	( )
211	계획을 세워야만 실천할 수 있다.	( )	( )
212	누구라도 나에게 싫은 소리를 하는 것은 듣기 싫다.	( )	( )
213	생각으로 끝나는 일이 많다.	( )	( )
214	피곤하더라도 웃으며 일하는 편이다.	( )	( )
215	과중한 업무를 할당받으면 포기해버린다.	( )	( )
216	상사가 지시한 일이 부당하면 업무를 하더라도 불만을 토로한다.	( )	( )

		YES	NO
217	또래에 비해 보수적이다.	( )	( )
218	자신에게 손해인지 이익인지를 생각하여 결정할 때가 많다.	( )	( )
219	전통적인 방식이 가장 좋은 방식이라고 생각한다.	( )	( )
220	때로는 친구들이 너무 많아 부담스럽다.	( )	( )
221	상식적인 판단을 할 수 있는 타입이라고 생각한다.	( )	( )
222	너무 객관적이라는 평가를 받는다.	( )	( )
223	안정적인 방법보다는 위험성이 높더라도 높은 이익을 추구한다.	( )	( )
224	타인의 아이디어를 도용하여 내 아이디어처럼 꾸민 적이 있다.	( )	( )
225	조직에서 돋보이기 위해 준비하는 것이 있다.	( )	( )
226	선물은 상대방에게 필요한 것을 사줘야 한다.	( )	( )
227	나무보다 숲을 보는 것에 소질이 있다.	( )	( )
228	때때로 자신을 지나치게 비하하기도 한다.	( )	( )
229	조직에서 있는 듯 없는 듯한 존재이다.	( )	( )
230	다른 일을 제쳐두고 한 가지 일에 몰두한 적이 있다.	( )	( )
231	가끔 다음 날 지장이 생길 만큼 술을 마신다.	( )	( )
232	같은 또래보다 개방적이다.	( )	( )
233	사실 돈이면 안 될 것이 없다고 생각한다.	( )	( )
234	능력이 없더라도 공평하고 공적인 상사를 만나고 싶다.	( )	( )
235	사람들이 자신을 비웃는다고 종종 여긴다.	( )	( )
236	내가 먼저 적극적으로 사람들과 관계를 맺는다.	( )	( )

237	모임을 스스로 만들기보다 이끌려가는 것이 편하다.	( )	( )
238	몸을 움직이는 것을 좋아하지 않는다.	( )	( )
239	꾸준한 취미를 갖고 있다.	( )	( )
240	때때로 나는 경솔한 편이라고 생각한다.	( )	( )
241	때로는 목표를 세우는 것이 무의미하다고 생각한다.	( )	( )
242	어떠한 일을 시작하는데 많은 시간이 걸린다.	( )	( )
243	초면인 사람과도 바로 친해질 수 있다.	( )	( )
244	일단 행동하고 나서 생각하는 편이다.	( )	( )
245	여러 가지 일 중에서 쉬운 일을 먼저 시작하는 편이다.	( )	( )
246	마무리를 짓지 못해 포기하는 경우가 많다.	( )	( )
247	여행은 계획 없이 떠나는 것을 좋아한다.	( )	( )
248	욕심이 없는 편이라고 생각한다.	( )	( )
249	성급한 결정으로 후회한 적이 있다.	( )	( )
250	많은 사람들과 왁자지껄하게 식사하는 것을 좋아한다.	( )	( )
251	상대방의 잘못을 쉽게 용서하지 못한다.	( )	( )
252	주위 사람이 상처받는 것을 고려해 발언을 자제할 때가 있다.	( )	( )
253	자존심이 강한 편이다.	( )	( )
254	생각 없이 함부로 말하는 사람을 보면 불편하다.	( )	( )
255	다른 사람 앞에 내세울 만한 특기가 서너 개 정도 있다.	( )	( )
256	거짓말을 한 적이 한 번도 없다.	( )	( )

		YES	NO
257	경쟁사라도 많은 연봉을 주면 옮길 수 있다.	( )	( )
258	자신은 충분히 신뢰할 만한 사람이라고 생각한다.	( )	( )
259	좋고 싫음이 얼굴에 분명히 드러난다.	( )	( )
260	다른 사람에게 욕을 한 적이 한 번도 없다.	( )	( )
261	친구에게 먼저 연락을 하는 경우가 드물다.	( )	( )
262	밥보다는 빵을 더 좋아한다.	( )	( )
263	누군가에게 쫓기는 꿈을 종종 꾼다.	( )	( )
264	삶은 고난의 연속이라고 생각한다.	( )	( )
265	쉽게 화를 낸다는 말을 듣는다.	( )	( )
266	지난 과거를 돌이켜 보면 괴로운 적이 많았다.	( )	( )
267	토론에서 진 적이 한 번도 없다.	( )	( )
268	나보다 나이가 많은 사람을 대하는 것이 불편하다.	( )	( )
269	의심이 많은 편이다.	( )	( )
270	주변 사람이 자기 험담을 하고 있다고 생각할 때가 있다.	( )	( )
271	이론만 내세우는 사람이라는 평가를 받는다.	( )	( )

PART

04

실전 모의고사

CHAPTER

1회 실전 모의고사

≫ 정답 및 해설 p.438

공간능력 18문항/10분

Q 다음 입체도형의 전개도로 알맞은 것을 고르시오. 【01 ~ 04】

- 입체도형을 전개하여 전개도를 만들 때, 전개도에 표시된 그림(예 : ▋, ◢, ▬ 등)은 회전의 효과를 반영함. 즉, 본 문제의 풀이과정에서 보기의 전개도 상에 표시된 ▋과 ▬는 서로 다른 것으로 취급함.
- 단, 기호 및 문자(예 : ♨, ☎, ♨, K, H)의 회전에 의한 효과는 본 문제의 풀이과정에 반영하지 않음. 즉, 입체도형을 펼쳐 전개도를 만들었을 때 ㈐의 방향으로 나타나는 기호 및 문자도 보기에서는 ☎방향으로 표시하며 동일한 것으로 취급함.

01

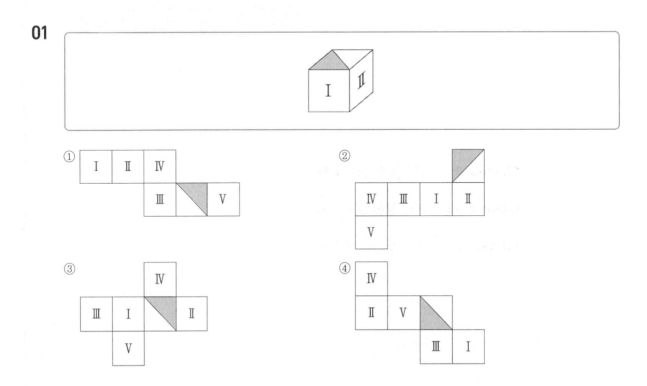

02

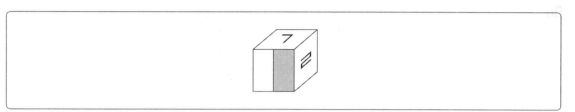

①
②
③
④

03

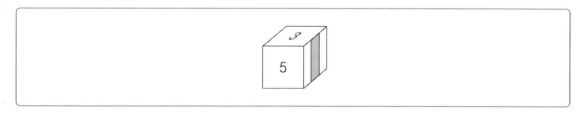

①
②
③
④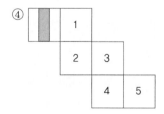

①

②

③

④

Q 다음 제시된 그림과 같이 쌓기 위해 필요한 블록의 수를 고르시오. 【05~09】
(단, 블록은 모양과 크기는 모두 동일한 정육면체이다)

05

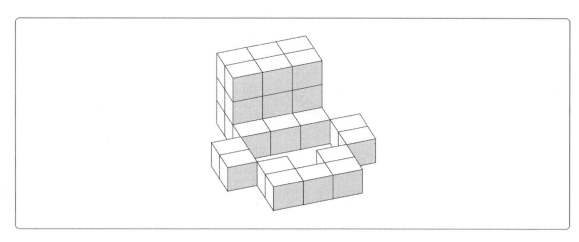

① 28
② 29
③ 30
④ 31

06

① 23
② 24
③ 25
④ 26

07

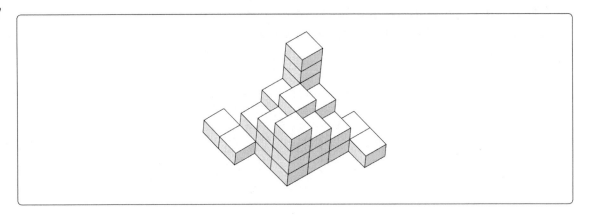

① 30   ② 32

③ 34   ④ 36

08

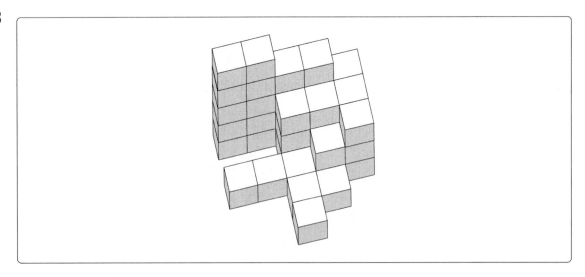

① 35   ② 37

③ 39   ④ 41

09

① 33
② 34
③ 35
④ 36

Q 다음 전개도로 만든 입체도형에 해당하는 것을 고르시오. 【10~14】

- 전개도를 접을 때 전개도 상의 그림, 기호, 문자가 입체도형의 겉면에 표시되는 방향으로 접음.
- 전개도를 접어 입체도형을 만들 때, 전개도에 표시된 그림(예 : ▮, ◨, ▯ 등)은 회전의 효과를 반영함. 즉, 본 문제의 풀이과정에서 보기의 전개도 상에 표시된 ▮과 ▬는 서로 다른 것으로 취급함.
- 단, 기호 및 문자(예 : ♤, ☎, ♨, K, H)의 회전에 의한 효과는 본 문제의 풀이과정에 반영하지 않음. 즉, 전개도를 접어 입체도형을 만들었을 때 ⊠의 방향으로 나타나는 기호 및 문자도 보기에서는 ☎방향으로 표시하며 동일한 것으로 취급함.

10

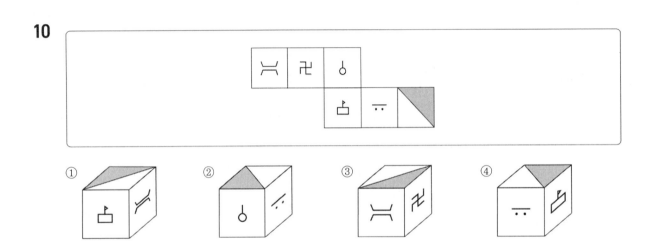

①   ②   ③   ④

11

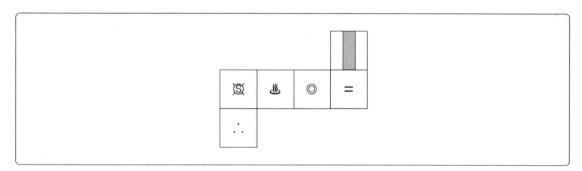

①  ② 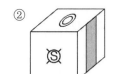 ③  ④

12

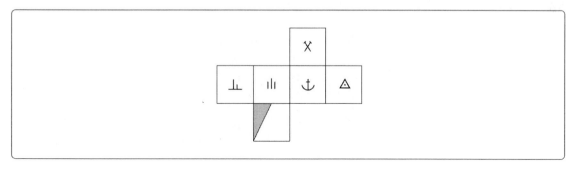

①  ② 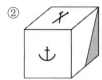 ③ ④

13

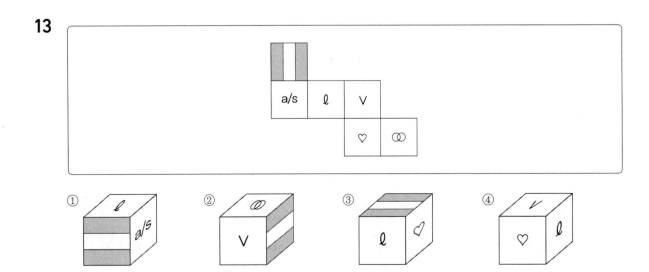

14

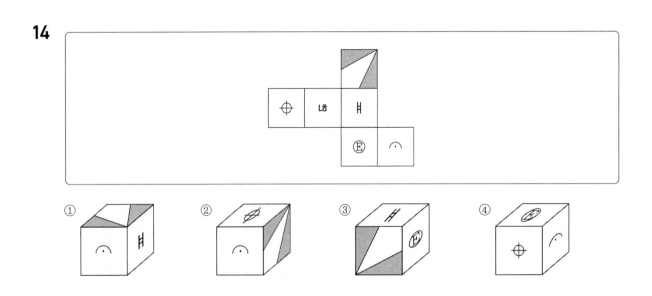

Q 아래에 제시된 블록들을 화살표 표시한 방향에서 바라봤을 때의 모양으로 알맞은 것을 고르시오.
【15~18】

- 블록은 모양과 크기는 모두 동일한 정육면체임
- 바라보는 시선의 방향은 블록의 면과 수직을 이루며 원근에 의해 블록이 작게 보이는 효과는 고려하지 않음

15

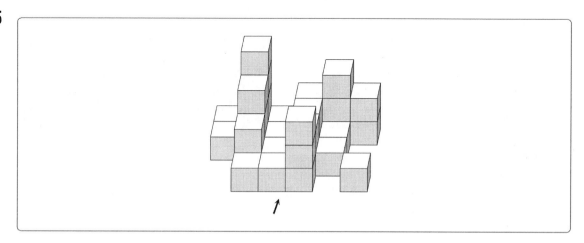

① 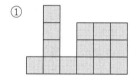 ②  ③ 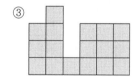 ④

16

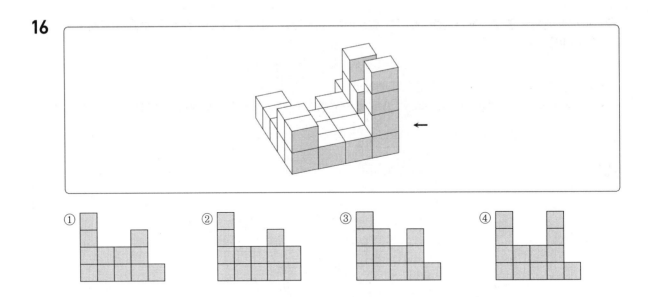

17

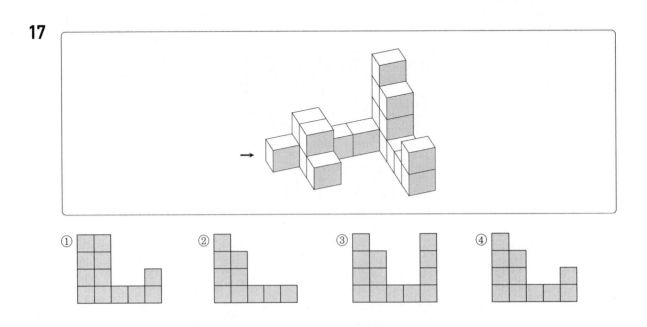

18

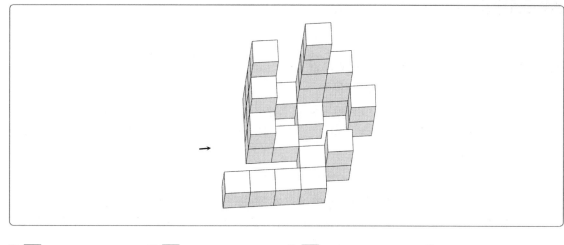

① 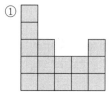　② 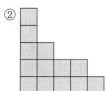　③ 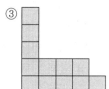　④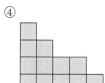

01 다음 글의 밑줄 친 부분과 같은 의미로 쓰인 것은?

> 어제 하교 길에 3만 원이 든 지갑을 주웠다. 근처의 파출소가 금방 시야에 들어왔지만 나는 그만 그 돈을 주머니 속에 <u>감추고</u> 말았다. 그런데 그 일이 있고 난 다음부터는 나는 끔찍하리만치 무서운 괴물에게 밤새 쫓기는 꿈을 꾸게 되었다.

① 소녀는 언니의 구두를 가방 속에 <u>감추고</u> 아무에게도 들키지 않고 집을 빠져나왔다.

② 자기편으로는 부모는 고사하고 일가 한 사람도 참례 못한 설움과 섭섭함을 깊이 <u>감추고</u>, 진일 마른일을 웃어가며 하는 것이 무한히 가엾어도 보였다.

③ 차라리 지금부터 피난민 대열에 휩쓸려 신분을 <u>감추고</u> 기다리는 게 훨씬 안전합니다.

④ 남편은 사람들을 풀어서 해방 직전에 어디론지 행방을 <u>감춘</u> 박가의 뒤를 열심히 쫓고 있었다.

⑤ 그녀는 얼굴에 나타나는 병색을 <u>감추기</u> 위하여 화장을 진하게 했다.

02 다음 글의 내용과 가장 관련 깊은 한자성어는?

> 돌아온 주인은 방안을 살펴보고 깜짝 놀라며 광문을 노려보고 무엇인가 말하려다가 얼굴빛을 고치고는 말이 없었다. 광문은 무슨 영문인지도 모르고 다만 묵묵히 일할 뿐이었다.
> 며칠이 지난 뒤 그 집주인의 처조카 되는 사람이 돈을 가지고 와서 주인보고 하는 말이,
> "저번에 아저씨한테 돈을 좀 취하고자 찾아 왔었는데 마침 안 계셔서 방에 들어가서 돈을 가져갔는데 아마 아저씨는 모르셨을 것입니다."
> 하는 것이었다. 이 말을 들은 주인은 크게 후회하며 광문에게 사과를 하였다.
> "나는 옹졸한 사람이오. 공연히 그대의 마음을 상하게 해서 이제부터는 그대를 대할 면목조차 없습니다."

① 반포지효(反哺之孝)　　　　　② 사필귀정(事必歸正)

③ 형설지공(螢雪之功)　　　　　④ 본말전도(本末顚倒)

⑤ 맥수지탄(麥秀之嘆)

03 다음 ( ) 안에 들어갈 말로 가장 적절한 것은?

> △△대는 올해 처음으로 학군사관 후보생으로 4명의 여학생이 선발됐다고 밝혔다. △△대는 이번 여성 학군사관후보생 52기에 8명의 여학생이 지원, 4명이 최종 선발됐다.
> 이들 학생들은 지난 4월부터 1차 필기고사와 인성검사, 2차 면접 및 체력검정 등을 거쳐 평균 7.7대 1의 경쟁을 뚫고 합격했다. 이들 학생들은 대부분 1, 2학년 평균 학점이 모두 4.0을 넘을 정도로 학업성적이 우수하고 토익 900점과 JPT 1급 등 외국어 능력과 태권도 2, 3단의 실력을 갖춘 (   )들이다.

① 재자　　　　　　　　　　　② 귀인
③ 인재　　　　　　　　　　　④ 거장
⑤ 재원

04 다음 제시된 문장의 밑줄 친 부분의 의미가 나머지와 가장 다른 것은?

① 화재가 나자 사람들이 불을 끄려고 노력했지만 결국에는 모든 것이 재로 <u>되고</u> 말았다.
② 얽매인 몸으로 땅문서를 가지면 어디 그것이 온전하게 아버지 땅이 <u>되는</u> 겁니까?
③ 지하철역은 아침저녁 출퇴근 시간이 <u>되면</u> 항상 많은 사람들로 붐빈다.
④ 이러다간 내 꿈이 물거품으로 <u>돼</u> 버릴지도 모른다.
⑤ 상황이 내가 예상치 못한 방향으로 <u>되어</u> 간다.

05 다음 주제문을 뒷받침하는 내용으로 적절한 것은?

> 인간은 일상생활에서 다양한 역할을 수행한다.

① 교통과 통신의 발달로 멀리 있는 사람들 사이에도 왕래가 많아지며, 인간관계가 깊어지고 있다.
② 인간은 생활 속에서 때로는 화를 내며 상대를 미워하기도 하고, 때로는 웃으며 상대를 이해하기도 한다.
③ 누구나 가정에서는 가족의 일원, 학교에서는 학생의 일원, 그리고 지역 사회에서는 그 사회의 일원으로 생활하게 되어 있다.
④ 인간은 혼자가 아니라 사회 속에서 여러 사람과 더불어 살아가고 있기 때문에 개인의 행동은 사회에 영향을 끼칠 수밖에 없다.
⑤ 오랜 역사를 거쳐 이룩해 온 인간의 문명과 사회는 시간이 흐를수록 더욱 복잡한 양상을 띠고 있다.

06 다음 글에 대한 설명으로 가장 올바르지 않은 것은?

> '숲'이라고 모국어로 발음하면 입 안에서 맑고 서늘한 바람이 인다. 자음 'ㅅ'의 날카로움과 'ㅍ'의 서늘함이 목젖의 안쪽을 통과해 나오는 'ㅜ' 모음의 깊이와 부딪쳐서 일어나는 마음의 바람이다. 'ㅅ'과 'ㅍ'은 바람의 잠재태이다. 이것이 모음에 실리면 숲 속에서는 바람이 일어나는데, 이때 'ㅅ'의 날카로움은 부드러워지고 'ㅍ'의 서늘함은 'ㅜ' 모음 쪽으로 끌리면서 깊은 울림을 울린다.

① 참신하고 시적이다.
② 은유적 표현이 쓰였다.
③ 자명한 논리이다.
④ 예리한 관찰력이 돋보인다.
⑤ 대상을 철저히 분석하였다.

07 다음 예문의 밑줄 친 단어 가운데 품사가 다른 하나는?

> 봄·여름·가을·겨울, <u>두루</u> 사시(四時)를 두고 자연이 우리에게 내리는 혜택에는 제한이 없다. 그러나 그중에도 그 혜택을 <u>가장</u> 풍성히 <u>아낌없이</u> 내리는 시절은 봄과 여름이요, 그중에도 그 혜택이 가장 <u>아름답게</u> 나타나는 것은 봄, 봄 가운데도 만산(萬山)에 녹엽(綠葉)이 우거진 이때일 것이다.
>
> – 이양하, 「신록예찬」 –

① 두루   ② 가장
③ 풍성히   ④ 아낌없이
⑤ 아름답게

ⓠ 주어진 문장의 (   ) 안에 들어갈 단어로 가장 적절한 것을 고르시오. 【08~09】

08

> 국민의 문화적 삶의 질을 향상하고 민족문화의 (   )에 이바지함을 목적으로 한다.

① 창달   ② 징수
③ 해태   ④ 개전
⑤ 변화

09

> 정부는 이번 일로 불법 상거래에 대한 단속 강화를 강력히 (   )했다.

① 몰락   ② 취재
③ 축적   ④ 시사
⑤ 단언

10 다음 중 논리 전개에 문제가 없는 것은?

① 귀한 것은 드물다. 10원짜리 가락국수는 드물다. 그러므로 10원짜리 가락국수는 귀하다.

② 생물은 죽는다. 사람은 생물이다. 그러므로 사람은 죽는다.

③ 담배는 폐암의 원인이다. 그러므로 담배를 피우는 당신은 폐암으로 죽을 것이다.

④ 해준이네 집은 수정이네 집 바로 윗집이다. 그렇다면 수정이네 집은 어디에 있지? 그야 해준이네 집 아래지.

⑤ 이번 학기 네 성적은 아주 나빠. 그러면 그렇게 말하는 형의 성적은 좋은가?

11 아래의 일화에서 왕이 범한 오류와 같은 종류의 오류를 범하고 있는 것은?

> 크로이소스 왕은 페르시아와의 전쟁에 앞서 델포이 신전에 찾아가 신탁을 얻었는데, 내용인즉슨 "리디아의 크로이소스 왕이 전쟁을 일으킨다면 큰 나라를 멸망시킬 것이다"였다. 그러나 그는 전쟁에서 대패하였고 델포이 신전에 가서 강력히 항의하였다. 그러자 신탁은 "그 큰 나라가 리디아였다"고 말하였다.

① 민주주의는 좋은 제도이다. 사회주의는 민주주의를 포괄하는 개념이므로, 사회주의도 좋은 제도이다.

② 미국은 가장 부유한 나라이므로 빈곤문제에 시달린다는 것은 어불성설이다.

③ 철수가 친구에게 자기 애인은 나보다 영화를 더 좋아하는 것 같다고 하자, 친구는 철수의 애인은 철수보다는 영화와 연애하는 것이 낫겠다고 말했다.

④ 엄마는 내가 어제 연극 보러 가는 것도, 오늘 노래방 가는 것도 막으셨다. 엄마는 내가 노는 것을 못 참으신다.

⑤ 어제 만난 그 사람의 말을 믿어서는 안 된다. 그 사람은 전과자이기 때문이다.

12 다음으로부터 추론할 때 올바른 것은?

> ㉠ 모든 선생님은 공부를 좋아한다.   ㉡ 어떤 학생은 운동을 좋아한다.

① 모든 학생은 운동을 좋아한다.   ② 어떤 학생은 공부를 좋아한다.
③ 어떤 선생님은 공부를 좋아한다.   ④ 모든 선생님은 운동을 좋아한다.
⑤ 어떤 선생님은 운동을 좋아하지 않는다.

13 다음 글의 제목으로 알맞은 것은?

> 사적 공간은 그저 사회와의 단절을 위한 도피처가 아니라, 개인이 사회와 의미 있는 관계를 맺기 위해 개성과 정체성을 찾는 곳이다. 인격적 정체성은 진정한 의사소통의 전제이므로, 획일화된 인간과 사회 사이의 소통도 형식적인 수준에 그치고 말 것이다.
> 사적 공간은 자율과 자유를 위한 기본 조건이다. 누군가 우리를 엿보거나 도청하는 것을 싫어하는 이유도 자율과 자유의 맥락에 가 닿는다. 우리는 자신의 내밀한 정보를 함부로 말하지 않으며, 그러한 정보를 공유할 상대를 신중하게 선택한다. 따라서 비밀을 공유한 사람과 그렇지 않은 사람을 대하는 우리의 태도는 분명 다를 수밖에 없다. 이런 점에서 사적 영역에 대한 자기 통제권을 상실할 때 우리는 다른 사람이 나에 관해 얼마나 알고 있는지 예측할 수 없고, 자유롭게 행동하지도 못한다.

① 개인 공간의 필요성   ② 홀로 남겨질 권리
③ 외톨이의 자기변명   ④ 인간관계 확장의 중요성
⑤ 인격적 정체성과 의사소통

Q 다음 글을 읽고 순서에 맞게 논리적으로 배열한 것을 고르시오. 【14~15】

14

> ㉠ 또 '꽃향기'라는 실체가 있기 때문에 꽃의 향기를 후각으로 느낄 수 있다고 생각한다.
> ㉡ 왜냐하면 우리가 삼각형을 인식하는 것은, 실제로 '삼각형'이라는 것이 있다고 생각하기 때문이다.
> ㉢ 삼각형은 세모난 채로, 사각형은 각진 모습으로 존재한다고 생각한다.
> ㉣ 우리는 보고, 듣고, 느끼는 그대로 세상이 존재한다고 믿는다.
> 이처럼 보고, 듣고, 냄새 맡고, 손끝으로 느끼는 것, 우리는 이 모든 것을 통틀어 '감각'이라고 부른다.

① ㉢ - ㉡ - ㉣ - ㉠　　　　　　　② ㉢ - ㉣ - ㉠ - ㉡
③ ㉣ - ㉠ - ㉢ - ㉡　　　　　　　④ ㉣ - ㉡ - ㉠ - ㉢
⑤ ㉣ - ㉢ - ㉡ - ㉠

15

> ㉠ 반면 영화는 시간·공간의 제한으로 인해 인물이나 구성에서 원작과 차이가 날 수밖에 없다.
> ㉡ 또한 상상할 수 있는 모든 것을 자유롭게 표현할 수 있다.
> ㉢ 소설과 영화는 각기 다른 장르적 특성을 지니고 있다.
> ㉣ 그러나 영화는 실제와 다름없는 영상을 통해 내용을 보다 확실하게 전달할 수 있다.
> ㉤ 소설은 문자로 내용을 전달하기 때문에 유려한 서술과 정교한 묘사가 가능하다.

① ㉠ - ㉡ - ㉢ - ㉣ - ㉤　　　　② ㉠ - ㉣ - ㉤ - ㉡ - ㉢
③ ㉢ - ㉠ - ㉣ - ㉤ - ㉡　　　　④ ㉢ - ㉤ - ㉡ - ㉠ - ㉣
⑤ ㉢ - ㉤ - ㉣ - ㉡ - ㉠

16 다음 글의 논지로 알맞은 것은?

> 학문이 실생활에 유용한 것도, 그 자체의 추구가 즐거움을 가져오는 것도, 모두가 학문이 다름 아닌 진리를 탐구하는 것이기 때문이다. 실용적이니까, 또는 재미가 나는 것이니까 진리요, 학문인 것이 아니라, 그것이 진리이기 때문에 인간생활에 유용한 것이요, 재미도 나는 것이다. 유용하다든지, 재미가 난다는 것은 학문에 있어서 부차적으로 따라올 성질의 것이요, 그것이 곧 궁극적이라고까지 말하기는 어려울 것이다.

① 학문의 즐거움은 유용성에서 온다.
② 진리탐구 자체는 부차적인 것이다.
③ 학문의 궁극적 목적은 진리탐구에 있다.
④ 학문은 실생활에의 유용성을 추구하는 것이다.
⑤ 학문의 이론과 실용성은 서로 밀접한 관계가 있다.

17 다음 예문의 내용에 맞는 고사성어는?

> 구름이 해를 비추어 노을이 되고, 물줄기가 바위에 걸려 폭포를 만든다. 의탁하는 바가 다르고 보니 이름 또한 이에 따르게 된다. 이는 벗 사귀는 도리에 있어 유념해 둘 만한 것이다.

① 근묵자흑(近墨者黑)
② 단금지교(斷金之交)
③ 망운지정(望雲之情)
④ 상분지도(嘗糞之徒)
⑤ 풍수지탄(風樹之嘆)

18 다음 글의 내용과 거리가 먼 것은?

> 우리나라에서 중산층 연구는 여러 학문 분야에서 중간계급, 중간소득계층, 또는 거주 지역 및 주택 규모를 기준으로 한 중간계층 등 서로 다른 대상을 가리키면서 이들의 성격을 규명하려 했다. 실제로 각각의 연구 대상은 상당 부분 중첩되지만, 계층 연구에서는 중산층의 실체에 대해 좀 더 체계적이고 분석적으로 접근할 것이 요구되고 있다. 이제 '중산층'이란 말은 '중간계급'도 아니고, '중간소득계층'도 아니면서 이들의 속성을 함께 아우르는 대중적 용어로 정착되고 있다. '민중'이라는 말을 서구어로 번역하기가 쉽지 않듯이 '중산층'이라는 말도 마찬가지다. 그 구성원을 다시 세분할 수는 있겠지만, 이 용어가 궁극적으로 가리키는 것은 포괄적이고 총체적인 하나의 계층집단이다.

① 중산층 연구에 있어서 각 계층의 실체를 명확하게 파악할 필요가 있다.
② 우리나라의 중산층 연구는 여러 학문 분야에서 동일한 대상을 가리키며 진행되어 왔다.
③ '중산층'이라는 용어는 다양한 속성을 지닌 대상을 아우르는 대중적 표현으로 자리 잡아 가고 있다.
④ '중산층'이라는 용어는 포괄적이고 총체적인 하나의 계층집단을 가리킨다.
⑤ 여러 학문 분야에서 연구하는 중산층으로서의 각각의 대상은 서로 중첩되는 부분이 많다.

Q 다음 글을 읽고 물음에 답하시오. 【19~20】

> 최근 한 유전학 연구팀이 지구의 생명체는 100억 년 전 생긴 것으로 보인다는 연구결과를 발표해 눈길을 끌고 있다. 이 같은 결과는 곧 45억 년 된 지구 나이를 고려하면 인류의 기원은 지구 밖에서 온 것으로 풀이된다. 화제의 연구는 미국의 국립노화연구소 알렉세이 샤로브 박사와 해군 연구소 리처드 고든 박사가 실시해 발표했다. 연구팀이 이번 연구에 적용한 이론은 엉뚱하게도 '무어의 법칙'(Moore's Law)이다.
>
> 무어의 법칙은 마이크로칩에 저장할 수 있는 데이터 용량이 18개월마다 2배씩 증가한다는 이론으로 인텔의 공동설립자 고든 무어가 주장했다. 곧 생명체가 원핵생물에서 진핵생물로 이후 물고기, 포유동물로 진화하는 복잡성의 비율을 컴퓨터가 발전하는 속도와 비교한 결과 지구 생명체의 나이는 97억 년(±25억 년)으로 계산됐다.
>
> 결과적으로 이들 연구팀의 이론은 지구상의 원시 생명은 다른 천체로부터 운석 등에 달려 도래한 것이라는 '판스페르미아설'(theory of panspermia)을 뒷받침하는 또 하나의 이론이 된 ㉠셈이다.
>
> 샤로브 박사는 "이번 연구는 어디까지나 이론일 뿐"이라면서도 "생명체의 기원이 지구 밖에서 왔을 확률은 99% 진실"이라고 주장했다. 이어 "연구에 다양한 변수들이 존재하지만 생명체의 기원을 밝히는 가장 그럴듯한 가설"이라고 덧붙였다.

19 위 글의 내용으로 적절하지 않은 것은?

① 지구의 생명체는 외계에서 왔다.
② 고든 무어는 인텔의 공동설립자이다.
③ 고든 무어는 18개월마다 2배로 생명체가 증식한다고 주장했다.
④ 원시 생명체는 운석 등으로 지구에 정착한 것이다.
⑤ 생명체의 기원에 대한 가설은 아직까지 확실하게 밝혀지지 않았다.

20 밑줄 친 ㉠과 같은 의미로 사용된 것은?

① 영희는 셈이 매우 빠르다.
② 그렇게 아무 생각이 없어서 어쩔 셈이야?
③ 그 정도면 잘 한 셈이야.
④ 다 받은 셈 치자.
⑤ 떼어먹을 셈으로 돈을 빌린 것은 아니었어.

21 다음 글에서 ㉠이 범하고 있는 오류와 가장 가까운 것은?

> 오늘날 이와 같은 철학을 배경으로 하여 자연 환경의 문제에 관한 의사 결정에는 전문 과학자만이 참가할 수 있다는 엘리트주의가 판을 치고 있다. 이렇게 되면 ㉠평범한 보통 사람은 과학자가 하는 일을 이해할 수 없으므로 과학자가 하는 일은 무조건 정당한 것으로 받아들여야 한다는 논리가 성립된다. 이 논리는 오늘날 핵 산업의 전문가와 군부 및 경제 과학 전문가들이 핵무기와 핵 발전 또는 그것으로 인한 환경의 오염 등에 대한 대중의 참여가 부당함을 입증하는 논리로 애용되어 왔다.

① 명한이가 훔쳤을 거야. 여기에 돈을 둘 때 옆에서 보고 있었거든.
② 아니, 너 요즘은 왜 전화 안 하니? 응, 이젠 아주 나를 미워하는구나.
③ 누나, 누나는 자기도 매일 텔레비전 보면서, 왜 나만 못 보게 하는 거야?
④ 애 아버지는 유명한 화가야. 그러니까 이 아기도 그림을 잘 그릴 게 분명해.
⑤ 어디 그럼 하나님이 없다는 증거를 대봐. 못 하지? 거봐. 하나님은 있는 거야.

22 동양 연극과 서양 연극의 차이점에 관한 글을 쓰려고 한다. '관객과 무대와의 관계'라는 항목에 활용하기에 적절하지 않은 것은?

> ⊙ 서양의 관객이 공연을 예술 감상의 한 형태로 본다면, 동양의 관객은 공동체적 참여를 통하여 함께 즐기고 체험한다.
>
> ⓛ 동양 연극은 춤과 노래와 양식화된 동작을 통해서 무대 위에서 현실을 모방하는 게 아니라, 재창조한다.
>
> ⓒ 서양 연극의 관객이 정숙한 분위기 속에서 격식을 갖추고 관극(觀劇)을 하는 데 비하여, 동양 연극의 관객은 매우 자유분방한 분위기 속에서 관극한다.
>
> ⓔ 서양 연극은 지적인 이론이나 세련된 대사로 이해되는 텍스트 중심의 연극이라면, 동양 연극은 노래와 춤과 언어가 삼위일체가 되는 형식을 지닌다.
>
> ⓜ 서양 연극과는 달리, 동양 연극은 공연이 시작되는 순간부터 관객이 신명나게 참여하고, 공연이 끝난 후의 뒤풀이에도 관객, 연기자 모두 하나가 되어 춤판을 벌이는 것이 특징이다.

① ㉠ㄴ　　　　　　　　　　　② ㄴㄹ
③ ㄴㄷㅁ　　　　　　　　　　④ ㄹㅁ
⑤ ㉠ㄴㄷㄹ

23 다음은 어떤 글을 쓰기 위한 자료들을 모아 놓은 것이다. 이들 자료를 바탕으로 쓸 수 있는 글의 주제는?

> ⊙ 소크라테스는 '악법도 법이다.'라는 말을 남기고 독이 든 술을 태연히 마셨다.
>
> ⓛ 도덕적으로는 명백하게 비난할 만한 행위일지라도, 법률에 규정되어 있지 않으면 처벌할 수 없다.
>
> ⓒ 개 같이 벌어서 정승같이 쓴다는 말도 있지만, 그렇다고 정당하지 않은 방법까지 써서 돈을 벌어도 좋다는 뜻은 아니다.
>
> ⓔ 주요섭의 '사랑방 손님과 어머니'라는 작품은, 서로 사랑하면서도 관습 때문에 헤어져야 하는 청년과 한 미망인에 대한 이야기이다.

① 신념과 행위의 일관성은 인간으로서 지켜야 할 마지막 덕목이다.
② 도덕성의 회복이야말로 현대 사회의 병리를 치유할 수 있는 최선의 방법이다.
③ 개인적 신념에 배치된다 할지라도, 사회 구성원이 합의한 규약은 지켜야 한다.
④ 현실이 부조리하다 하더라도, 그저 안주하거나 외면하지 말고 당당히 맞서야 한다.
⑤ 부정적인 세계관은 결코 현실을 개혁하지 못하므로 적극적·긍정적인 세계관의 확립이 필요하다.

24 다음 글을 읽고 유추할 수 있는 내용은?

> 어느 시대에서든 그 시대 최고의 현인들은 인생에 대해 다 같이 똑같은 판단을 내리고 있다. 인생은 무가치하다는 것이다. 회의에 가득 차고, 우수에 가득 차고, 인생에 진절머리가 나고, 인생에 대한 적개심이 가득 찬 그 소리가 말이다.
> "어쨌든 그런 판단에는 무언가 진실이 있음에 틀림없다! 현인들의 의견일치가 진리의 증거가 아닌가 말이다."
> 그러나 현인들의 의견일치라는 것, 그것은 그들이 의견일치를 보고 있는 문제에 대해 그들이 옳았다는 사실을 전혀 입증해주지 못한다. 그것은 오히려 그들 최고 현인이라는 자들이 어떤 면에서 보면 생리적으로 의견일치를 보고 있었다는 사실을 입증해 줄 뿐이다.

① 인생은 무가치하다는 현인들의 주장은 진리이다.
② 의견의 일치는 진리를 입증한다.
③ 의견의 일치는 현인들의 생리적인 성향을 반영하는 것이다.
④ 어느 시대든 최고의 현인들의 판단은 지혜롭다.
⑤ 현인들의 의견일치는 문제에 대해 옳았다는 사실을 증명한다.

25 다음 글에서 추론할 수 있는 진술이 아닌 것은?

> 명절 연휴 때면 어김없이 등장하는 귀성행렬의 사진촬영, 육로로 접근이 불가능한 지역으로의 물자나 인원이 수송, 화재 현장에서의 소화와 구난작업, 농약살포 등에는 어김없이 헬리콥터가 등장한다. 이는 헬리콥터가 일반 비행기로는 할 수 없는 호버링(공중정지), 전후진 비행, 수직 착륙, 저속비행 등이 가능하기 때문이다. 이렇게 헬리콥터를 자유자재로 움직이는 비밀은 로터에 있다. 비행체가 뜰 수 있는 양력과 추진력을 모두 로터에서 동시에 얻기 때문이다. 로터에는 일반적으로 2~4개의 블레이드(날개)가 붙어있다. 빠르게 회전하는 각각의 블레이드에서 비행기 날개와 같은 양력이 발생하는데 헬리콥터는 이 양력 덕분에 무거운 몸체를 하늘로 띄울 수 있다. 비행기 역시 엔진의 추진력 때문에 양쪽 날개에 발생하는 양력을 이용해 공중에 뜨게 되는 것이므로 사실 헬리콥터의 비행원리는 비행기와 다르지 않다.

① 헬리콥터는 현대사회에서 일반 비행기로는 할 수 없는 다양한 일에 사용된다.
② 비행기도 화재 현장에서의 소화와 구난작업, 농약살포 등에 이용할 수 있다.
③ 로터는 헬리콥터가 뜰 수 있는 양력과 추진력을 제공한다.
④ 헬리콥터는 빠르게 회전하는 블레이드 덕분에 무거운 몸체를 띄울 수 있다.
⑤ 헬리콥터가 뜨는 원리는 비행기와 크게 다르지 않다.

01 다음과 같은 규칙으로 자연수를 나열할 때 25는 몇 번째에 처음 나오는가?

> 13, 15, 15, 17, 17, 17, 19, 19, 19, 19, …

① 22   ② 23

③ 24   ④ 25

02 다음과 같은 규칙으로 자연수를 나열할 때 34는 몇 번째에 처음 나오는가?

> 4, 4, 6, 6, 6, 10, 10, 10, 10, 10, …

① 38   ② 40

③ 42   ④ 44

03 한 권에 1,000원인 노트와 한 권에 700원인 연습장을 합하여 모두 10권을 사고 8,000원을 냈더니 100원을 거슬러 주었다. 노트와 연습장을 각각 몇 권씩 샀는지 차례로 적으면?

① 2권, 8권   ② 3권, 7권

③ 4권, 6권   ④ 5권, 5권

04 파란 공 5개, 빨간 공 3개, 합이 8개의 공이 들어있는 주머니가 있다. 이 중에서 동시에 3개를 꺼낼 때 적어도 1개가 빨간 공일 확률은?

① $\dfrac{5}{7}$

② $\dfrac{6}{7}$

③ $\dfrac{19}{28}$

④ $\dfrac{23}{28}$

05 甲팀과 乙팀의 전체 인원이 100이고, 甲팀과 乙팀의 비율은 6 : 4라고 한다. 甲팀의 남녀 비율은 8 : 2, 乙팀의 남녀 비율은 9 : 1일 때, 전체 여성은 몇 명인가?

① 14명

② 16명

③ 18명

④ 20명

06 5분 동안 6.25km를 달릴 수 있는 전기 자동차와 3분 동안 750m를 달릴 수 있는 자전거가 오전 8시에 동시에 서울역에서 대전역으로 이동하려고 한다. 전기 자동차와 자전거 간의 거리가 140km 차이가 날 때의 시간으로 옳은 것은?

① 오전 10시 10분

② 오전 10시 15분

③ 오전 10시 20분

④ 오전 10시 25분

07 다음 표의 내용을 해석한 것 중 적절하지 않은 것은?

구분	1980년	2005년	2026년
0~14세	12,951	9,240	5,796
15~64세	23,717	34,671	33,618
65세 이상	1,456	4,383	10,357
총인구	38,124	48,294	49,771

① 1980년과 비교해서 2005년 65세 이상 인구도 늘어났지만 15~64세 인구도 늘어났다.

② 1980년과 비교해서 2005년 총인구 증가의 주요 원인은 65세 이상의 인구 증가이다.

③ 1980년에서 2005년까지 총인구 변화보다 2005년에서 2026년까지 총인구 변화가 작을 전망이다.

④ 2005년과 비교해서 2026년에는 0~14세의 인구 감소율보다 65세 이상의 인구 증가율이 더 클 전망이다.

Ⓠ 다음은 A 해수욕장의 입장객을 연령·성별로 구분한 것이다. 물음에 답하시오. 【08~09】

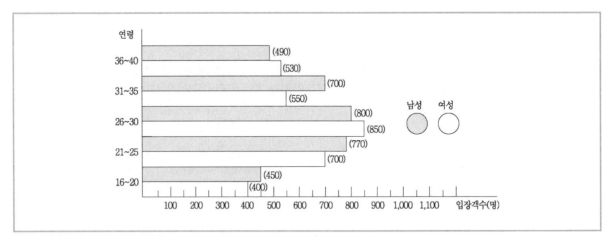

08 21~25세의 여성 입장객이 전체 여성 입장객에서 차지하는 비율은 몇 %인가? (단, 소수 둘째 자리에서 반올림한다)

① 22.5% ② 23.1%

③ 23.5% ④ 24.1%

09 다음 설명 중 옳지 않은 것은?

① 전체 남성 입장객의 수는 3,210명이다.

② 26~30세의 여성 입장객이 가장 많다.

③ 21~25세는 여성 입장객의 비율보다 남성 입장객의 비율이 더 높다.

④ 26~30세 여성 수는 전체 여성 입장객수의 25.4%이다.

Ⓠ 다음은 우체국 택배물 취급에 관한 기준표이다. 표를 보고 물음에 답하시오. 【10~12】

(단위 : 원/개당)

중량(크기)		2kg까지 (60cm까지)	5kg까지 (80cm까지)	10kg까지 (120cm까지)	20kg까지 (140cm까지)	30kg까지 (160cm까지)
동일지역		4,000원	5,000원	6,000원	7,000원	8,000원
타지역		5,000원	6,000원	7,000원	8,000원	9,000원
제주지역	빠른(항공)	6,000원	7,000원	8,000원	9,000원	11,000원
	보통(배)	5,000원	6,000원	7,000원	8,000원	9,000원

※ 1) 중량이나 크기 중에 하나만 기준을 초과하여도 초과한 기준에 해당하는 요금을 적용함.

2) 동일지역은 접수지역과 배달지역이 동일한 시/도이고, 타지역은 접수한 시/도지역 이외의 지역으로 배달되는 경우를 말한다.

3) 부가서비스(안심소포) 이용시 기본요금에 50% 추가하여 부가됨.

10 미영이는 서울에서 포항에 있는 보람이와 설희에게 각각 택배를 보내려고 한다. 보람이에게 보내는 물품은 10kg에 130cm이고, 설희에게 보내려는 물품은 4kg에 60cm이다. 미영이가 택배를 보내는데 드는 비용은 모두 얼마인가?

① 13,000원

② 14,000원

③ 15,000원

④ 16,000원

11 설희는 서울에서 빠른 택배로 제주도에 있는 친구에게 안심소포를 이용해서 18kg짜리 쌀을 보내려고 한다. 쌀 포대의 크기는 130cm일 때, 설희가 지불해야 하는 택배 요금은 얼마인가?

① 19,500원   ② 16,500원

③ 15,500원   ④ 13,500원

12 ㉠타지역으로 15kg에 150cm 크기의 물건을 안심소포로 보내는 가격과 ㉡제주지역에 보통 택배로 8kg에 100cm 크기의 물건을 보내는 가격을 각각 바르게 적은 것은?

	㉠	㉡
①	13,500원	7,000원
②	13,500원	6,000원
③	12,500원	7,000원
④	12,500원	6,000원

Q 다음은 소정이네 가정의 10월 생활비 300만 원의 항목별 비율을 나타낸 것이다. 물음에 답하여라. 【13~14】

구분	교육비	식료품비	교통비	기타
비율(%)	40	40	10	10

13 교통비 및 식료품비의 지출 비율이 아래 표와 같을 때 다음 설명 중 가장 적절한 것은 무엇인가?

〈표 1〉 교통비 지출 비율

교통수단	자가용	버스	지하철	기타	계
비율(%)	30	10	50	10	100

〈표 2〉 식료품비 지출 비율

항목	육류	채소	간식	기타	계
비율(%)	60	20	5	15	100

① 식료품비에서 채소 구입에 사용한 금액은 교통비에서 지하철 이용에 사용한 금액보다 적다.

② 식료품비에서 기타 사용 금액은 교통비의 기타 사용 금액의 6배이다.

③ 10월 동안 교육비에는 총 140만 원을 지출했다.

④ 교통비에서 자가용과 지하철을 이용한 금액을 합한 것은 식료품비에서 채소 구입에 지출한 금액보다 크다.

14 소정이네 가정의 9월 한 달 생활비가 350만 원이고 생활비 중 식료품비가 차지하는 비율이 10월과 같았다면 지출한 식료품비는 9월에 비해 얼마나 감소하였는가?

① 5만 원

② 10만 원

③ 15만 원

④ 20만 원

15 다음 표는 A시와 B시의 민원접수 및 처리 현황에 대한 자료이다. 이에 대한 설명으로 옳은 것은?

(단위 : 건)

구분	민원접수	처리 상황		완료된 민원의 결과	
		미완료	완료	수용	기각
A시	19,699	1,564	18,135	14,362(79.19)	3,773(20.81)
B시	40,830	8,781	32,049	23,637(73.75)	8,412(26.25)

※ 괄호 안의 숫자는 완료건수 대비 민원수용(또는 기각)비율이다.

① A시는 B시에 비해 1인당 민원접수건수가 적다.
② A, B시는 완료건수 대비 민원수용비율이 10%p 이상 차이가 난다.
③ B시는 A시보다 시민이 많다.
④ B시는 A시에 비해 수용건수가 많지만 민원접수 대비 수용비율은 A시보다 적다.

Q 다음은 연도별 최저임금 현황을 나타낸 예시표이다. 물음에 답하시오. 【16~18】

(단위 : 원, %, 천 명)

구분	2015년	2016년	2017년	2018년	2019년	2020년	2021년
시간급 최저임금	3,770	4,000	4,110	4,320	4,580	4,860	5,210
전년대비 인상률(%)	8.30	6.10	2.75	5.10	6.00	6.10	7.20
영향률(%)	13.8	13.1	15.9	14.2	13.7	14.7	x
적용대상 근로자수	15,351	15,882	16,103	16,479	17,048	17,510	17,734
수혜 근로자수	2,124	2,085	2,566	2,336	2,343	y	2,565

※ 영향률=수혜 근로자수 / 적용대상 근로자수 × 100

16 2021년 영향률은 몇 %인가?

① 13.5%
② 13.9%
③ 14.2%
④ 14.5%

17 2020년 수혜 근로자수는 몇 명인가?

① 약 234만3천 명
② 약 256만5천 명
③ 약 257만4천 명
④ 약 258만2천 명

18 표에 대한 설명으로 옳지 않은 것은?

① 시간급 최저임금은 매해 조금씩 증가하고 있다.
② 전년대비 인상률은 2017년까지 감소하다가 이후 증가하고 있다.
③ 영향률은 불규칙적인 증감의 추세를 보이고 있다.
④ 2022년의 전년대비 인상률이 2021년과 같을 경우 시간급 최저임금은 5,380원이다.

Q 다음은 도로교통사고 원인을 나이별로 나타낸 표이다. 물음에 답하시오. 【19~20】

(단위 : %)

원인별	20~29세	30~39세	40~49세	50~59세	60세 이상
운전자의 부주의	24.5	26.3	26.4	26.2	29.1
보행자의 부주의	2.4	2.0	2.7	3.6	4.7
교통혼잡	15.0	14.3	13.0	12.6	12.7
도로구조의 잘못	3.0	3.5	3.1	3.3	2.3
교통신호체계의 잘못	2.1	2.5	2.4	2.1	1.7
운전자나 보행자의 질서의식 부족	52.8	51.2	52.3	52.0	49.3
기타	0.2	0.2	0.1	0.2	0.2
합계	100%	100%	100%	100%	100%

19 20~29세 인구가 10만 명이라고 할 때, 도로구조의 잘못으로 교통사고가 발생하는 수는 몇 명인가?

① 1000명 ② 2000명
③ 3000명 ④ 4000명

20 주어진 표에서 60세 이상의 인구 중 도로교통사고의 가장 높은 원인과 그 다음으로 높은 원인은 몇 % 차이가 나는가?

① 20.1 ② 20.2
③ 37.4 ④ 37.5

Q 다음 왼쪽과 오른쪽 기호, 문자, 숫자의 대응을 참고하여 각 문제의 대응이 같으면 '① 맞음'을, 틀리면 '② 틀림'을 선택하시오. 【01~03】

a=가	b=대	c=길	d=왕	e=수
f=입	g=로	h=경	i=김	j=춘

01 대 왕 김 수 로 – b d i e g   ① 맞음   ② 틀림

02 가 로 수 길 – a g f c   ① 맞음   ② 틀림

03 입 춘 대 길 – f j c b   ① 맞음   ② 틀림

Q 다음 왼쪽과 오른쪽 기호, 문자, 숫자의 대응을 참고하여 각 문제의 대응이 같으면 '① 맞음'을, 틀리면 '② 틀림'을 선택하시오. 【04~06】

a=라	b=베	c=디	d=골	e=타	f=득
g=스	h=오	i=벨	j=르	k=든	l=가

04 라 스 베 가 스 – a g b l g   ① 맞음   ② 틀림

05 오 디 오 득 가 – h c h l f   ① 맞음   ② 틀림

06 베 르 디 가 든 – b j c l k   ① 맞음   ② 틀림

Q 다음 왼쪽과 오른쪽 기호, 문자, 숫자의 대응을 참고하여 각 문제의 대응이 같으면 '① 맞음'을, 틀리면 '②
틀림'을 선택하시오. 【07~09】

Q = 2	W = 3	E = 5	R = 4	T = 6	Y = 7
U = 1	G = 8	I = 10	O = 9	P = 11	J = 16

07 3 9 6 3 2 − W O T I Q   ① 맞음   ② 틀림

08 11 6 5 4 1 − P T E R U   ① 맞음   ② 틀림

09 8 7 2 10 7 − G Y I Q Y   ① 맞음   ② 틀림

Q 다음 왼쪽과 오른쪽 기호, 문자, 숫자의 대응을 참고하여 각 문제의 대응이 같으면 '① 맞음'을, 틀리면 '② 틀림'을 선택하시오. 【10~12】

S = 3	a = 2	Y = 1	n = 5.5	O = 2.5
A = 1.5	H = 0.5	y = 3.5	T = 4	w = 4.5

10 3.5 4 5.5 0.5 1 − y T w H Y   ① 맞음   ② 틀림

11 2 1 5.5 1.5 4.5 − a y N a w   ① 맞음   ② 틀림

12 3 1.5 4 5.5 0.5 − S A T n H   ① 맞음   ② 틀림

Q 다음 왼쪽과 오른쪽 기호, 문자, 숫자의 대응을 참고하여 각 문제의 대응이 같으면 '① 맞음'을, 틀리면 '② 틀림'을 선택하시오. 【13~15】

┼ = ㅜ	k = ㅍ	✕ = ㄱ	s = ㅇ	e = ㅛ
✚ = = ㅟ	t = ㅋ	m = ㅚ	✖ = ㅕ	ㅒ = ㄴ

13 ㅍ ㅚ ㄴ ㅇ ㅕ − k m ㅒ e ✖   ① 맞음   ② 틀림

14 ㅜ ㅟ ㅋ ㅕ ㅕ − ┼ ✚ t ✚ ✖   ① 맞음   ② 틀림

15 ㅋ ㅛ ㄴ ㅛ ㅗ − t e ㅒ ✕ e   ① 맞음   ② 틀림

16 S AWGZXTSDSVSRDSQDTWQ

① 1개 ② 2개
③ 3개 ④ 4개

17 ㅅ 제시된 문제를 잘 읽고 예제와 같은 방식으로 정확하게 답하시오.

① 1개 ② 2개
③ 3개 ④ 4개

18 6 1001058762546026873217

① 1개 ② 2개
③ 3개 ④ 4개

19 火 花春風南美北西冬木日火水金

① 1개 ② 2개
③ 3개 ④ 4개

20 w when I am down and oh my soul so weary

① 1개 ② 2개
③ 3개 ④ 4개

21 ♣ ☺◆㉠⊙♡☆▽◁♧◑†♫♪▣♣

① 1개 ② 2개
③ 3개 ④ 4개

22 ㅆ ㅇ ㅃ ㅅㅣ ㄽㅆㄳ ㄽㄳㄴㅅ ㄸ ㅆ ㅅㅣ ㅄ ㅌㄷㄸ ㅎ

① 1개 ② 2개
③ 3개 ④ 4개

23 XII iii iv I vi IV XII i vii x viii V VII VIII IX X XI ix xi ii v XII

① 1개 ② 2개
③ 3개 ④ 4개

24 ß Χ ẞ β Ψ ɜ ʏ ƒ б ϑ π τ φ λ μ ξ ή Ο ẞ M Ÿ

① 1개 ② 2개
③ 3개 ④ 4개

25 α $\sum 4\lim 6\vec{A}\pi 8\beta \dfrac{5}{9}\Delta \pm \displaystyle\int \dfrac{2}{3}\mathring{A}\theta\gamma 8$

    ① 0개   ② 1개
    ③ 2개   ④ 3개

26 ㅞ ㅙㅞㅓㅠㅝㅕㅞ·ㅣㅡㅏㅙㅛㄹㅙㅠㅖㅑ

    ① 0개   ② 1개
    ③ 2개   ④ 3개

27 ₩ ₤₡ℭℱ£₥ℕℙℝₛ₩₥₫€₭₸ℨℛℓℰℙ

    ① 0개   ② 1개
    ③ 2개   ④ 3개

28 ㅁ 머루나비먹이무리만두먼지미리메리나루무림

    ① 4개   ② 5개
    ③ 7개   ④ 9개

29 4 GcAshH748vdafo25W641981

    ① 0개   ② 1개
    ③ 2개   ④ 3개

30 곯 갏겷곯게곎곫곌곍겈겄곅곙곓곎곝곅곯곎

    ① 0개   ② 1개
    ③ 2개   ④ 3개

| 공간능력 | 18문항/10분 |

Q 다음 입체도형의 전개도로 알맞은 것을 고르시오. 【1~4】

- 입체도형을 전개하여 전개도를 만들 때, 전개도에 표시된 그림(예 : ▮▮, ◢, ▬ 등)은 회전의 효과를 반영함. 즉, 본 문제의 풀이과정에서 보기의 전개도 상에 표시된 ▮▮과 ▬는 서로 다른 것으로 취급함.
- 단, 기호 및 문자(예 : ♤, ☎, ♨, K, H)의 회전에 의한 효과는 본 문제의 풀이과정에 반영하지 않음. 즉, 입체도형을 펼쳐 전개도를 만들었을 때 ♫의 방향으로 나타나는 기호 및 문자도 보기에서는 ☎방향으로 표시하며 동일한 것으로 취급함.

1

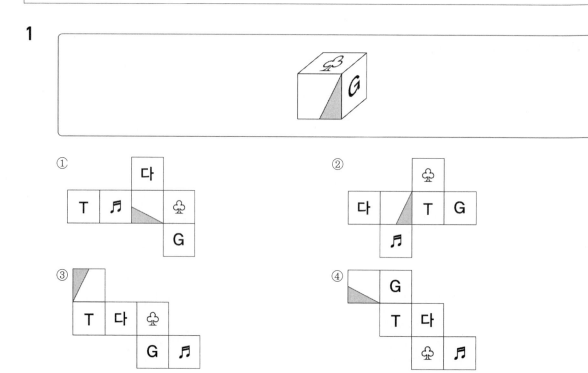

2

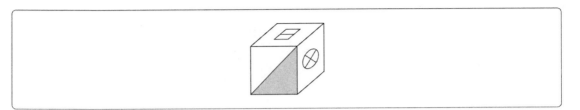

①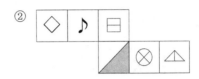

②

③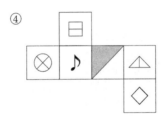

④

3

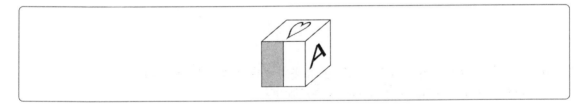

①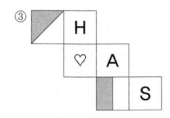

②

③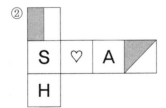

④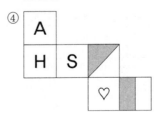

4

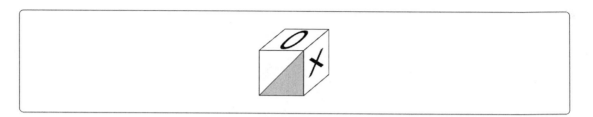

①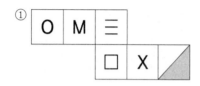

②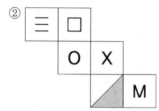

③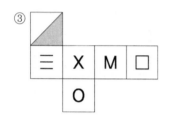

④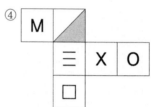

Q 다음 제시된 그림과 같이 쌓기 위해 필요한 블록의 수를 고르시오. 【5~9】
(단, 블록은 모양과 크기는 모두 동일한 정육면체이다.)

5

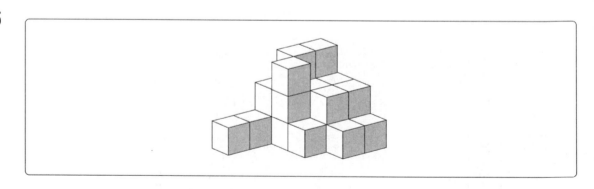

① 19   ② 21

③ 23   ④ 24

6

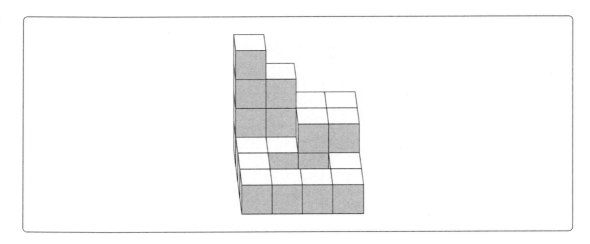

① 21　　　　　　　　　　② 23

③ 25　　　　　　　　　　④ 27

7

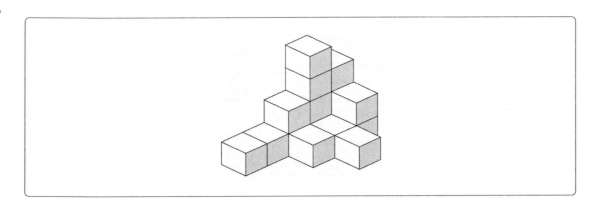

① 16　　　　　　　　　　② 18

③ 20　　　　　　　　　　④ 22

8

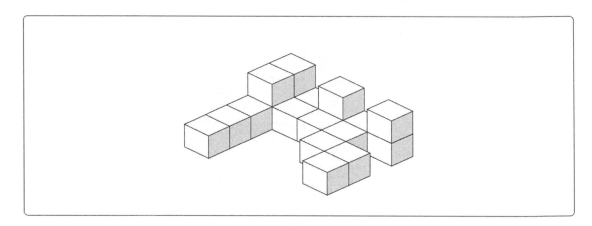

① 17　　　　　　　　　　　　　② 19

③ 21　　　　　　　　　　　　　④ 23

9

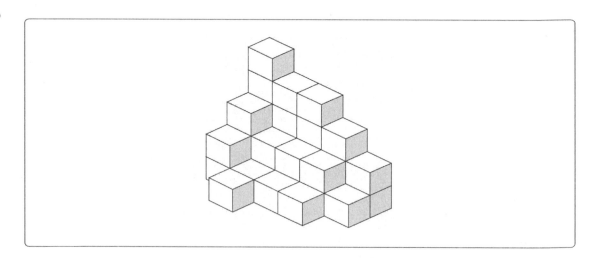

① 28　　　　　　　　　　　　　② 31

③ 34　　　　　　　　　　　　　④ 37

Q 다음 전개도로 만든 입체도형에 해당하는 것을 고르시오. 【10~14】

- 전개도를 접을 때 전개도 상의 그림, 기호, 문자가 입체도형의 겉면에 표시되는 방향으로 접음.
- 전개도를 접어 입체도형을 만들 때, 전개도에 표시된 그림(예 : ▌, ◣, ▐ 등)은 회전의 효과를 반영함. 즉, 본 문제의 풀이과정에서 보기의 전개도 상에 표시된 ▌과 ▬는 서로 다른 것으로 취급함.
- 단, 기호 및 문자(예 : ♨, ☎, ♨, K, H)의 회전에 의한 효과는 본 문제의 풀이과정에 반영하지 않음. 즉, 전개도를 접어 입체도형을 만들었을 때 ☏의 방향으로 나타나는 기호 및 문자도 보기에서는 ☏방향으로 표시하며 동일한 것으로 취급함.

10

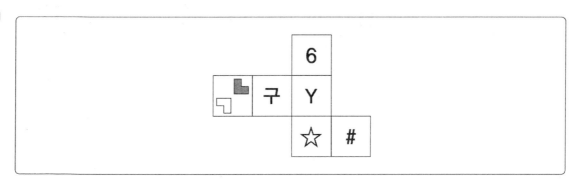

① 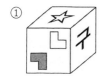   ②    ③    ④

11

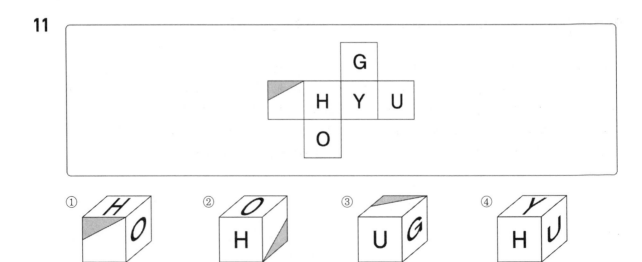

12

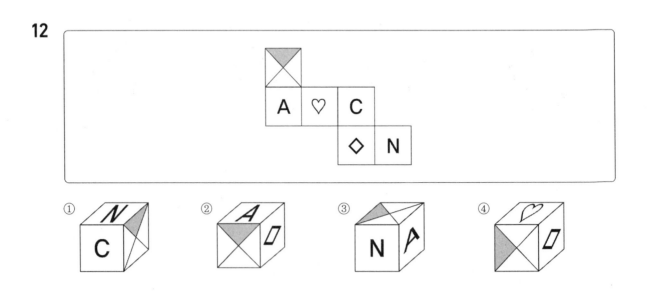

13

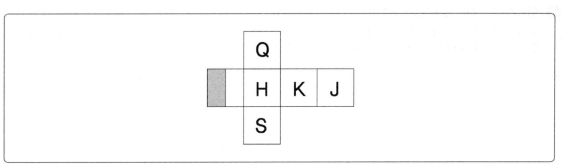

 ①   ② 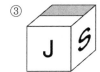   ③   ④

14

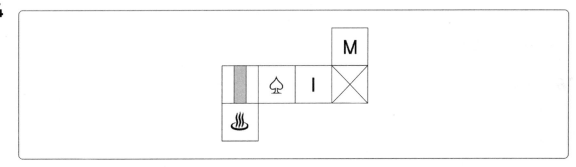

①    ②    ③   ④

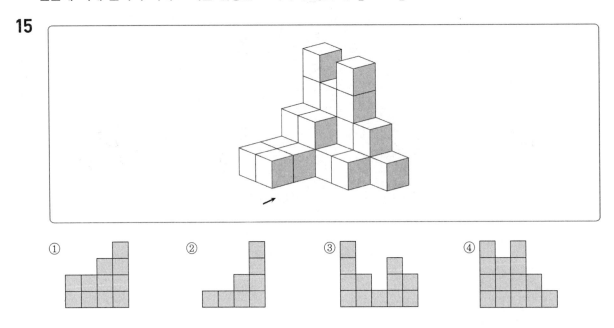

아래에 제시된 블록들을 화살표 표시한 방향에서 바라봤을 때의 모양으로 알맞은 것을 고르시오. (단, 블록은 모양과 크기가 모두 동일한 정육면체이고, 바라보는 시선의 방향은 블록의 면과 수직을 이루며 원근에 의해 블록이 작게 보이는 현상은 고려하지 않는다)【15~18】

15

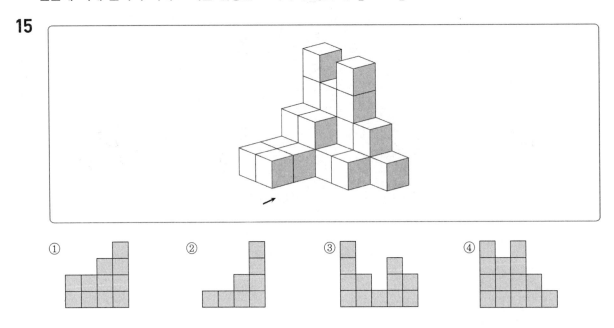

16

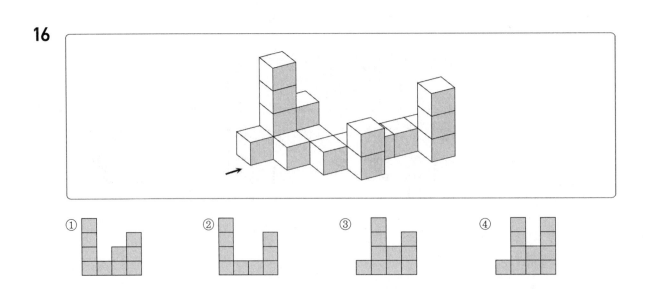

17

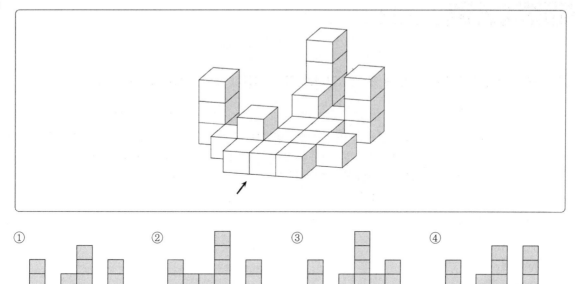

① ② ③ ④

18

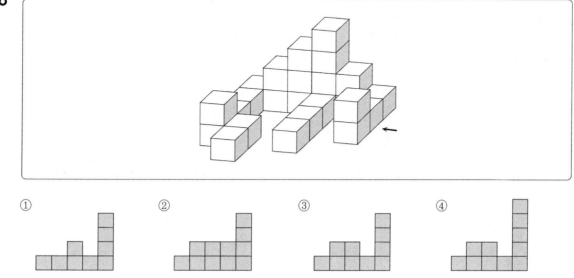

① ② ③ ④

Q 다음 문장의 문맥상 (　) 안에 들어갈 단어로 가장 적절한 것을 고르시오. 【1~4】

1

> 미국인들의 정치적 결사는 결사의 자유에 대한 완벽한 보장을 기반으로 실현된다. 일단 하나의 결사로 뭉친 개인들은 언론의 자유를 보장받으면서 자신들의 집약된 견해를 널리 알린다. 이러한 견해에 호응하는 지지자들의 수가 점차 늘어날수록 이들은 더욱 열성적으로 결사를 확대해간다. 그런 다음에는 집회를 개최하여 자신들의 힘을 (　)한다.

① 제거　　　　　　　　　　② 방심
③ 표출　　　　　　　　　　④ 간과
⑤ 여과

2

> '도박사의 오류'라고 불리는 것은 특정 사건과 관련 없는 사건을 관련 있는 것으로 (　)했을 때 발생하는 오류이다.

① 만연　　　　　　　　　　② 변상
③ 상충　　　　　　　　　　④ 간주
⑤ 박탈

3

> 미국 코넬 대학교 심리학과 연구팀은 본교 32명의 여대생을 대상으로 미국의 식품산업 전반에 대한 의견 조사를 (　)하였다.

① 실시　　　　　　　　　　② 점유
③ 박멸　　　　　　　　　　④ 침범
⑤ 추종

4

> 도덕적이고 문명화된 사회를 가능하게 하는 기본적인 사회 원리를 (   )할 경우에만 인간은 생산적인 사회에서 평화롭게 살 수 있다.

① 경시   ② 배척
③ 의심   ④ 수정
⑤ 수용

Q 다음 밑줄 친 부분과 같은 의미로 사용된 것을 고르시오

5

> 요즘 방영되고 있는 TV 프로그램 중 도시를 벗어나 산속에 <u>들어가</u> 살고 있는 자연인의 모습을 보여주는 프로그램이 인기를 얻고 있다.

① 그림이 많이 <u>들어간</u> 책은 보기 편하다.
② 이 마을에는 전기가 <u>들어갈</u> 예정이다.
③ 내일부터 봄방학에 <u>들어간다</u>.
④ 영희는 물속에 <u>들어가</u> 수영을 하였다.
⑤ 이달에 휴대폰 비용으로 <u>들어간</u> 돈만 십만 원이 넘는다.

6

> 우리 헌법 제1조 제2항은 "대한민국의 주권은 국민에게 있고, 모든 권력은 국민으로부터 나온다."라고 규정하고 있다. 이 규정은 국가의 모든 권력의 행사가 주권자인 국민의 뜻에 따라 이루어져야 한다는 의미로 해석할 수 있다. 따라서 국회의원은 지역구 주민의 뜻에 따라 입법해야 한다고 생각하는 사람이 있다면, 그는 이 조항에서 근거를 <u>찾으면</u> 될 것이다.

① 은행에서 저금했던 돈을 <u>찾았다</u>.
② 우리나라를 <u>찾은</u> 관광객에게 친절하게 대합시다.
③ 시장은 다시 생기를 <u>찾고</u> 눈알이 핑핑 도는 삶의 터전으로 돌아가기 시작했다.
④ 잃어버린 명예를 다시 <u>찾기란</u> 쉽지 않다.
⑤ 누나가 문제해결의 실마리를 <u>찾았습니다</u>.

7 다음 글을 읽고 추론할 수 없는 내용은?

흑체복사(blackbody radiation)는 모든 전자기파를 반사 없이 흡수하는 성질을 갖는 이상적인 물체인 흑체에서 방출하는 전자기파 복사를 말한다. 20℃의 상온에서 흑체가 검게 보이는 이유는 가시영역을 포함한 모든 전자기파를 반사 없이 흡수하고 또한 가시영역의 전자기파를 방출하지 않기 때문이다. 하지만 흑체가 가열되면 방출하는 전자기파의 특성이 변한다. 가열된 흑체가 방출하는 다양한 파장의 전자기파에는 가시영역의 전자기파도 있기 때문에 흑체는 온도에 따라 다양한 색을 띌 수 있다.

흑체를 관찰하기 위해 물리학자들은 일정한 온도가 유지 되고 완벽하게 밀봉된 공동(空洞)에 작은 구멍을 뚫어 흑체를 실현했다. 공동이 상온일 경우 공동의 내벽은 전자기파를 방출하는데, 이 전자기파는 공동의 내벽에 부딪혀 일부는 반사되고 일부는 흡수된다. 공동의 내벽에서는 이렇게 전자기파의 방출, 반사, 흡수가 끊임없이 일어나고 그 일부는 공동 구멍으로 방출되지만 가시영역의 전자기파가 없기 때문에 공동 구멍은 검게 보인다. 또 공동이 상온일 경우 이 공동 구멍으로 들어가는 전자기파는 공동 안에서 이리저리 반사되다 결국 흡수되어 다시 구멍으로 나오지 않는다. 즉 공동 구멍의 특성은 모든 전자기파를 흡수하는 흑체의 특성과 같다.

한편 공동이 충분히 가열되면 공동 구멍으로부터 가시영역의 전자기파도 방출되어 공동 구멍은 색을 띌 수 있다. 이렇게 공동 구멍에서 방출되는 전자기파의 특성은 같은 온도에서 이상적인 흑체가 방출하는 전자기파의 특성과 일치한다. 물리학자들은 어떤 주어진 온도에서 공동 구멍으로부터 방출되는 공동 복사의 전자기파 파장별 복사에너지를 정밀하게 측정하여, 전자기파의 파장이 커짐에 따라 복사에너지 방출량이 커지다가 다시 줄어드는 경향을 보인다는 것을 발견하였다.

① 흑체의 온도를 높이면 흑체가 검지 않게 보일 수도 있다.
② 공동의 온도가 올라감에 따라 복사에너지 방출량은 커지다가 줄어든다.
③ 공동을 가열하면 공동 구멍에서 다양한 파장의 전자기파가 방출된다.
④ 흑체가 전자기파를 방출할 때 파장에 따라 복사에너지 방출량이 달라진다.
⑤ 상온으로 유지되는 공동 구멍이 검게 보인다고 공동 내벽에서 방출되는 전자기파가 없는 것은 아니다.

8 다음 밑줄 친 단어들의 의미 관계가 다른 하나는?

① 이 상태로 나가다가는 현상 <u>유지</u>도 어려울 것 같다.

그 어른은 이곳에서 가장 영향력이 큰 <u>유지</u>이다.

② 그의 팔에는 강아지가 <u>물었던</u> 자국이 남아 있다.

모기가 옷을 뚫고 팔을 마구 <u>물어</u> 대었다.

③ 그 퀴즈 대회에서는 한 가지 상품만 <u>고를</u> 수 있다.

울퉁불퉁한 곳을 흙으로 메워 판판하게 <u>골라</u> 놓았다.

④ 고려도 그 말년에 원군을 불러들여 삼별초 수만과 그들이 근거한 여러 <u>도서</u>의 수십만 양민을 도륙하게
하였다.

많은 <u>도서</u> 가운데 양서를 골라내는 것은 그리 쉬운 일이 아니다.

⑤ 우리는 발해 유적 조사를 위해 중국 만주와 러시아 연해주 지역에 걸쳐 광범위한 <u>답사</u>를 펼쳤다.

재학생 대표의 송사에 이어 졸업생 대표의 <u>답사</u>가 있겠습니다.

9 다음 글에 대한 내용으로 옳지 않은 것은?

풀은 줄기가 나무질이 아닌 초질(草質)로 이루어진 식물을 일컫는다. 풀의 땅 윗부분은 1년 또는 2년 안에 죽고, 줄기의 관다발에 있는 형성층이 1년이면 그 기능이 정지되며, 처음에 생긴 물관부 밖에는 비대성장하지 않는다. 땅 윗부분뿐만 아니라 땅 아랫부분도 1년 만에 죽는 것을 한해살이풀(나팔꽃, 옥수수)이라고 한다. 이는 일생에 한 번만 꽃을 피우고 열매를 맺는다. 종자에서 발아한 풀이 겨울을 보내고 이듬해 봄에서 가을에 꽃과 열매를 맺는 것을 두해살이풀(시금치)이라고 한다. 이 중 해를 넘겨도 12개월 내에 시드는 식물을 한해살이풀이라고 하는 경우도 있는데, 이때에는 그 해 중에 시드는 것을 '하생(夏生) 년생 초본'이라 하여 해를 넘기는 식물과 구별한다. 이에 비해 땅 아랫부분이 여러 해에 걸쳐 생존하면서 한살이 동안 몇 차례 이상 꽃과 열매를 맺는 것을 여러해살이풀(은방울꽃, 자리공) 또는 숙근초(宿根草)라고 하며, 땅 윗부분과 아랫부분이 모두 살아 있는 상태로 겨울을 나는 여러해살이풀을 상록 초본이라고 한다. 한해살이풀과 두해살이풀은 뿌리가 수염 모양으로 난 것이 많으나 여러해살이풀은 땅 아랫부분에 뿌리, 줄기, 잎이 변형된 덩이뿌리, 덩이줄기, 뿌리줄기, 비늘줄기가 있으며 양분을 저장하는 것이 많다. 야자나무과나 대나무 등은 본질적으로 풀에 속하는데 지상부가 몇 년 이상 살기 때문에 나무처럼 보이지만, 비대 성장하지 않기 때문에 나무가 아니라 특수한 풀이라고 할 수 있다. 분류학적으로 초본과 목본이 같은 분류군에 속한 경우도 있다(국화과, 콩과).

① 풀과 나무는 줄기가 초질인지 나무질인지로 구분한다.
② 시금치는 상록 초본으로 볼 수 없다.
③ 상록 초본은 한살이 동안 여러 차례 꽃과 열매를 맺는다.
④ 덩이뿌리, 뿌리줄기, 비늘줄기를 가지는 한해살이풀도 있다.
⑤ 대나무는 나무처럼 보이지만 본질적으로 풀에 속한다.

10 다음에 제시된 문장의 밑줄 친 부분의 의미가 나머지와 가장 다른 것은?

① 신태성은 쓴 것을 접어서 봉투를 혹 불어 그 속에 넣는다.
② 뜨거운 차를 불어 식히다.
③ 촛불을 입으로 불어서 끄다.
④ 유리창에 입김을 불다.
⑤ 사무실에 영어 회화 바람이 불다.

11 다음 글의 내용과 가장 부합하는 진술은?

> 여행을 뜻하는 서구어의 옛 뜻에 고역이란 뜻이 들어 있다는 사실이 시사하듯이 여행은 금리생활자들의 관광처럼 속 편한 것만은 아니다. 그럼에도 불구하고 고생스러운 여행이 보편적인 심성에 호소하는 것은 일상의 권태로부터의 탈출과 해방의 이미지를 대동하고 있기 때문일 것이다. 술 익는 강마을의 저녁노을은 '고약한 생존의 치욕에 대한 변명'이기도 하지만 한편으로는 그 치욕으로부터의 자발적 잠정적 탈출의 계기가 되기도 한다. 그리고 그것은 결코 가볍고 소소한 일이 아니다. 직업적 나그네와는 달리 보통 사람들은 일상생활에 참여하고 잔류하면서 해방의 순간을 간접 경험하는 것이다. 인간 삶의 난경은, 술 익는 강마을의 저녁노을을 생존의 치욕을 견디게 할 수 있는 매혹으로 만들어 주기도 하는 것이다.

① 여행은 고생으로부터의 해방이다.
② 금리생활자들이 여행을 하는 것은 고약한 생존의 치욕에 대한 변명을 위해서이다.
③ 윗글에서 '보편적인 심성'이라는 말은 문맥으로 보아 여행은 고생스럽다는 생각을 가리키는 것이다.
④ 사람들은 여행에서 일시적인 해방을 맛본다.
⑤ 여행은 금리생활자들의 관광처럼 편안하고 고된 일상으로부터의 탈출과 해방을 안겨준다.

❓ 다음 글을 읽고 순서에 맞게 논리적으로 배열한 것을 고르시오. 【12~13】

12

> ㉠ 하지만 향리들에 의한 사당 건립은 향촌사회에서 향리들의 위세를 짐작할 수 있는 좋은 지표이다. 향리들이 건립한 사당은 그 지역 향리 집단의 공동노력으로 건립한 경우도 있지만, 대부분은 향리 일족 내의 특정한 가계(家系)가 중심이 되어 독자적으로 건립한 것이었다.
>
> ㉡ 17, 18세기에 걸쳐 각 지역 양반들에 의해 서원이나 사당 건립이 활발하게 진행되었다. 서원이나 사당 대부분은 일정 지역의 유력 가문이 주도하여 자신들의 지위를 유지하고 지역 사회에서 영향력을 행사하는 구심점으로 건립 · 운영되었다.
>
> ㉢ 이러한 사당은 건립과 운영에 있어서 향리 일족 내의 특정 가계의 이해를 반영하고 있는데, 대표적인 것으로 경상도 거창에 건립된 창충사(彰忠祠)를 들 수 있다.
>
> ㉣ 이러한 경향은 향리층에게도 파급되어 18세기 후반에 들어서면 안동, 충주, 원주 등에서 향리들이 사당을 신설하거나 중창 또는 확장하였다. 향리들이 건립한 사당은 양반들이 건립한 것에 비하면 얼마 되지 않는다.

① ㉠㉢㉡㉣   ② ㉡㉠㉣㉢
③ ㉡㉣㉠㉢   ④ ㉠㉡㉢㉣
⑤ ㉣㉠㉢㉡

13

ⓒ 사이버공간은 관계의 네트워크이다. 사이버공간은 광섬유와 통신위성 등에 의해 서로 연결된 컴퓨터들의 물리적인 네트워크로 구성되어 있다. 그러나 사이버공간이 물리적인 연결만으로 이루어지는 것은 아니다. 사이버공간을 구성하는 많은 관계들은 오직 소프트웨어를 통해서만 실현되는 순전히 논리적인 연결이기 때문이다. 양쪽 차원 모두에서 사이버공간의 본질은 관계적이다.

ⓛ 인간 공동체 역시 관계의 네트워크에 의해 결정된다. 가족끼리의 혈연적인 네트워크, 친구들 간의 사교적인 네트워크, 직장 동료들 간의 직업적인 네트워크 등과 같이 인간 공동체는 여러 관계들에 의해 중첩적으로 연결되어 있다.

ⓔ 사이버공간과 마찬가지로 인간의 네트워크도 물리적인 요소와 소프트웨어적 요소를 모두 가지고 있다. 예컨대 건강관리 네트워크는 병원 건물들의 물리적인 집합으로 구성되어 있지만, 동시에 환자를 추천해주는 전문가와 의사들 간의 비물질적인 네트워크에 크게 의존한다.

ⓐ 사이버공간을 유지하려면 네트워크 간의 믿을 만한 연결을 유지하는 것이 결정적으로 중요하다. 다시 말해, 사이버공간 전체의 힘은 다양한 접속점들 간의 연결을 얼마나 잘 유지하느냐에 달려 있다.

ⓜ 이것은 인간 공동체의 힘 역시 접속점 즉 개인과 개인, 다양한 집단과 집단 간의 견고한 관계 유지에 달려 있다는 점을 보여준다. 사이버공간과 마찬가지로 인간의 사회 공간도 공동체를 구성하는 네트워크의 힘과 신뢰도에 결정적으로 의존한다.

① ⓛ ⓐ ⓒ ⓔ ⓜ
② ⓒ ⓛ ⓔ ⓐ ⓜ
③ ⓒ ⓔ ⓜ ⓐ ⓛ
④ ⓛ ⓒ ⓐ ⓜ ⓔ
⑤ ⓐ ⓛ ⓜ ⓔ ⓒ

14 다음 글을 보고 알 수 있는 내용이 아닌 것은?

> 현재의 특허법을 보면 생명체나 생명체의 일부분이라도 그것이 인위적으로 분리·확인된 것이라면 발명으로 간주하고 있다. 따라서 유전자도 자연으로부터 분리, 정제되어 이용 가능한 상태가 된다면 화학 물질이나 미생물과 마찬가지로 특허의 대상이 인정된다. 그러나 유전자 특허 반대론자들은 생명체 진화 과정에서 형성된 유전자를 분리하고 그 기능을 확인했다는 이유만으로 독점적 소유권을 인정하는 일은 마치 한 마을에서 수십 년 동안 함께 사용해 온 우물물의 독특한 성분을 확인했다는 이유로 특정한 개인에게 독점권을 준 자는 논리만큼 부당하다고 주장한다.

① 현재의 특허법은 자연 자체에 대해서도 소유권을 인정한다.
② 유전자 특허 반대론자는 비유를 이용하여 주장을 펼치고 있다.
③ 유전자 특허 반대론자의 말에 따르면 유전자는 특허의 대상이 아니다.
④ 현재의 특허법은 대상보다는 특허권 신청자의 인위적 행위의 결과에 중점을 둔다.
⑤ 현재의 특허법은 생명체라도 인위적으로 분리·확인된 것이라면 발명이라고 간주한다.

15 '틈새 공략을 통한 중소기업의 불황 극복'이라는 주제로 강연을 하려고 할 때, 다음 중 통일성을 해치는 것은?

> ㉠전문기관의 발표에 의하면 경기침체로 중소기업 연체율이 계속 상승할 것이라고 한다. ㉡국제 유가 상승이 악재로 작용하면서 기업의 원가 상승을 불러일으키고 있다. 불황의 골이 깊어지면서 틈새를 공략, 기업 경쟁력을 강화하기 위해 몸부림치는 업체들이 많아졌다. ㉢기술집약형 중소기업인 A는 고급화·전문화를 지향하기 위해 지난 9월부터 세계 최초로 DVD 프론트 로딩 메커니즘 개발사업에 박차를 가하면서 기업의 면모를 쇄신하고 있다. ㉣또 향토 기업인 B는 웰빙 문화의 시대적 흐름을 재빨리 파악, 기발한 아이템과 초저가 전략으로 맞서고 있다. ㉤이들을 통해 볼 때 막대한 투자가 필요한 예고된 기술발전 대신 숨겨져 있던 1인치의 틈새를 공략해 시장을 선도하고 있는 작지만 강한 기업이 불황을 이기는 지름길임을 보여준다.

① ㉠
② ㉡
③ ㉢
④ ㉣
⑤ ㉤

16 다음 글에 대한 설명으로 가장 적절한 것은?

무엇인가를 알아내는 사고 방법에는 여러 가지가 있는데 그 중 하나가 유추이다. 유추란 어떤 사물이나 현상의 성질을 그와 비슷한 다른 사물이나 현상에 기초하여 미루어 짐작하는 것을 말한다. 이는 학문 또는 예술 활동에서뿐만 아니라 일상생활에서도 흔히 행하고 있는 사고법이다.

유추는 '알고자 하는 특성의 확정 – 알고 있는 대상과의 비교 – 결론 내리기'의 과정을 통해 이루어진다. 동물원에 가서 '백조'를 처음 본 어린아이가 그것이 날 수 있는가의 여부를 판단하는 과정을 생각해 보자. 이 경우 '알고자 하는 대상'과 그 '알고자 하는 특성'을 확정하면 '백조가 날 수 있는가?'가 된다. 그런데 그 아이가 자신이 이미 알고 있는 '비둘기'를 떠올리고는 백조와 비둘기 사이에 '깃털이 있다', '다리가 둘이다', '날개가 있다' 등의 공통점을 발견하였다. 이렇게 공통점을 발견하는 것이 바로 비교이다. 그 다음에 '비둘기는 난다'는 특성을 다시 확인한 후 '백조가 날 것이다'고 결론을 내리면 유추가 끝난다.

많은 논리학자들은 유추가 판단을 그르치게 한다고 폄하한다. 유추를 통해 알아낸 것이 옳다는 보장이 없기 때문이다. 위의 경우 '백조가 난다'는 것은 옳다. 그런데 똑같은 방법으로 '타조'에 대해 '타조가 난다'라는 결론을 내렸다면, 이는 사실에 어긋난다. 이는 공통점이 가장 많은 대상을 비교 대상으로 선택하지 못했기 때문이다. 이렇게 유추를 통해 알아낸 것은 옳을 가능성이 있다고는 할 수 있어도 틀림없다고는 할 수 없다.

결국 유추를 통해 옳은 결론을 내릴 가능성을 높이는 것이 중요한데, '범위 좁히기'의 과정을 통해 비교할 대상을 선정함으로써 그 가능성을 높일 수 있다. 만약 어린아이가 수많은 새 중에서 비둘기 말고, 타조와 더 많은 공통점을 갖고 있는 것, 예를 들면 '몸통에 비해 날개 크기가 작다'는 공통점을 하나 더 갖고 있는 '닭'을 가지고 유추를 했다면 '타조는 날지 못할 것이다'는 결론을 내렸을 것이다.

옳지 않은 결론을 내릴 가능성을 항상 안고 있음에도 불구하고 유추는 필요하다. 우리 인간은 모든 것을 알고 태어나지 않을 뿐만 아니라 어느 한 순간에 모든 것을 알아내지는 못한다. 그런데도 인간이 많은 지식을 갖게 된 것은 유추와 같은 사고법을 가지고 있기 때문이다.

① 유추의 활용 사례들을 분석하면서 그 유형을 소개하고 있다.
② 유추의 방법과 효용을 알려주면서 그 유용성을 강조하고 있다.
③ 유추에 대한 학문적 논의의 과정을 시간 순서대로 소개하고 있다.
④ 유추의 문제점을 지적하면서 새로운 사고 방법의 필요성을 역설하고 있다.
⑤ 유추와 여타 사고 방법들과의 차이점을 부각하면서 그 본질을 이해시키고 있다.

17 다음의 내용에 착안하여 '동아리 활동'에 대한 글을 쓰려고 할 때 연상되는 내용으로 적절하지 않은 것은?

> 오늘은 떡볶이 만드는 법을 소개하겠습니다. 이를 위해 떡볶이를 만드는 과정을 사진으로 찍어 누리집에 올리려고 합니다. 떡볶이는 고추장 떡볶이, 간장 떡볶이, 짜장 떡볶이 등이 있는데, 개인의 기호에 따라 주된 양념장을 골라 준비합니다. 그런 다음 떡볶이에 필요한 떡, 각종 야채, 어묵 등을 손질합니다. 이 재료와 양념장의 조화에 따라 맛이 결정됩니다. 그리고 끓는 물에 양념장과 재료를 넣고 센 불에서 끓입니다. 떡이 어느 정도 익고 양념이 떡에 잘 배면 떡볶이가 완성됩니다. 완성된 떡볶이의 사진도 찍어 누리집의 '뽐내기 게시판'에 올려 솜씨를 자랑합니다.

① 어려움이 생기면 지도 교사에게 조언을 구한다.
② 자신의 흥미나 관심에 따라 동아리를 선택한다.
③ 동아리 활동 목적에 따라 활동 계획을 수립한다.
④ 동아리 발표회에 참가하여 활동 결과를 발표한다.
⑤ 구성원의 화합과 협동이 동아리의 성공을 좌우한다.

18 다음에 나타난 사회 방언의 특징으로 적절한 것은?

> 갑자기 쓰러져서 병원에 실려 온 환자를 진찰한 후
>
> 의사 1 : 이 환자의 상태는 어떻지?
> 의사 2 : 아직 확진할 순 없지만, 스트레스로 인하여 심계항진에 문제가 보이고, 안구진탕과 연하곤란까지 왔어. 육안 검사로는 힘드니까 자세한 이학적 검사를 해봐야 알 것 같아.
> 의사 1 : CT 촬영만으로는 판단이 어렵겠는걸. MRI 촬영 검사를 추가하여 검사해 봐야겠군.
> 의사 2 : 그렇게 하지.

① 성별의 영향을 많이 받는다.
② 세대에 따라 의미를 다르게 이해한다.
③ 업무를 효과적으로 수행하는 데 도움을 준다.
④ 듣기 거북한 말에 대해 우회적으로 발화한다.
⑤ 일시적으로 유행하는 말을 많이 만들어 쓴다.

19 다음 의사소통 상황에 대한 설명으로 가장 적절한 것은?

> 반장 : 오늘은 봄 체험 학습을 어떻게 할지 결정하려고 합니다. 의견이 있으신 분은 말씀해 주십시오.
> 민서 : 저는 한국미술관을 추천합니다. 이번에 〈조선 시대 회화 특별전〉을 한대요. 교과서에서 보았던 겸 재 정선이나 단원 김홍도의 그림을 직접 볼 수 있어요.
> 반장 : 다른 의견은 없습니까?
> 현수 : 미술관이 뭐예요? 새 학년이 되어서 서로 서먹한데 우리 공이라도 한번 차러 가죠. 몸으로 부대끼 면서 서로 친해질 수 있잖아요. 다들 내 의견에 동의하시죠?
> 부반장 : 다른 사람 말도 들어 봐야죠.
> 지수 : 그러지 말고, 민서의 의견을 받아들여서 오전엔 미술관가고, 그 옆에 체육공원이 있으니까 오후엔 현수 말대로 체육공원에 가서 축구를 하면 좋을 것 같아요.

① 반장은 의사소통 과정을 일방적으로 이끌어 가고 있다.
② 민서는 의사소통 과정에 소극적으로 참여하고 있다.
③ 현수는 다른 의견에 수용적인 태도를 보이고 있다.
④ 부반장은 안건에 대한 의견을 적극적으로 제시하고 있다.
⑤ 지수는 합리적인 사고로 대안 도출에 기여하고 있다.

20 다음의 설명을 읽고 '피동 표현'의 예를 가장 적절하게 표현한 것은?

> 피동 표현은 주체가 남에 의해 어떤 동작을 당하는 것을 나타낸 표현이다. 예를 들어 '토끼가 호랑이에 게 잡혔다.'라는 문장은 주체가 스스로 한 행동이 아니라 남에 의해 '잡는' 동작을 당하는 것을 표현하고 있으므로 피동 표현이다.

① 밧줄을 세게 당기다.
② 동생의 머리를 감기다.
③ 아이에게 밥을 먹이다.
④ 후배가 선배를 놀리다.
⑤ 태풍에 건물이 흔들리다.

21 다음은 라디오 프로그램의 일부이다. 이 방송을 들은 후 '나무 개구리'에 대해 보인 반응으로 가장 적절한 반응은?

> 청소년 여러분, 개구리는 물이 없거나 추운 곳에서는 살기 어렵다는 것은 알고 계시죠? 그리고 사막은 매우 건조할 뿐 아니라 밤과 낮의 일교차가 매우 심해서 생물들이 살기에 매우 어려운 환경이라는 것도 다 알고 계실 겁니다. 그런데 이런 사막에 서식하는 개구리가 있다는 것을 알고 계십니까? 바로 호주 북부에 있는 사막에 살고 있는 '나무 개구리'를 말하는 것인데요. 이 나무 개구리는 밤이 되면 일부러 쌀쌀하고 추운 밖으로 나와 나무에 앉았다가 몸이 싸늘하게 식으면 그나마 따뜻한 나무 구멍 속으로 다시 들어간다고 합니다. 그러면 마치 추운 데 있다 따뜻한 곳으로 갔을 때 안경에 습기가 서리듯, 개구리의 피부에 물방울이 맺히게 됩니다. 바로 그 수분으로 나무 개구리는 사막에서 살아갈 수 있는 것입니다.
> 메마른 사막에서 추위를 이용하여 물방울을 얻어 살아가고 있는 나무 개구리가 생각할수록 대견하고 놀랍지 않습니까?

① 척박한 환경에서도 생존의 방법을 찾아내고 있군.
② 천적의 위협에 미리 대비하는 방법으로 생존하고 있군.
③ 동료들과의 협력을 통해서 어려운 환경을 극복하고 있군.
④ 주어진 환경을 자신에 맞게 변화시켜 생존을 이어가고 있군.
⑤ 다른 존재와의 경쟁에서 이겨내는 강한 생존 본능을 지니고 있군.

22 다음의 주장을 비판하기 위한 근거로 적절하지 않은 것은?

> 영어는 이미 실질적인 인류의 표준 언어가 되었다. 따라서 세계화를 외치는 우리가 지구촌의 한 구성원이 되기 위해서는 영어를 자유자재로 구사할 수 있어야 한다. 더구나 경제 분야의 경우 국가 간의 경쟁이 치열해지고 있는 현재의 상황에서 영어를 모르면 그만큼 국가가 입는 손해도 막대하다. 현재 우리나라가 영어 교육을 강조하는 것은 모두 이러한 이유 때문이다. 따라서 우리가 세계 시민의 일원으로 그 역할을 다하고 우리의 국가 경쟁력을 높여가기 위해서는 영어를 국어와 함께 우리 민족의 공용어로 삼는 것이 바람직하다.

① 한 나라의 국어에는 그 민족의 생활 감정과 민족정신이 담겨 있다.
② 외국식 영어 교육보다 우리 실정에 맞는 영어 교육 제도를 창안해야 한다.
③ 민족 구성원의 통합과 단합을 위해서는 단일한 언어를 사용하는 것이 바람직하다.
④ 세계화는 각 민족의 문화적 전통을 존중하는 문화 상대주의적 입장을 바탕으로 해야 한다.
⑤ 경제인 및 각 분야의 전문가들만 영어를 능통하게 구사해도 국가 간의 경쟁에서 앞서 갈 수 있다.

23 다음 중 어법에 맞는 문장은?

① 정부에서는 청년 실업 문제를 해결하기 위한 대책을 마련 하는 중이다.

② 만약 인류가 불을 사용하지 않아서 문명 생활을 지속할 수 없었다.

③ 나는 원고지에 연필로 십 년 이상 글을 써 왔는데, 이제 바뀌게 하려니 쉽지 않다.

④ 풍년 농사를 위한 저수지가 관리 소홀과 무관심으로 올 농사를 망쳐 버렸습니다.

⑤ 내가 말하고 싶은 것은 체력 훈련을 열심히 해야 우수한 성적을 올릴 수 있을 것이다.

Q 다음 글을 읽고 물음에 답하시오. 【24 ~ 25】

대개 사람들은 동정심을 인간이 가지고 있는 일반적인 감정이라 생각하고, 동정심이 많은 사람을 도덕적으로 선한 사람이라고 여긴다. 맹자는 남의 어려운 처지를 동정하여 불쌍하게 여기는 마음을 측은지심(惻隱之心)이라고 하였다. 그리고 이를 인간의 본성으로 간주(看做)하여 도덕적 가치를 판단하는 근거(根據)로 삼았다. 데이비드 흄도 인간은 본성적으로 동정심을 가지고 있으며 이것이 도덕성의 근거가 된다고 하였다.

그러나 칸트는 이러한 일반적인 견해(見解)와는 다른 입장을 보였다. 그에 따르면 도덕적 가치를 판단하는 기준은 동정심이 아닌 이성에 바탕을 둔 '의무 동기'이어야 한다. 의무 동기에 따라 행동한다는 것은 도덕적 의무감과 자신의 의지에 따라서 올바르게 행동하는 것이다.

칸트는 인간에게는 마땅히 따라야 할 의무가 있으며 순수한 이성을 가지고 그 의무를 실천하려는 의지가 있다고 보았다. 그리고 그것이 도덕적으로 가장 중요하다고 생각했다. 아무리 그 결과가 좋다 하더라도 의무 동기에서 벗어난 어떠한 의도나 목적은 그 행위에 개입되어서는 안 된다는 것이다. 따라서 칸트가 보기에 동정과 연민, 만족감 같은 감정이나 자기 이익, 욕구, 기호(嗜好) 등에 따라 행동한다면 그것은 도덕적 가치가 부족한 것이 된다.

예를 들어 보자. '갑(甲)'이라는 사람이 빚진 돈을 갚기 위해 채권자를 찾아가는 길에 곤경에 처한 이웃을 만났다. 이웃의 고통을 본 '갑'은 연민과 동정의 감정이 생겨나 자기가 가지고 있던 돈을 그 이웃을 돕는 데 사용하였다. 칸트는 이러한 '갑'의 행위는 의무 동기에 따른 것이 아니기 때문에 도덕적으로 정당한 행위로 평가받을 수 없다고 하였다. '갑'의 자선은 연민의 감정에 빠져서, 마땅히 채권자에게 돈을 되갚아야 한다는 규범(規範)과 의무를 따르지 않았기 때문이다.

이러한 칸트의 견해에 대해 일부에서는 '갑'의 행위는 타인을 돕겠다는 순수한 목적에서 나온 것이며 결과적으로 선한 행동이기 때문에, '갑'에 대한 칸트의 평가는 지나치게 가혹하다고 비판하기도 한다. 또 도덕적 의무감에 따른 행위만이 가치가 있다는 칸트의 주장을 인간의 자연적 감정을 지나치게 배제(排除)한 것이라고 비판하기도 한다. 그러나 이러한 비판에도 불구하고 도덕적 가치에 대한 칸트의 견해는 사람으로서 마땅히 가져야 하는 의무와 그에 대한 실천 의지를 다시 생각해 보게 했다는 점에서 그 의의를 찾을 수 있을 것이다.

24 윗글의 내용과 일치하지 않는 것은?

① 자신의 의지에 감정, 욕구, 이익 등을 더한 것이 의무 동기이다.

② 칸트는 도덕적 의무를 지나치게 강조한다는 비판을 받기도 한다.

③ 칸트는 행위의 동기를 도덕적 가치 판단의 중요한 요소로 생각한다.

④ 사람들은 일반적으로 동정심이 많은 사람을 선한 사람이라고 평가한다.

⑤ 데이비드 흄은 인간 본성에 바탕을 둔 동정심을 도덕성의 근거로 여겼다.

25 윗글의 논지 전개 방식으로 가장 적절한 것은?

① 상반된 입장의 두 이론을 절충하면서 논지를 강화하고 있다.

② 각 이론에 제기된 문제점을 반박하면서 대안을 제시하고 있다.

③ 사례를 바탕으로 특정 이론에 대한 새로운 문제를 제기하고 있다.

④ 시간 순서에 따라 특정한 개념이 형성되어 가는 과정을 밝히고 있다.

⑤ 일반적 견해와 대비되는 특정 견해를 설명하면서 그 의의를 밝히고 있다.

1 다음은 A시의 쓰레기 종량제봉투 가격 인상을 나타낸 표이다. 비닐봉투 50리터의 인상 후 가격과 마대 20리터의 인상 전 가격을 더한 값은?

구분		인상 전	인상 후	증가액
비닐봉투	2리터	50원	80원	30원
	5리터	100원	160원	60원
	10리터	190원	310원	120원
	20리터	370원	600원	230원
	30리터	540원	880원	340원
	50리터	890원	( )원	560원
	75리터	1,330원	2,170원	840원
마대	20리터	( )원	1,300원	500원
	100리터	4,000원	6,500원	2,500원
	150리터(낙엽마대)	2,000원	3,000원	1,000원
	40리터	1,600원	3,500원	1,900원

① 1,930원　　　　　　　　　　② 1,950원
③ 2,100원　　　　　　　　　　④ 2,250원

2 다음은 2022년 10월까지 신고된 수돗물 유충 민원 분석 표이다. 이에 대한 설명으로 옳은 것은?

(단위 : 건)

구분	신고·접수	조사완료			현장확인·조사중
		수돗물 유입 유충	외부 유입 유충	유충 미발견	
K지역	1,452	256	44	1,080	72
	(62.6%)	(100.0%)	(12.4%)	(67.6%)	(66.7%)
K지역 외 지역	866	0	312	518	36
	(37.4%)	(0.0%)	(87.6%)	(32.4%)	(33.3%)
소계	2,318	256	356	1,598	108
	(100.0%)	(100.0%)	(100.0%)	(100.0%)	(100.0%)

① 현장확인·조사중인 수돗물 유충 민원은 K지역 외 지역이 K지역보다 많다.

② 외부 유입 유충으로 조사완료된 건은 K지역이 K지역 외 지역보다 많다.

③ K지역에서 신고·접수된 수돗물 유충 민원이 전체 수돗물 유충 민원의 60%를 넘게 차지한다.

④ 전체 수돗물 유충 민원 중에서 유충 미발견으로 조사완료된 건수는 1,400건을 넘지 않는다.

3 다음은 근로자 평균 임금 수준의 직종별 격차 추이를 예시로 나타낸 것이다. 이에 대한 설명으로 옳은 것을 모두 고른 것은?

연도	평균 임금 수준 (단위 : %)			
	전문직 종사자	사무 종사자	농림어업 종사자	단순 노무 종사자
2020	141.8	100.0	91.1	57.9
2021	131.3	100.0	86.4	54.3
2022	130.5	100.0	88.6	53.1

㉠ 단순 노무 종사자의 평균 임금액은 감소하고 있다.

㉡ 전문직 종사자와 사무 종사자 간 평균 임금 수준의 격차는 줄어들고 있다.

㉢ 사무 종사자와 단순 노무 종사자 간 평균 임금 수준의 격차는 커지고 있다.

㉣ 전문직 종사자와 농림어업 종사자 간 평균 임금 수준의 격차는 2020년보다 2022년이 더 크다.

① ㉠㉡

② ㉠㉣

③ ㉡㉢

④ ㉢㉣

4 다음과 같은 규칙으로 자연수를 1부터 차례로 나열할 때, 15가 몇 번째에 처음 나오는가?

> 1, 3, 3, 5, 5, 5, 7, 7, 7, 7, …

① 26

② 27

③ 28

④ 29

Q 다음은 2003 ~ 2022년 생명공학기술의 기술분야별 특허건수와 점유율에 관한 예시자료이다. 자료를 읽고 물음에 답하시오. 【5~6】

구분 / 기술분야	전세계 특허건수	미국 점유율	한국 특허건수	한국 점유율
생물공정기술	75,823	36.8	4,701	6.2
A	27,252	47.6	1,880	(㉠)
생물자원탐색기술	39,215	26.1	6,274	16.0
B	170,855	45.6	7,518	(㉡)
생물농약개발기술	8,122	42.8	560	6.9
C	20,849	8.1	4,295	(㉢)
단백질체기술	68,342	35.1	3,622	5.3
D	26,495	16.8	7,127	(㉣)

※ 해당국의 점유율(%) = $\dfrac{\text{해당국의 특허건수}}{\text{전세계 특허건수}} \times 100$

※ 단, 계산 값은 소수점 둘째 자리에서 반올림한다.

5 다음 자료의 ㉠ ~ ㉣에 들어갈 값으로 옳지 않은 것은?

① ㉠ - 6.9

② ㉡ - 4.4

③ ㉢ - 20.6

④ ㉣ - 25.9

6 위의 자료와 다음 조건에 근거하여 A ~ D에 해당하는 기술분야를 바르게 나열한 것은?

> 〈조건〉
> • '발효식품개발기술'과 '환경생물공학기술'은 미국보다 한국의 점유율이 높다.
> • '동식물세포배양기술'에 대한 미국 점유율은 '생물농약개발기술'에 대한 미국 점유율보다 높다.
> • '유전체기술'에 대한 한국 점유율과 미국 점유율의 차이는 41%p 이상이다.
> • '환경생물공학기술'에 대한 한국의 점유율은 25% 이상이다.

	A	B	C	D
①	동식물세포배양기술	유전체기술	발효식품개발기술	환경생물공학기술
②	동식물세포배양기술	유전체기술	환경생물공학기술	발효식품개발기술
③	유전체기술	동식물세포배양기술	발효식품개발기술	환경생물공학기술
④	유전체기술	환경생물공학기술	동식물세포배양기술	발효식품개발기술

7 다음과 같은 규칙으로 수가 배열될 때, 빈칸에 들어갈 수는?

> 7 8 16 19 76 ( )

① 98

② 81

③ 380

④ 250

8 사무실의 적정 습도를 맞추는데, A가습기는 16분, B가습기는 20분 걸린다. A가습기를 10분 동안만 틀고, B가습기로 적정 습도를 맞춘다면 B가습기 작동시간은?

① 6분 30초

② 7분

③ 7분 15초

④ 7분 30초

9 시험관에 미생물의 수가 4시간 마다 3배씩 증가한다고 한다. 지금부터 4시간 후의 미생물 수가 270,000이라고 할 때, 지금부터 8시간 전의 미생물 수는 얼마인가?

① 10,000   ② 30,000

③ 60,000   ④ 90,000

10 페인트 한 통과 벽지 5묶음으로 51㎡의 넓이를 도배할 수 있고, 페인트 한 통과 벽지 3묶음으로는 39㎡를 도배할 수 있다고 한다. 이때, 페인트 2통과 벽지 2묶음으로 도배할 수 있는 넓이는?

① 45㎡   ② 48㎡

③ 51㎡   ④ 54㎡

11 다음은 ○○여행사의 관광 상품 광고이다. A와 B가 주중에 3일 동안 여행을 할 경우, 여행비용이 가장 저렴한 관광 상품은 무엇인가?

관광지	일정	1인당 가격	비고
제주도	5일	599,000원	–
중국	6일	799,000원	주중 20% 할인
호주	10일	1,999,000원	동반자 50% 할인
일본	8일	899,000원	주중 10% 할인

① 제주도   ② 중국

③ 호주   ④ 일본

12 다음은 민수가 운영하는 맞춤 양복점에서 발생한 매출액과 비용을 정리한 표이다. 이에 대한 설명으로 옳은 것은?

(단위 : 만 원)

매출액		비용	
양복 판매	600	재료 구입	200
		직원 월급	160
양복 수선	100	대출 이자	40
합계	700	합계	400

※ 민수는 직접 양복을 제작하고 수선하며, 판매를 전담하는 직원을 한 명 고용하고 있음

ㄱ 생산 활동으로 창출된 가치는 300만 원이다.
ㄴ 생산재 구입으로 지출한 비용은 총 200만 원이다.
ㄷ 서비스 제공으로 발생한 매출액은 700만 원이다.
ㄹ 비용 400만 원에는 노동에 대한 대가도 포함되어 있다.

① ㄱㄴ
② ㄱㄷ
③ ㄴㄷ
④ ㄴㄹ

13 다음은 주어진 자원을 사용하여 생산할 수 있는 자동차와 탱크의 생산량 조합을 나타낸 생산 가능 곡선이다. 이에 대한 설명으로 옳은 것은?

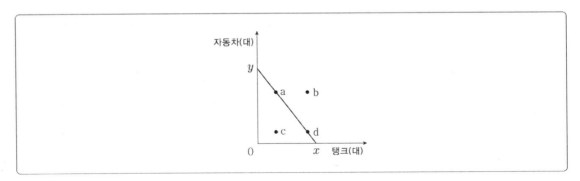

ⓐ 생산이 가능한 조합은 a, c, d이다.
ⓑ 탱크 1단위 생산의 기회비용은 자동차 y/x 단위이다.
ⓒ 자동차나 탱크의 판매 가격이 하락하면 b에서 생산이 가능하다.
ⓓ 어느 한 재화의 생산을 늘리기 위해서 반드시 다른 재화의 생산을 줄여야 하는 조합은 c이다.

① ㉠㉡   ② ㉠㉢
③ ㉡㉢   ④ ㉡㉣

14 다음은 모바일 잡지에 발표된 스마트폰에 대한 소비자의 평가 자료이다. 세 사람의 의견을 토대로 스마트폰을 구입하려 할 때 옳은 설명만으로 바르게 짝지어진 것은?

병근 : 각 제품에 대한 평가 점수의 합계가 가장 높은 제품을 구입한다.
진수 : 성능이 보통 이상인 제품 중 평가 점수 합계가 가장 높은 제품을 구입한다.
현진 : 가격에 가중치를 부여(가격 평가 점수를 2배로 계산)한 후 평가 점수의 합계가 가장 높은 제품을 구입한다.

제품	가격		성능		A/S	
	소비자 평가	평가 점수	소비자 평가	평가 점수	소비자 평가	평가 점수
A	불만	1	우수	5	불만	2
B	보통	3	미흡	2	만족	5
C	만족	5	미흡	1	불만	1
D	보통	3	보통	3	보통	3

※ 가격과 A/S에 대한 소비자 평가는 만족, 보통, 불만으로, 성능에 대한 소비자 평가는 우수, 보통, 미흡으로 이루어진다.

㉠ 병근은 B 제품을 구입할 것이다.
㉡ 진수은 A 제품을 구입할 것이다.
㉢ 병근과 현진은 동일한 제품을 구입할 것이다.
㉣ 가격이 높을수록 성능은 대체적으로 낮아진다.

① ㉠㉡ 　　　　　　　② ㉠㉢
③ ㉡㉢ 　　　　　　　④ ㉡㉣

15 다음에 나타난 커피 시장의 변화 원인으로 가장 적절한 설명은 무엇인가?

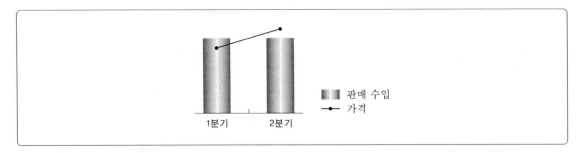

① 커피 판매점이 증가하였다.
② 커피 원두 가격이 상승하였다.
③ 커피에 부과되는 세금이 인하되었다.
④ 커피의 대체제인 녹차의 가격이 상승하였다.

16 다음은 수입품에 대한 관세 구조를 나타낸 표이다. 이에 대한 설명으로 옳은 것은?

(단위 : %)

품목＼가공 단계	원자재	중간재	최종재
목재, 종이	0.0	0.7	0.8
직물, 의류	2.8	9.1	11.1
가죽, 신발	0.1	2.3	11.7
광물 제품	0.2	1.3	3.6

① 국내 소비자와 생산자의 잉여를 모두 감소시킨다.
② 가공 단계에 상관없이 모든 품목에는 관세가 부과된다.
③ 가공 단계와 관세율 간에는 정의 관계가 나타나고 있다.
④ 국내 소재 및 부품 기업보다 가공 조립 기업이 불리하다.

17 다음 표는 국제적으로 품질이 동일한 핸드폰케이스의 월별 미국 내 가격과 상대 가격을 나타낸 것이다. 이에 대한 설명으로 옳은 것은? (단, 9~11월 중 원/달러 환율은 1,000원이다)

구분	미국 내 가격	상대 가격
9월	5달러	1,100
10월	5달러	1,000
11월	4달러	900

※ 상대가격 = $\dfrac{\text{한국 내 가격}}{\text{미국 내 가격}}$

㉠ 9월 한국을 방문한 미국인은 핸드폰케이스 가격이 미국에서보다 싸다고 느꼈을 것이다.

㉡ 10월은 9월에 비해 핸드폰케이스의 한국 내 가격이 하락했을 것이다.

㉢ 11월 미국을 방문한 한국인은 핸드폰케이스 가격이 한국에서보다 싸다고 느꼈을 것이다.

㉣ 11월 핸드폰케이스 상대 가격이 환율에 반영될 경우 달러화 대비 원화 가치는 상승할 것이다.

---

① ㉠㉡   ② ㉠㉢

③ ㉡㉢   ④ ㉡㉣

18 다음은 선거 후보자 선택에 필요한 정보를 주로 얻는 매체를 한 가지만 선택하라는 설문조사의 결과이다. 이 자료에 대한 설명으로 옳은 것을 모두 고른 것은?

(단위 : %)

매체 연령	인터넷	텔레비전	신문	선거홍보물	기타
19~29세	56	17	4	14	9
30대	39	21	6	24	10
40대	29	16	17	26	12
50대	20	41	17	15	7
60세 이상	8	39	32	12	9

㉠ 신문을 선택한 40대 응답자와 50대 응답자의 수는 같다.
㉡ 응답자의 모든 연령대에서 신문을 선택한 비율이 가장 낮다.
㉢ 인터넷을 선택한 비율은 응답자의 연령대가 높아질수록 낮아진다.
㉣ 40대의 경우 인터넷이나 선거홍보물을 통해 정보를 얻는 응답자가 과반수이다.

① ㉠㉡
② ㉠㉢
③ ㉡㉢
④ ㉢㉣

19 다음은 한국인이 외국인 배우자와 결혼한 국제결혼 가정에 대한 예시표이다. 이 표에 대한 옳은 설명은?

(단위 : 명)

구분 연도	국제 결혼 가정 학생 수				모(母)가 외국인인 학생 수			
	합계	초	중	고	합계	초	중	고
2018	7,998	6,795	924	279	6,695	5,854	682	159
2019	13,445	11,444	1,588	413	11,825	10,387	1,182	256
2020	18,778	15,804	2,213	761	16,937	14,452	1,885	600
2021	24,745	20,632	2,987	1,126	22,264	18,845	2,519	900
2022	30,040	23,602	4,814	1,624	27,001	21,410	4,204	1,387

① 국제 결혼 가정의 평균 자녀 수는 증가하고 있다.

② 외국인 자녀에 대한 사회적 편견이 약해지고 있다.

③ 부(父)가 외국인인 학생 수는 지속적으로 증가하고 있다.

④ 국내 여성보다 국내 남성의 국제결혼 비중이 더 낮다.

20 다음은 우리나라 여성과 남성의 연령대별 경제 활동 참가율에 대한 예시그래프이다. 이에 대한 설명으로 옳은 것은?

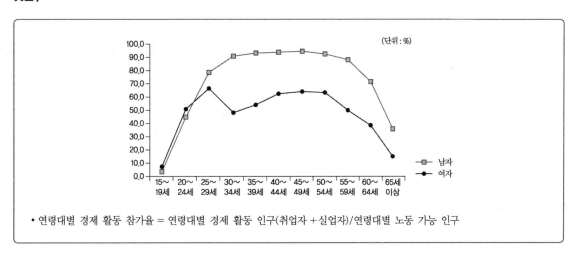

- 연령대별 경제 활동 참가율 = 연령대별 경제 활동 인구(취업자 + 실업자)/연령대별 노동 가능 인구

① 15~24세 남성보다 여성의 경제 활동 참여 의지가 높을 것이다.

② 59세 이후 여성의 경제 활동 참가율의 감소폭이 남성보다 크다.

③ 35세 이후 50세 이전까지 모든 연령대에서 남성보다 여성의 경제 활동 인구의 증가가 많다.

④ 25세 이후 여성의 그래프와 남성의 그래프가 다르게 나타나는 것의 원인으로 출산과 육아를 들 수 있다.

Q 다음 왼쪽과 오른쪽 기호, 문자, 숫자의 대응을 참고하여 각 문제의 대응이 같으면 '① 맞음'을, 틀리면 '② 틀림'을 선택하시오. 【1~3】

♠ = ㉠	◁ = ㉢	★ = ㉺	◆ = ㉽	♪ = ㉾
♡ = ㉡	☎ = ㉣	※ = ㉻	♨ = ㉼	◇ = ㉿

1　㉢ ㉻ ㉽ ㉠ ㉼ － ◁ ※ ◆ ♠ ♨ 　　　　① 맞음　　② 틀림

2　㉺ ㉿ ㉾ ㉠ ㉡ － ★ ♨ ♪ ◁ ♡ 　　　　① 맞음　　② 틀림

3　㉻ ㉽ ㉣ ㉺ ㉠ － ※ ◆ ☎ ★ ♠ 　　　　① 맞음　　② 틀림

Q 다음 왼쪽과 오른쪽 기호, 문자, 숫자의 대응을 참고하여 각 문제의 대응이 같으면 '① 맞음'을, 틀리면 '② 틀림'을 선택하시오. 【4~6】

℃ = ④	Å = ①	£ = ⑦	¥ = ⑧	↥ = ⑤
♀ = ⑥	°F = ②	① = ③	Φ = ⑨	θ = ⑩

4　② ⑧ ⑤ ④ ① － °F ¥ ↥ ℃ Å 　　　　① 맞음　　② 틀림

5　⑦ ⑩ ⑥ ③ ⑨ － £ θ ♀ ① Φ 　　　　① 맞음　　② 틀림

6　⑧ ① ② ⑦ ④ － ¥ ℃ °F £ θ 　　　　① 맞음　　② 틀림

Q 다음 짝지은 문자나 기호 중에서 같은 것을 고르시오. 【7~8】

7
① ◈◐◑■▦▨▧ − ◈◐◑■▨▦▧
② ¶♩♪♪∩∧∧ − ¶♩♪♪∧∧∩
③ ㅌㅋㅌㄷㄱㅂ − ㅌㅋㅌㅌㄷㄱㅂ
④ ♣◉▣≒∨∧▩ − ♣◉▣∨∧≒▩

8
① ㄱㅅㅈㅇㅅㅅㅈㅂㅍㅋ − ㄱㅅㅈㅇㅅㅅㅈㅁㅍㅋ
② ㅂㅋㅌㅅㄴㅇㅁㄹㅅㅈ − ㅂㅋㅌㄴㅅㅇㅁㄹㅅㅈ
③ ㅊㅈㅋㅍㅂㅅㅇㅁㄹ − ㅊㅈㅋㅍㅂㅅㅇㄹㅁ
④ ㅇㅅㄱㅋㄷㅌㅂㅎㅁㅋ − ㅇㅅㄱㅋㄷㅌㅂㅎㅁㅋ

Q 다음 제시된 단어와 같은 단어의 개수를 고르시오. 【9~10】

9

자모

자각	자폭	자갈	자의	자격	자립	자유
자아	자극	자기소개	자녀	자주	자성	자라
자비	자아	자료	자리공	자고	자만	자취
자모	자멸	작성	작곡	자본	자비	자재
자질	자색	자수	자동	자신	자연	자오선
자원	자괴	자음	자개	자작	자세	자제
자존	자력	자주	자진	자상	자매	자태
자판	자간	작곡	자박	작문	자비	작살
자문	작업	작위	작품	작황	잘난척	잔해

① 1개   ② 2개
③ 3개   ④ 4개

10

모래

보리 보라 보도 보물 보람 보라 보물 모래 보다 모다
소리 소라 소란 보리 보도 모다 모래 보도 모래 보람
모래 보리 보도 보도 보리 모래 보물 보다 모다 보리

① 3개   ② 4개

③ 5개   ④ 6개

Q 다음 중 제시된 것과 다른 것을 고르시오. 【11~12】

11

甲男乙女(갑남을녀)

① 甲男乙女(갑남을녀)   ② 甲男乙女(갑남을녀)

③ 甲男乙女(갑남을녀)   ④ 甲乙男女(갑남을녀)

12

龍虎相搏(용호상박)

① 龍虎相搏(용호상박)   ② 龍虎相搏(용호상박)

③ 龍虎相搏(용호삼박)   ④ 龍虎相搏(용호상박)

Q 다음 주어진 표를 참고하여 문제의 숫자는 문자로, 문자는 숫자로 바르게 변환한 것을 고르시오.
【13~15】

0	1	2	3	4	5	6	7	8	9
A	B	C	D	E	F	G	H	I	J

13

HDHD

① 7373　　　　　　　　　　② 7272
③ 7878　　　　　　　　　　④ 7676

14

GEE

① 644　　　　　　　　　　② 655
③ 244　　　　　　　　　　④ 255

15

JABA

① 9010　　　　　　　　　　② 9101
③ 9020　　　　　　　　　　④ 3010

Q 다음에서 각 문제의 왼쪽에 표시된 굵은 글씨체의 기호, 문자, 숫자의 개수를 모두 세어 보시오. 【16~30】

16 ⬚F⬚ ⬚G⬚⬚H⬚⬚I⬚⬚J⬚⬚F⬚⬚K⬚⬚L⬚⬚K⬚⬚K⬚⬚I⬚⬚G⬚⬚E⬚⬚D⬚⬚C⬚⬚B⬚⬚C⬚⬚F⬚⬚A⬚⬚D⬚⬚G⬚⬚H⬚

① 1개 　② 2개
③ 3개 　④ 4개

17 ⬚九⬚ ⬚六⬚⬚五⬚⬚九⬚⬚九⬚⬚五⬚⬚三⬚⬚四⬚⬚七⬚⬚九⬚⬚九⬚⬚八⬚⬚八⬚⬚十⬚⬚十⬚⬚一⬚⬚一⬚⬚三⬚⬚三⬚⬚四⬚⬚五⬚⬚二⬚⬚六⬚⬚七⬚⬚九⬚⬚十⬚

① 3개 　② 4개
③ 5개 　④ 6개

18 ◁ ▽◁◁△◆◆◇○◁◁□□●□○◇●▽▷▷△●▽◇○□□■◁◁●◆◁◁

① 5개 　② 6개
③ 7개 　④ 8개

19 0 9878956240890196703504890780910230580103048

① 7개 　② 9개
③ 11개 　④ 13개

20 ㅁ 우리 오빠 말 타고 서울 가시며 비단 구두 사가지고 오신다더니

① 1개 　② 2개
③ 3개 　④ 4개

21 a I never dreamt that I'd actually get the job

① 1개 　② 2개
③ 3개 　④ 4개

22 7 9788962000425923205178 6021459731

① 3개 　② 4개
③ 5개 　④ 6개

23 ㅊ 아무도 찾지 않는 바람 부는 언덕에 이름 모를 잡초

① 1개 　② 2개
③ 3개 　④ 4개

24 β β δ ζ θ κ μ α γ β δ ε ζ η β γ δ α β γ δ β ζ θ ι λ ν β γ α β ε ζ

① 5개 　② 6개
③ 7개 　④ 8개

25 1   1411061507156592356781420112452   ① 2개   ② 4개
                                                              ③ 6개   ④ 8개

26 y   That jacket was a really good buy   ① 1개   ② 2개
                                                              ③ 3개   ④ 4개

27 ㄹ   오늘 하루 기운차게 달려갈 수 있도록 노력하자   ① 3개   ② 5개
                                                              ③ 7개   ④ 9개

28 Ⅳ   Ⅰ Ⅱ Ⅲ Ⅳ Ⅴ Ⅵ Ⅶ Ⅷ Ⅸ Ⅹ Ⅸ Ⅷ Ⅶ Ⅵ Ⅴ Ⅳ Ⅲ Ⅱ Ⅰ Ⅰ Ⅲ Ⅴ Ⅶ Ⅸ   ① 1개   ② 2개
                                                              ③ 3개   ④ 4개

29 2   1423562922548139557135132531219 5753   ① 6개   ② 7개
                                                              ③ 8개   ④ 9개

30 r   There was an air of confidence in the England camp   ① 1개   ② 2개
                                                              ③ 3개   ④ 4개

실전 모의고사

≫ 정답 및 해설 p.475

공간능력	18문항/10분

Q 다음 입체도형의 전개도로 알맞은 것을 고르시오. 【1~4】

- 입체도형을 전개하여 전개도를 만들 때, 전개도에 표시된 그림(예 : ▊, ◿, ▬ 등)은 회전의 효과를 반영함. 즉, 본 문제의 풀이과정에서 보기의 전개도 상에 표시된 ▊과 ▬는 서로 다른 것으로 취급함.
- 단, 기호 및 문자(예 : ♨, ☎, ♨, K, H)의 회전에 의한 효과는 본 문제의 풀이과정에 반영하지 않음. 즉, 입체도형을 펼쳐 전개도를 만들었을 때 ♪의 방향으로 나타나는 기호 및 문자도 보기에서는 ☎방향으로 표시하며 동일한 것으로 취급함.

1

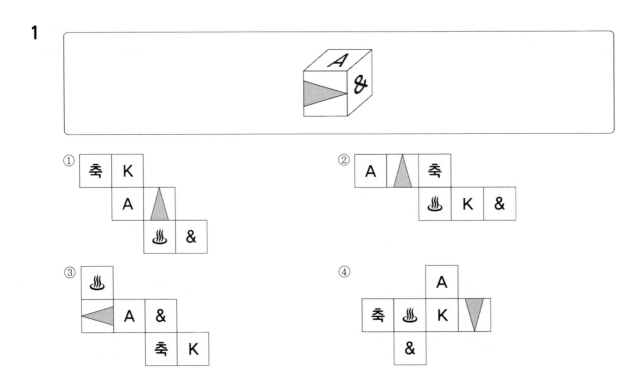

2

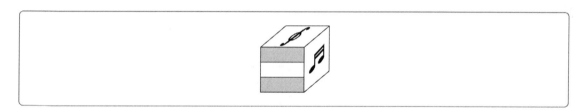

①

②

③

④

3

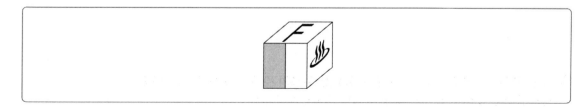

①

②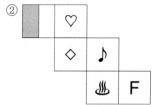

③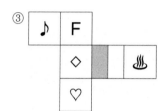

④

4

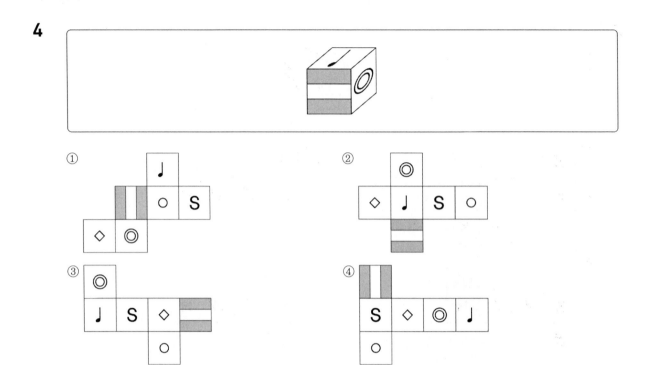

① ②

③ ④

Q 다음 제시된 그림과 같이 쌓기 위해 필요한 블록의 수를 고르시오. 【5~9】
(단, 블록은 모양과 크기는 모두 동일한 정육면체이다.)

5

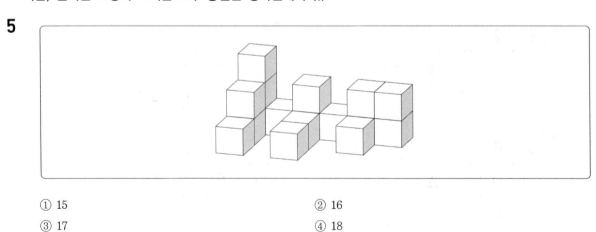

① 15 ② 16

③ 17 ④ 18

6

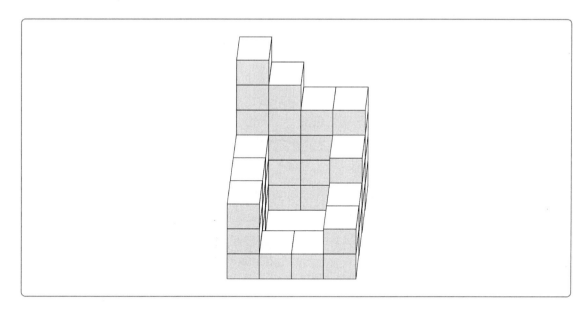

① 37

② 38

③ 39

④ 40

7

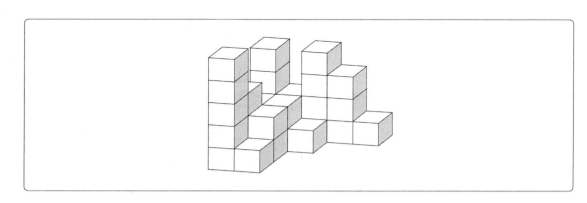

① 26

② 28

③ 30

④ 32

8

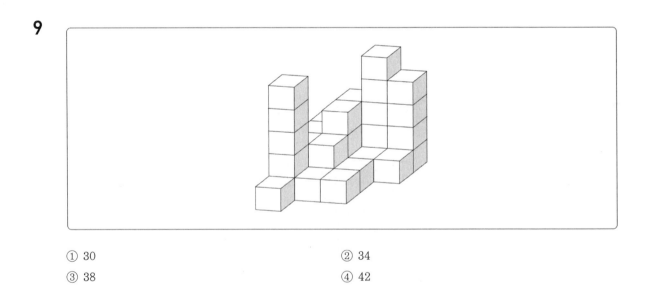

① 19
② 21
③ 23
④ 25

9

① 30
② 34
③ 38
④ 42

Q 다음 전개도로 만든 입체도형에 해당하는 것을 고르시오. 【10~14】

- 전개도를 접을 때 전개도 상의 그림, 기호, 문자가 입체도형의 겉면에 표시되는 방향으로 접음.
- 전개도를 접어 입체도형을 만들 때, 전개도에 표시된 그림(예 : ▊, ◣, ▐ 등)은 회전의 효과를 반영함. 즉, 본 문제의 풀이과정에서 보기의 전개도 상에 표시된 ▊과 ▬는 서로 다른 것으로 취급함.
- 단, 기호 및 문자(예 : ♨, ☎, ♨, K, H)의 회전에 의한 효과는 본 문제의 풀이과정에 반영하지 않음. 즉, 전개도를 접어 입체도형을 만들었을 때 ⊚의 방향으로 나타나는 기호 및 문자도 보기에서는 ☎방향으로 표시하며 동일한 것으로 취급함.

10

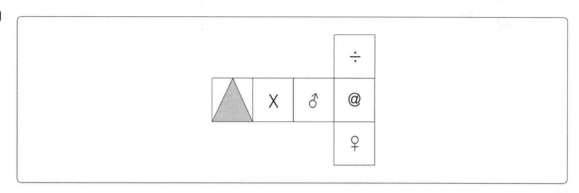

① 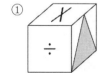　② 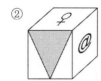　③ 　④

11

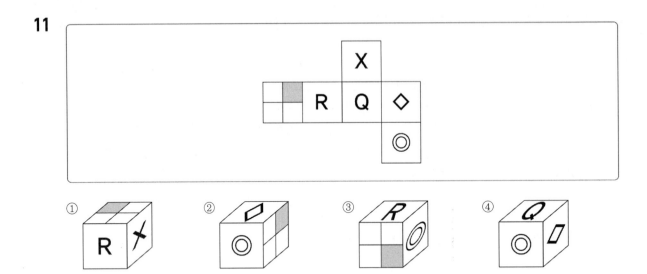

12

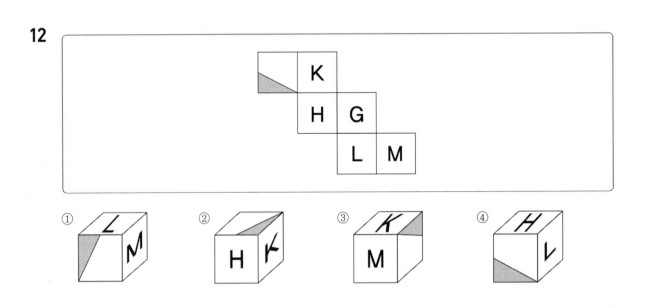

13

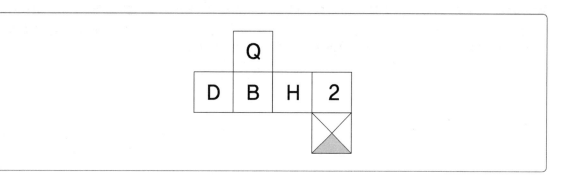

① 　② 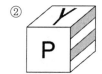　③ 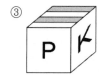　④

14

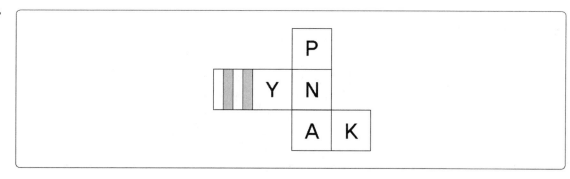

① ② ③ ④

Q 아래에 제시된 블록들을 화살표 표시한 방향에서 바라봤을 때의 모양으로 알맞은 것을 고르시오. (단, 블록은 모양과 크기가 모두 동일한 정육면체이고, 바라보는 시선의 방향은 블록의 면과 수직을 이루며 원근에 의해 블록이 작게 보이는 현상은 고려하지 않는다) 【15~18】

15

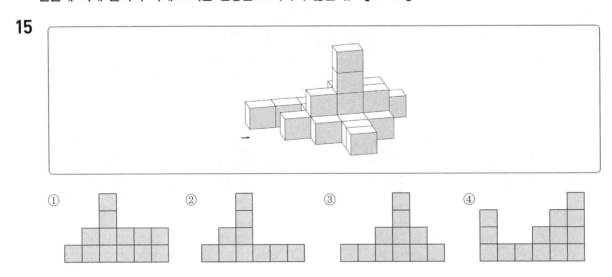

① ② ③ ④

16

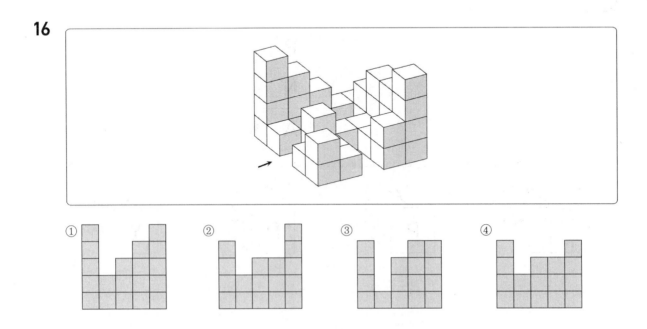

① ② ③ ④

17

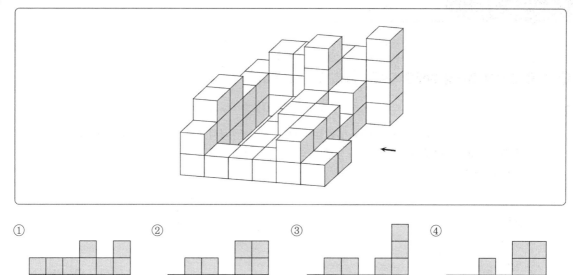

① ② ③ ④

18

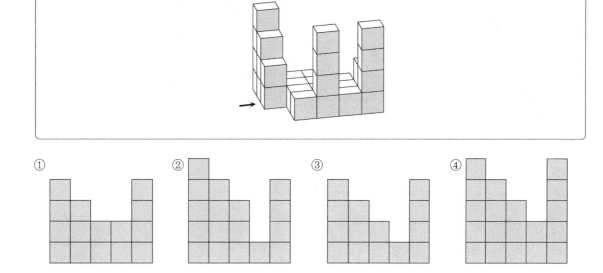

① ② ③ ④

Q 다음 빈칸에 들어갈 알맞은 단어를 고르시오. 【1~5】

1

> A시 교육청은 한 초등학교 앞에서 교통안전 캠페인을 실시했다. 교육청 관계자는 학생들이 안전하게 통학할 수 있는 환경을 (   )하고, 보행자 중심의 교통문화가 정착이 될 수 있도록 계속해서 노력해 나가겠다고 말했다.

① 조리 ② 무시
③ 조성 ④ 봉합
⑤ 말살

2

> 풋 귤이란 덜 익어서 껍질이 초록색인 감귤을 가리킨다. 감귤의 적정 생산량을 조절하기 위해 수확 시기보다 이르게 감귤나무에서 미숙한 상태로 솎아내는 과일이다. 감귤연구소 연구진은 사람의 각질세포에 풋 귤에서 (   )한 물질을 1% 정도만 처리해도 '히알루론산(hyaluronic acid)'이 40%나 증가한다는 사실을 확인했다.

① 상실 ② 탈출
③ 낭비 ④ 추출
⑤ 방치

3

여객터미널 내 화장실마다 최소 1실의 장애인 전용화장실이 있습니다. 장애인분들의 이용 편의를 위하여 넓은 출입구와 내부공간, 버튼식자동문, 비상벨, 센서작동 물내림 시설을 (　)하였으며 항상 깨끗하게 관리하여 편안한 공간이 될 수 있도록 하고 있습니다.

① 결정 　　　　　　　　　　② 설치
③ 설득 　　　　　　　　　　④ 정리
⑤ 숙성

4

과거에 중앙은행들은 자신이 가진 정보와 향후의 정책방향을 외부에 알리지 않는 이른바 비밀주의를 오랜 기간 지켜왔다. 통화정책 커뮤니케이션이 활발하지 않았던 이유는 여러 가지가 있었지만 무엇보다도 통화정책 결정의 영향이 파급되는 경로가 비교적 단순하고 분명하여 커뮤니케이션의 필요성이 크지 않았기 때문이었다. 게다가 중앙은행에게는 권한의 행사와 그로 인해 나타난 결과에 대해 국민에게 설명할 어떠한 의무도 (　)되지 않았다.

① 격리 　　　　　　　　　　② 치부
③ 상쇄 　　　　　　　　　　④ 부정
⑤ 부과

5

국제협력은 국가 간 및 국가와 국제기관 간의 모든 유·무상 자본협력, 교역협력, 기술·인력협력, 사회문화협력 등 국제사회에서 발생하는 다양한 형태의 교류를 총체적으로 (　)하는 개념이다.

① 지칭 　　　　　　　　　　② 동요
③ 시정 　　　　　　　　　　④ 정찰
⑤ 성찰

6

> 마(魔)의 삼팔선에서 항상 되풀이하는 충돌의 한 토막인지, 또는 강 군이 전하는 바와 같이 대규모의 침공인지 알 수 없으나, 시대의 효상(爻象)을 보고 온 강 군의 허둥지둥하는 양으로 보아 사태는 비상한 것이 아닌가 <u>싶다</u>. 더욱이 이북이 조국 통일 민주주의 전선에서 이른바 호소문을 보내어 온 직후이고, 그 글월을 가져오던 세 사람이 삼팔선을 넘어서자 군 당국에 잡히어 문제를 일으킨 것을 상기하면 저쪽에서 계획적으로 꾸민 일련의 연극일는지도 모를 일이다.

① 어릴 적에는 선생님이 되고 <u>싶었다</u>.
② 누가 볼까 <u>싶어</u> 고개를 푹 숙였다.
③ 방이 더 밝았으면 <u>싶다</u>.
④ 집에 있겠다 <u>싶어</u> 전화를 했다.
⑤ 머리도 아픈데 그냥 집에 갈까 <u>싶었다</u>.

7

> 그날 밤 노인은 옛날과 똑같이 저녁을 지어 내왔고, 거기서 하룻밤을 함께 지냈다. 그리고 이튿날 새벽 일찍 K시로 나를 다시 되돌려 보냈다. 나중에야 안 일이었지만 노인은 거기서 마지막으로 내게 저녁밥 한 끼를 지어 먹이고 당신과 하룻밤을 재워 보내고 싶어, 새 주인의 양해를 얻어 그렇게 혼자서 나를 기다리고 있었다는 것이었다. 언젠가 내가 다녀갈 때까지는 내게 하룻밤만이라도 옛집의 모습과 옛날의 분위기 속에 자고 가게 해주고 싶어서였는지 <u>모른다</u>. 하지만 문간을 들어설 때부터 집안 분위기는 이사를 나간 빈집이 분명했다.

① 그가 언제 도착했는지를 잘 <u>모른다</u>.
② 김 교수는 술을 마실 줄 <u>모른다</u>.
③ 내 남편은 일밖에 <u>모르는</u> 사람이다.
④ 친구가 화났을지도 <u>모른다</u>.
⑤ 그 이야기를 듣는 순간 나는 나도 <u>모르는</u> 사이에 얼굴이 붉어졌다.

8 다음 제시된 문장의 밑줄 친 부분의 의미가 나머지와 가장 다른 것은?

① 영희는 아침 일찍 산에 <u>갔다</u>.
② 저 건물 근처로는 가지마. 벽에 금이 <u>가서</u> 위험해.
③ 나 오늘 제주도에 사는 친구에게 <u>가려고</u> 해.
④ 아버지는 아침 일찍 서울로 <u>가셨다</u>.
⑤ 민수는 새벽에 친구 집을 <u>가</u> 본 적이 없다.

9 다음 글을 설명하는 말로 적절한 것은?

> 교육부 산하 공공기관과 공직 유관단체 24곳 가운데 20곳에서 총 30건의 채용 비리 사실이 적발됐다. 교육부는 10일 이같은 내용이 담긴 '20XX년 공공기관 및 공직 유관단체에 대한 채용실태 조사 결과'를 발표했다. 교육부 장관은 "공공부문 채용 비리에 대해서는 무관용 원칙으로 엄정하게 대응할 것"이라며 "피해자는 신속히 구제해 채용 비위를 근절할 수 있도록 지속해서 노력하겠다"고 밝혔다.
> 이처럼 처음에는 올바르지 못한 것이 이기는 듯 보여도 마지막엔 올바른 것이 이긴다는 의미를 가지고 있다. 정의가 반드시 이긴다는 '사불범정'과 나쁜 일을 하면 벌을 받고 착한 일을 하면 보답을 받는다는 '인과응보'도 비슷하게 쓰일 수 있다.

① 마고파양(麻姑爬痒)
② 가가대소(呵呵大笑)
③ 사필귀정(事必歸正)
④ 구곡간장(九曲肝腸)
⑤ 낙화유수(落花流水)

10 다음 글을 통해 알 수 있는 것은?

> 조선시대 우리의 전통적인 전술은 흔히 장병(長兵)이라고 불리는 것이었다. 장병은 기병(騎兵)과 보병(步兵)이 모두 궁시(弓矢)나 화기(火器) 같은 장거리 무기를 주 무기로 삼아 원격전(遠隔戰)에서 적을 제압하는 것이 특징이었다. 이에 반해 일본의 전술은 창과 검을 주 무기로 삼아 근접전(近接戰)에 치중하였기 때문에 단병(短兵)이라 일컬어졌다. 이러한 전술상의 차이로 인해 임진왜란 이전에는 조선의 전력(戰力)이 일본의 전력을 압도하는 형세였다. 조선의 화기 기술은 고려 말 왜구를 효과적으로 격퇴하는 방도로 수용된 이래 발전을 거듭했지만, 단병에 주력하였던 일본은 화기 기술을 습득하지 못하고 있었다.
>
> 그러나 이러한 전력상의 우열관계는 임진왜란 직전 일본이 네덜란드 상인들로부터 조총을 구입함으로써 역전되고 말았다. 일본의 새로운 장병 무기가 된 조총은 조선의 궁시나 화기보다도 사거리나 정확도 등에서 훨씬 우세하였다. 조총은 단지 조선의 장병 무기류를 압도하는데 그치지 않고 일본이 본래 가지고 있던 단병 전술의 장점을 십분 발휘하게 하였다. 조선이 임진왜란 때 육전(陸戰)에서 참패를 거듭한 것은 정치·사회 전반의 문제가 일차적 원인이겠지만, 이러한 전술상의 문제에도 전혀 까닭이 없지 않았던 것이다. 그러나 일본은 근접전이 불리한 해전(海戰)에서 조총의 화력을 압도하는 대형 화기의 위력에 눌려 끝까지 열세를 만회하지 못했다. 일본은 화약무기 사용의 전통이 길지 않았기 때문에 해전에서도 조총만을 사용하였다. 반면 화기 사용의 전통이 오래된 조선의 경우 비록 육전에서는 소형화기가 조총의 성능을 당해내지 못했지만, 해전에서는 함선에 탑재한 대형 화포의 화력이 조총의 성능을 압도하였다. 해전에서 조선 수군이 거둔 승리는 이순신의 탁월한 지휘력에도 힘입은 바 컸지만, 이러한 장병 전술의 우위가 승리의 기본적인 토대가 되었던 것이다.

① 조선의 장병 전술은 고려 말 화기의 수용으로부터 시작되었다.
② 원격전에 능한 조선 장병 전술의 장점이 해전에서 잘 발휘되었다.
③ 장병 무기인 조총은 일본의 근접 전투기술을 약화시켰다.
④ 임진왜란 당시 조선은 육전에서 전력상 우위를 점하고 있었다.
⑤ 조총은 조선의 궁시나 화기보다 사거리나 정확도 등에서 열세하였다.

Q 다음 글을 읽고 순서에 맞게 논리적으로 배열한 것을 고르시오. 【11~12】

11

> ㉠ 소설 속의 인물들 역시 소설가의 욕망에 따라 혹은 그 욕망에 반대하여 자신의 욕망을 드러내고, 자신의 욕망에 따라 세계를 변형하려 한다. 주인공, 아니 인물들의 욕망은 서로 부딪쳐 다채로운 모습을 드러낸다. 마지막의 욕망은 소설을 읽는 독자의 욕망이다.
>
> ㉡ 소설 속의 인물들은 무엇 때문에 괴로워하는가, 그 괴로움은 나도 느낄 수 있는 것인가, 아니면 소설 속의 인물들은 왜 즐거워하는가, 그 즐거움에 나도 참여할 수 있는가, 그것들을 따지는 것이 독자가 자기의 욕망을 드러내는 양식이다.
>
> ㉢ 소설 속에는 세 개의 욕망이 들끓고 있다. 하나는 소설가의 욕망이다. 소설가의 욕망은 세계를 변형시키려는 욕망이다. 소설가는 자기 욕망의 소리에 따라 세계를 자기 식으로 변모시키려고 애를 쓴다. 둘째 번의 욕망은 소설 속의 주인공들의 욕망이다.
>
> ㉣ 소설을 읽으면서 독자들은 소설 속의 인물들은 무슨 욕망에 시달리고 있는가를 무의식적으로 느끼고, 나아가 소설가의 욕망까지를 느낀다. 독자의 무의식적인 욕망은 그 욕망들과 부딪쳐 때로 소설 속의 인물들을 부인하기도 하고, 나아가 소설까지를 부인하기도 하며, 때로는 소설 속의 인물들에 빠져 그들을 모방하려 하기도 하고, 나아가 소설까지를 모방하려 한다. 그 과정에서 읽는 사람의 무의식 속에 숨어 있던 욕망은 그 욕망을 서서히 드러내, 자기가 세계를 어떻게 변형시키려 하는가를 깨닫게 한다.

① ㉢㉠㉣㉡
② ㉢㉡㉠㉣
③ ㉡㉠㉣㉢
④ ㉡㉠㉢㉣
⑤ ㉣㉢㉡㉠

12

ⓐ 그러므로 요즘과 같은 정보화 사회에서는 부모와 자녀가 유연하게 정보 소통을 한다면 여러 가지 문제들을 쉽게 해결하고 그 관계가 더 좋아질 것이다.

ⓛ 전통 사회에서는 대체로 어른이 먼저 정보를 접하고, 이 정보를 교육이나 지시를 통해 아랫사람들에게 전달하는 경로를 거쳤다.

ⓒ 그러나 산업화 과정에서 전통적인 가부장적 사상이 약화되고 자녀 교육이 사회로 이전되면서 부모의 권위는 점차 약화되었다. 이러한 현상은 정보화 사회에 들어와서 더욱 심화되고 있다.

ⓔ 예컨대 할아버지가 명령을 하면 그것을 아버지가 받아서 어머니에게 전달하고, 어머니는 그 정보를 다시 자녀들에게 전달하였다.

ⓜ 정보가 공동 분배되고 있는 오늘날은, 특히 정보에 관한, 조부모나 부모가 예전과 같은 권위를 행사할 수가 없게 되었다. 새로운 첨단 정보에 관하여는 부모보다 자녀가 더 우위에 있게 됨으로써 가족 구성원 간에 정보가 한 방향으로만 흐르지 않게 된 것이다.

① ⓛⓒⓔⓐⓜ
② ⓛⓔⓒⓜⓐ
③ ⓛⓔⓜⓐⓒ
④ ⓛⓜⓔⓒⓐ
⑤ ⓐⓒⓜⓔⓛ

13 다음 글에서 주장하는 내용으로 가장 알맞은 것은?

조력발전이란 조석간만의 차이가 큰 해안지역에 물막이 댐을 건설하고, 그곳에 수차발전기를 설치해 밀물이나 썰물의 흐름을 이용해 전기를 생산하는 발전 방식이다. 따라서 조력발전에는 댐 건설이 필수 요소다. 반면 댐을 건설하지 않고 자연적인 조류의 흐름을 이용해 발전하는 방식은 '조류발전'이라 불러 따로 구분한다.

조력발전이 환경에 미치는 부담 가운데 가장 큰 것이 물막이 댐의 건설이다. 물론 그동안 산업을 지탱해 온 화석연료의 고갈과 공해 문제를 생각할 때 이를 대체할 에너지원의 개발은 매우 절실하고 시급한 문제다. 그렇다 하더라도 자연환경에 엄청난 부담을 초래하는 조력발전을 친환경적이라 포장하고, 심지어 댐 건설을 부추기는 현재의 정책은 결코 용인될 수 없다.

① 댐을 건설하는 데 많은 비용이 들어가는 조력발전은 폐기되어야 한다.
② 친환경적인 조류발전을 적극 도입하여 재생에너지 비율을 높여야 한다.
③ 친환경적인 에너지 정책을 수립하기 위해 조류발전에 대해 더 잘 알아야 한다.
④ 조력발전이 환경에 미치는 영향을 분석하여 구체적인 해결방안을 모색해야 한다.
⑤ 조력발전이 친환경적이라는 시각에 바탕을 둔 현재의 에너지 정책은 재고되어야 한다.

14 다음 글의 내용을 읽고 유추할 수 있는 것은?

> 어떤 식물이나 동물, 미생물이 한 종류씩만 있다고 할 경우, 즉 종이 다양하지 않을 때는 곧 바로 문제가 발생한다. 생산하는 생물, 소비하는 생물, 판매하는 생물이 한 가지씩만 있다고 생각해보자. 혹시 사고라도 생겨 생산하는 생물이 멸종한다면 그것을 소비하는 생물이 먹을 것이 없어지게 된다. 즉, 생태계 내에서 일어나는 역할 분담에 문제가 생기는 것이다. 박테리아는 여러 종류가 있기 때문에 어느 한 종류가 없어져도 다른 종류가 곧 그 역할을 대체한다. 그래서 분해 작용은 계속되는 것이다. 즉, 여러 종류가 있으면 어느 한 종이 없어지더라도 전체 계에서는 이 종이 맡았던 역할이 없어지지 않도록 균형을 이루게 된다.

① 생물 종의 다양성이 유지되어야 생태계가 안정된다.
② 생태계는 생물과 환경으로 이루어진 인위적 단위이다.
③ 생태계의 규모가 커질수록 희귀종의 중요성도 커진다.
④ 생산하는 생물과 분해하는 생물은 서로를 대체할 수 있다.
⑤ 생산하는 생물과 소비하는 생물은 서로를 대체할 수 있다.

15 다음 글의 내용과 일치하지 않는 것은?

> 아침에 땀을 빼는 운동을 하면 식욕을 줄여준다는 연구결과가 나왔다. 미국 A대학 연구팀이 35명의 여성을 대상으로 이틀간 아침 운동에 따른 식욕의 변화를 측정한 결과다. 연구팀은 첫 번째 날은 45분간 운동을 시키고, 다음날은 운동을 하지 않게 하고는 음식 사진을 보여줬다. 이때 두뇌 부위에 전극장치를 부착해 신경활동을 측정했다. 그 결과 운동을 한 날은 운동을 하지 않은 날에 비해 음식에 대한 주목도가 떨어졌다. 음식을 먹고 싶다는 생각이 그만큼 덜 든다는 얘기다. 뿐만 아니라 운동을 한 날은 하루 총 신체활동량이 증가했다. 운동으로 소비한 열량을 보충하기 위해 음식을 더 먹지도 않았다. 운동을 하지 않은 날 소모한 열량과 비슷한 열량을 섭취했을 뿐이다. 실험 참가자의 절반가량은 체질량지수(BMI)를 기준으로 할 때 비만이었는데, 이와 같은 현상은 비만 여부와 상관없이 나타났다.

① 운동을 한 날은 운동을 하지 않은 날에 비해 음식에 대한 주목도가 떨어졌다.
② 과한 운동은 신경활동과 신체활동량에 영향을 미친다.
③ 비만여부와 상관없이 아침운동은 식욕을 감소시킨다.
④ 운동을 한 날은 신체활동량이 증가한다.
⑤ 체질량지수와 실제 비만 여부와의 관계는 상관성이 떨어진다.

16 다음 글을 바탕으로 '독서'에 관한 글을 쓰려고 할 때, 추론할 수 있는 내용으로 적절하지 않은 것은?

> 김장을 할 때 제일 중요한 것은 좋은 재료를 선별하는 일입니다. 속이 무른 배추를 쓰거나 질 낮은 소금을 쓰면 김치의 맛이 제대로 나지 않기 때문입니다. 김장에 자신이 없는 경우에는 반드시 경험이 많고 조예가 깊은 어른들의 도움을 받을 필요가 있습니다.
> 한 종류의 김치만 담그는 것보다는 다양한 종류의 김치를 담가 두는 것이 긴 겨울 동안 식탁을 풍성하게 만드는 지혜라는 점도 잊지 말아야 합니다. 더불어 꼭 강조하고 싶은 것은, 어떤 종류의 김치를 얼마나 담글 것인지, 김장을 언제 할 것인지 등에 대한 계획을 미리 세워 두는 것이 매우 중요하다는 점입니다.

① 좋은 책을 골라서 읽기 위해 노력한다.
② 독서한 결과를 정리해 두는 습관을 기른다.
③ 적절한 독서 계획을 세워서 이를 실천한다.
④ 독서를 많이 한 선배나 선생님께 조언을 받는다.
⑤ 특정 분야에 치우치지 말고 다양한 분야의 책을 읽는다.

17 다음 글을 읽고 추론할 수 없는 내용은?

> 어떤 농부가 세상을 떠나며 형에게는 기름진 밭을, 동생에게는 메마른 자갈밭을 물려주었습니다. 형은 별로 신경을 쓰지 않아도 곡식이 잘 자라자 날이 덥거나 궂은 날에는 밭에 나가지 않았습니다. 반면 동생은 메마른 자갈밭을 고르고, 퇴비를 나르며 땀 흘려 일했습니다. 이런 모습을 볼 때마다 형은 "그런 땅에서 농사를 지어 봤자 뭘 얻을 수 있겠어!"하고 비웃었습니다. 하지만 동생은 형의 비웃음에도 아랑곳하지 않고 자신의 밭을 정성껏 가꾸었습니다. 그로부터 3년의 세월이 지났습니다. 신경을 쓰지 않았던 형의 기름진 밭은 황폐해졌고, 동생의 자갈밭은 옥토로 바뀌었습니다.

① 협력을 통해 공동의 목표를 성취하도록 해야 한다.
② 끊임없이 노력하는 사람은 자신의 미래를 바꿀 수 있다.
③ 환경이 좋다고 해도 노력 없이 이룰 수 있는 것은 없다.
④ 자신의 처지에 안주하면 좋지 않은 결과가 나올 수 있다.
⑤ 열악한 처지를 극복하려면 더 많은 노력을 기울여야 한다.

18 다음 글을 읽고 추론할 수 없는 내용은?

> 도예를 하고자 하는 사람은 도자기 제작 첫 단계로, 자신이 만들 도자기의 모양과 제작 과정을 먼저 구상해야 합니다. 그 다음에 흙을 준비하여 도자기 모양을 만듭니다.
>
> 오늘은 물레를 이용하여 자신이 원하는 도자기 모양을 만드는 방법에 대해 알아보겠습니다. 물레를 이용해서 작업할 때는 정신을 집중하고 자신의 생각을 도자기에 담기 위해 노력해야 할 것입니다. 또한 물레를 돌릴 때는 손과 발을 잘 이용해야 합니다. 손으로는 점토에 가하는 힘을 조절하고 발로는 물레의 회전 속도를 조절합니다. 물레 회전에 의한 원심력과 구심력을 잘 이용할 수 있을 때 자신이 원하는 도자기를 만들 수 있습니다. 처음에는 물레의 속도를 조절하지 못하거나 힘 조절이 안 되어서 도자기의 모양이 일그러질 수 있습니다. 그렇지만 어렵더라도 꾸준히 노력한다면 자신이 원하는 도자기 모양을 만들 수 있을 것입니다.
>
> 이렇게 해서 도자기를 빚은 다음에는 그늘에서 천천히 건조시켜야 합니다. 햇볕에서 급히 말리게 되면 갈라지거나 깨질 수 있기 때문입니다.

① 다른 사람의 충고를 받아들여 시행착오를 줄이도록 한다.
② 자신의 관심과 열정을 추구하는 목표에 집중하는 것이 필요하다.
③ 급하게 서두르다가는 일을 그르칠 수 있으므로 여유를 가져야 한다.
④ 중간에 실패하더라도 포기하지 말고 목표를 향해 꾸준하게 노력해야 한다.
⑤ 앞으로 이루려는 일의 내용이나 실현 방법 등에 대하여 미리 생각해야 한다.

19 다음 글의 빈칸에 들어갈 말로 옳은 것은?

> 고대 그리스 사람들이 지혜를 사랑한다라고 말했을 때 그 뜻하는 바는 세계에 대한 인식을 탐구한다는 것이었습니다. 즉 철학을 한다 하면 세계에 대한 인식을 탐구한다는 뜻이었습니다. 그 이후 지금에 이르기까지 철학 하면 세계에 대한 근본 인식과 근본 태도를 가리키는 말이었습니다. 이때의 '세계'란 세계 지도라고 말할 때의 그것과는 달리 '존재하는 모든 것'을 뜻합니다. 따라서 철학이란 존재하는 모든 것에 대한 근본 인식과 근본 태도를 가리키는 것입니다. '존재하는 모든 것' 속에는 자연도 포함되고 사회도 포함되고 인간도 포함됩니다. 그러므로 철학이란 자연과 사회 그리고 인간에 대한 근본 인식과 근본 태도라고 말할 수 있습니다.
>
> (   ) 세계에 대한 근본 인식과 근본 태도를 다른 말로 표현하여 세계관이라고 합니다. 즉 철학은 '세계관'입니다. 세계관은 우리가 세계를 어떻게 보는가, 어떻게 생각하는가를 가리키는 말입니다.

① 그리고   ② 그러나
③ 그래서   ④ 그러므로
⑤ 그런데

인간 사회의 주요한 자원 분배 체계로 '시장(市場)', '재분배(再分配)', '호혜(互惠)'를 들 수 있다. 시장에서 이루어지는 교환은 물질적 이익을 증진시키기 위해 재화나 용역을 거래하는 행위이며, 재분배는 국가와 같은 지배 기구가 잉여 물자나 노동력 등을 집중시키거나 분배하는 것을 말한다. 실업 대책, 노인 복지 등과 같은 것이 재분배의 대표적인 예이다. 그리고 호혜는 공동체 내에서 혈연 및 동료 간의 의무로서 행해지는 증여 관계이다. 명절 때의 선물 교환 같은 것이 이에 속한다.

이 세 분배 체계는 각각 인류사의 한 부분을 담당해 왔다. 고대 부족 국가에서는 호혜를 중심으로, 전근대 국가 체제에서는 재분배를 중심으로 분배 체계가 형성되었다. 근대에 와서는 시장이라는 효율적인 자원 분배 체계가 활발하게 그 기능을 수행하고 있다. 그러나 이 세 분배 체계는 인류사 대부분의 시기에 공존했다고 말할 수 있다. 고대 사회에서도 시장은 미미하게나마 존재했고, 오늘날에도 호혜와 재분배는 시장의 결함을 보완하는 경제적 기능을 수행하고 있기 때문이다.

효율성의 측면에서 보았을 때, 인류는 아직 시장만한 자원 분배 체계를 발견하지 못하고 있다. 그러나 시장은 소득 분배의 형평(衡平)을 보장하지 못할 뿐만 아니라, 자원의 효율적 분배에도 실패하는 경우가 종종 있다. 그래서 때로는 국가가 직접 개입한 재분배 활동으로 소득 불평등을 개선하고 시장의 실패를 시정하기도 한다. 우리나라의 경우 IMF 경제 위기 상황에서 실업자를 구제하기 위한 정부 정책들이 그 예라 할 수 있다. 그러나 호혜는 시장뿐 아니라 국가가 대신하기 어려운 소중한 기능을 담당하고 있다. 부모가 자식을 보살피는 관행이나, 친척들이나 친구들이 서로 길·흉사(吉凶事)가 생겼을 때 도움을 주는 행위, 아무런 연고가 없는 불우 이웃에 대한 기부와 봉사 등은 시장이나 국가가 대신하기 어려운 부분이다.

호혜는 다른 분배 체계와는 달리 물질적으로는 이득을 볼 수 없을 뿐만 아니라 때로는 손해까지도 감수해야 하는 행위이다. 그러면서도 호혜가 이루어지는 이유는 무엇인가? 이는 그 행위의 목적이 인간적 유대 관계를 유지하고 증진시키는 데 있기 때문이다. 인간은 사회적 존재이므로 사회적으로 고립된 개인은 결코 행복할 수 없다. 따라서 인간적 유대 관계는 물질적 풍요 못지 않게 중요한 행복의 기본 조건이다. 그렇기에 사람들은 소득 증진을 위해 투입해야 할 시간과 재화를 인간적 유대를 위해 기꺼이 할당하게 되는 것이다.

우리는 물질적으로 풍요로울 뿐 아니라, 정신적으로도 풍족한 사회에서 행복하게 살기를 바란다. 그러나 우리가 지향하는 이러한 사회는 효율적인 시장과 공정한 국가만으로는 이루어질 수 없다. 건강한 가정·친척·동료가 서로 지원하면서 조화를 이룰 때, 그 꿈은 실현될 수 있을 것이다. 이처럼 호혜는 건전한 시민 사회를 이루기 위해서 반드시 필요한 것이라고 할 수 있다. 그래서 사회를 따뜻하게 만드는 시민들의 기부와 봉사의 관행이 정착되기를 기대하는 것이다.

20 윗글의 내용과 일치하지 않는 것은?

① 재분배는 국가의 개입에 의해 이루어진다.
② 시장에서는 물질적 이익을 위해 상품이 교환된다.
③ 호혜가 중심적 분배 체계였던 고대에도 시장은 있었다.
④ 시장은 현대에 와서 완벽한 자원 분배 체계로 자리 잡았다.
⑤ 사람들은 인간적 유대를 위해 물질적 손해를 감수하기도 한다.

21 윗글의 논리 전개 방식으로 알맞은 것은?

① 구체적 현상을 분석하여 일반적 원리를 추출하고 있다.
② 시간적 순서에 따라 개념이 형성되어 가는 과정을 밝히고 있다.
③ 대상에 대한 여러 가지 견해를 소개하고 이를 비교 평가하고 있다.
④ 다른 대상과의 비교를 통해 대상이 지닌 특성과 가치를 설명하고 있다.
⑤ 기존의 통념을 비판한 후 이를 바탕으로 새로운 견해를 제시하고 있다.

Q 다음 글을 읽고 물음에 답하시오. 【22~23】

오랫동안 인류는 동물들의 희생이 수반된 육식을 당연하게 여겨왔으며 이는 지금도 진행 중이다. 그런데 이에 대해 윤리적 문제를 제기하며 채식을 선택하는 경향이 생겨났다. 이러한 경향을 취향이나 종교, 건강 등의 이유로 채식하는 입장과 구별하여 '윤리적 채식주의'라고 한다. 그렇다면 윤리적 채식주의의 관점에서 볼때, 육식의 윤리적 문제점은 무엇인가? 육식의 윤리적 문제점은 크게 개체론적 관점과 생태론적 관점으로 나누어살펴볼 수 있다. 개체론적 관점에서 볼 때, 인간과 동물은 모두 존중받아야 할 '독립적 개체'이다. 동물도 인간처럼 주체적인 생명을 영위해야 할 권리가 있는 존재이다. 또한 동물도 쾌락과 고통을 느끼는 개별 생명체이므로 그들에게 고통을 주어서도, 생명을 침해해서도 안 된다. 요컨대 동물도 고유한 권리를 가진 존재이기 때문에 동물을 단순히 음식재료로 여기는 인간 중심주의적인 시각은 윤리적으로 문제가 있다. 한편 생태론적 관점에서 볼 때, 지구의 모든 생명체들은 개별적으로 존재하는 것이 아니라 서로 유기적으로 연결되어 존재한다. 따라서 각 개체로서의 생명체가 아니라 유기체로서의 지구 생명체에 대한 유익성 여부가 인간행위의 도덕성을 판단하는 기준이 되어야 한다. 그러므로 육식의 윤리성도 지구생명체에 미치는 영향에 따라 재고되어야 한다. 예를 들어 대량사육을 바탕으로 한 공장제축산업은 인간에게 풍부한 음식재료를 제공한다. 하지만 토양, 수질, 대기 등의 환경을 오염시켜 지구생명체를 위협하므로 윤리적으로 문제가 있다. 결국 우리의 육식이 동물에게든 지구생명체에든 위해를 가한다면 이는 윤리적이지 않기 때문에 문제가 있다. 인류의 생존을 위한 육식은 누군가에게는 필수불가결한 면이 없지 않다. 그러나 인간이 세상의 중심이라는 시각에 젖어 그동안 우리는 인간 이외의 생명에 대해서는 윤리적으로 무감각하게 살아왔다. 육식의 윤리적 문제점은 인간을 둘러싼 환경과 생명을 새로운 시각으로 바라볼 것을 요구하고 있다.

22 윗글의 중심 내용으로 가장 적절한 것은?

① 윤리적 채식의 기원
② 육식의 윤리적 문제점
③ 지구환경오염의 실상
④ 윤리적 채식주의자의 권리
⑤ 독립적 개체로서의 동물의 특징

23 윗글의 논지 전개 방식에 대한 평가로 가장 적절한 것은?

① 중심 화제에 대한 자료의 출처를 밝힘으로써 주장의 신뢰성을 높이고 있다.
② 중심 화제에 대해 상반된 견해를 제시함으로써 주장의 공정성을 확보하고 있다.
③ 중심 화제에 대한 전문가의 말을 직접 인용함으로써 주장의 객관성을 높이고 있다.
④ 중심 화제에 대해 두 가지 관점으로 나누어 접근함으로써 주장의 타당성을 높이고 있다.
⑤ 중심 화제에 대해 가설을 설정하고 현상을 분석함으로써 주장의 적절성을 높이고 있다.

Q 다음 글을 읽고 물음에 답하시오. 【24~25】

모든 학문은 나름대로 고유한 대상영역이 있습니다. 법률을 다루는 학문이 법학이며, 경제현상을 대상으로 삼는 것이 경제학입니다. 물론 그 영역을 보다 더 세분화하고 전문화시켜 나갈 수 있습니다. 간단히 말하면, 학문이란 일정 대상에 관한 보편적인 기술(記述)을 부여하는 것이라고 해도 좋을 것입니다. 우리는 보편적인 기술을 부여함으로써 그 대상을 조작·통제할 수 있습니다. 물론 그러한 실천성만이 학문의 동기는 아니지만, 그것을 통해 학문은 사회로 향해 열려 있는 것입니다.

여기에서 핵심 낱말은 (   )입니다. 결국 학문이 어떤 대상의 기술을 목표로 한다고 해도, 그것은 기술하는 사람의 주관에 좌우되지 않고, 원리적으로는 "누구에게도 그렇다."라는 식으로 이루어져야 합니다. "나는 이렇게 생각한다."라는 것만으로는 불충분하며, 왜 그렇게 말할 수 있는가를 논리적으로 누구나가 알 수 있는 방법으로 설명하고 논증할 수 있어야 합니다.

그것을 전문용어로 '반증가능성(falsifiability)'이라고 합니다. 즉 어떤 지(知)에 대한 설명도 같은 지(知)의 공동체에 속한 다른 연구자가 같은 절차를 밟아 그 기술과 주장을 재검토할 수 있고, 경우에 따라서는 반론하고 반박하고 ㉠갱신할 수 있도록 문이 열려 있어야 합니다.

24 괄호 안에 들어갈 말로 가장 적절한 것은?

① 전문성   ② 자의성
③ 보편성   ④ 특수성
⑤ 정체성

25 ㉠이 쓰인 문장으로 적절하지 않은 것은?

① 나는 만료된 여권의 갱신을 위해 구청을 방문했다.
② 자동차 운전면허 발급과 갱신에 부과되는 비용이 지나치게 많다는 지적이 있다.
③ 불법 취업자들은 비자의 갱신을 위하여 6개월에 한 번씩 출국을 하곤 한다.
④ 이번 대회에서 마라톤 기록이 여러 번 갱신되었다.
⑤ 면허 갱신을 거부하다.

1 다음과 같은 규칙으로 자연수를 4부터 차례로 나열할 때, 빈칸에 들어갈 수는?

4 5 3 6 2 7 1 ( )

① 11   ② 8
③ 9   ④ 12

2 다음의 일정한 규칙에 의해 배열된 수나 문자를 추리하여 ( ) 안에 알맞은 것을 고르면?

4 4 32   6 1 7   8 3 33   12 ( ) 28

① 1   ② 2
③ 3   ④ 4

3 OO산에는 등산로 A와 A보다 2km 더 긴 등산로 B가 있다. 서원이가 하루는 등산로 A로 올라갈 때는 시속 2km, 내려올 때는 시속 6km의 속도로 등산을 했고, 다른 날은 등산로 B로 올라갈 때는 시속 3km, 내려올 때는 시속 5km의 속도로 등산을 했다. 이틀 모두 동일한 시간에 등산을 마쳤을 때, 등산로 A, B의 거리의 합은?

① 16km   ② 18km
③ 20km   ④ 22km

4 어느 인기 그룹의 공연을 준비하고 있는 기획사는 다음과 같은 조건으로 총 1,500장의 티켓을 판매하려고 한다. 티켓 1,500장을 모두 판매한 금액이 6,000만 원이 되도록 하기 위해 판매해야 할 S석 티켓의 수를 구하면?

> ㈎ 티켓의 종류는 R석, S석, A석 세 가지이다.
>
> ㈏ R석, S석, A석 티켓의 가격은 각각 10만 원, 5만 원, 2만 원이고, A석 티켓의 수는 R석과 S석 티켓의 수의 합과 같다.

① 450장

② 600장

③ 750장

④ 900장

5 보트로 길이가 12km인 강을 거슬러 올라가는 데 1시간 30분이 걸렸고, 내려오는 데 1시간이 걸렸다. 이때, 보트의 속력 A와 강물의 속력 B를 각각 구하면?

① A : 2km/h, B : 2km/h

② A : 10km/h, B : 10km/h

③ A : 15km/h, B : 2km/h

④ A : 10km/h, B : 2km/h

6 다음은 우리나라 정치 발전 과제로서 가장 중요한 것이 무엇인지에 대한 연령별 대답을 표로 정리한 것이다. 이에 대한 설명으로 옳은 것끼리 바르게 짝지어진 것은?

(단위 : %)

정치발전과제＼연령	10대	20대	30대	40대	50대 이상
남북 통일	5	9	10	12	25
지역 감정 해소	3	7	4	4	20
집단 이기주의 극복	20	14	9	5	17
민주적 정책 결정	12	21	19	23	12
시민의 정치 참여	17	19	30	30	10
정치인의 도덕성 제고	43	30	28	26	16

① 연령이 높아질수록 '남북 통일'에 대한 응답 비율이 낮아진다.
② 30대와 40대에서 '지역 감정 해소'를 선택한 사람 수는 동일하다.
③ 10대가 '집단 이기주의 극복'을 선택한 비율은 다른 세대보다 높다.
④ 20대는 '민주적 정책 결정'보다 '시민의 정치 참여'를 더 중시한다.

7 다음은 2019 ～ 2022년 甲 ～ 丁국가 초흡수성 수지의 기술 분야별 특허출원에 대한 예시자료이다. 자료를 참고한 설명으로 옳지 않은 것은?

〈2019 ～ 2022년 초흡수성 수지의 특허출원 건수〉

(단위 : 건)

국가	기술분야	2019	2020	2021	2022
甲	조성물	5	8	11	11
	공정	3	2	5	6
	친환경	1	3	10	13
乙	조성물	4	4	2	1
	공정	0	2	5	8
	친환경	3	1	3	1
丙	조성물	2	5	5	6
	공정	7	8	7	6
	친환경	3	5	3	3
丁	조성물	1	2	1	2
	공정	1	3	3	2
	친환경	5	4	4	2

※ 기술 분야는 조성물, 공정, 친환경으로만 구성됨.

① 4년 동안의 조성물 분야 특허출원 건수가 가장 많은 국가는 甲국이다.

② 2019 ～ 2022년 각 국가별 공정 분야 특허출원 건수의 증감 추이는 4개 국가가 모두 다르다.

③ 2021년 4개 국가의 전체 특허출원 건수에서 甲국의 특허출원 건수가 차지하는 비중은 45%를 넘는다.

④ 3개 기술 분야 특허출원 건수의 합이 2021년보다 2022년에 감소한 국가는 丁국이다.

Q 다음 자료는 각국의 아프가니스탄 지원금 약속현황 및 집행현황을 나타낸 것이다. 물음에 답하시오.
【8~10】

(단위 : 백만 달러, %)

지원국	약속금액	집행금액	집행비율
미국	10,400	5,022	48.3
EU	1,721	㉠	62.4
세계은행	1,604	853	53.2
영국	1,455	1,266	87.0
일본	1,410	1,393	98.8
독일	1,226	768	62.6
캐나다	779	731	93.8
이탈리아	424	424	100.0
스페인	63	26	㉡

8 ㉠에 들어갈 값은 얼마인가?

① 647

② 840

③ 1,074

④ 1,348

9 ㉡에 들어갈 값은 얼마인가?

① 142.3%

② 58.2%

③ 41.3%

④ 40.5%

10 위의 표에 대한 설명으로 옳지 않은 것은?

① 집행비율이 가장 높은 나라는 이탈리아이다.
② 50% 미만의 집행비율을 나타내는 나라는 2개국이다.
③ 집행금액이 두 번째로 많은 나라는 일본이다.
④ 집행비율이 가장 낮은 나라는 미국이다.

11 다음은 남녀 600명의 윗몸일으키기 측정 결과표이다. 21~30회를 기록한 남자 수와 41~50회를 기록한 여자 수의 차이는 얼마인가?

(단위 : %)

구분	남	여
0~10회	5	20
11~20회	15	35
21~30회	20	25
31~40회	45	15
41~50회	15	5
전체	60	40

① 60명
② 64명
③ 68명
④ 72명

12 다음은 도시 근로자 가구와 농가의 월평균 소득의 변화 추이를 예시로 나타낸 것이다. 이러한 현상에 대한 옳은 진술을 모두 고른 것은?

(단위 : %)

연도	도시 근로자 가구(A)	농가(B)	B/A(%)
1980년	65,540	72,744	111.0
1990년	423,788	478,021	112.8
2000년	1,911,064	1,816,880	95.1
2010년	3,250,837	2,541,918	78.2
2022년	3,894,709	2,543,583	65.3

㉠ 도시 문제를 보여주는 사례이다.
㉡ 젊은 층의 이농 현상이 영향을 주었을 것이다.
㉢ 농산물 직거래 장터 운영은 해결 방안이 될 수 있다.
㉣ 농촌에서 절대 빈곤층이 증가하고 있음을 보여주고 있다.

① ㉠㉡
② ㉠㉢
③ ㉡㉢
④ ㉡㉣

13 다음은 우리나라 여러 지역의 인구 변화를 예시로 나타낸 것이다. 이에 대한 분석으로 옳지 않은 것은?

구분	1972년		1992년		2012년		2022년	
	인구	구성비	인구	구성비	인구	구성비	인구	구성비
전국	24,989	100.0	37,436	100.0	46,136	100.0	48,580	100.0
동부	6,997	28.0	21,434	57.3	36,755	79.7	39,823	82.0
읍부	2,259	9.0	4,540	12.1	3,756	8.1	4,200	8.6
면부	15,734	63.0	11,463	30.6	5,625	12.2	4,557	9.4
수도권	5,194	20.8	13,298	35.5	21,354	46.3	23,836	49.1

① 도시화율의 증가폭은 커졌다.
② 총인구의 증가율은 낮아졌다.
③ 동부의 인구는 꾸준히 증가하였다.
④ 수도권으로의 인구 집중이 심화되었다.

14 다음은 2019년과 2022년에 甲 ~ 丁 국가 전체 인구를 대상으로 통신 가입자 현황을 조사한 예시자료이다. 이에 대한 설명으로 옳은 것은?

〈국가별 2019년과 2022년 통신 가입자 현황〉

(단위 : 만 명)

연도 구분 국가	2019				2022			
	유선통신 가입자	무선통신 가입자	유·무선 통신 동시 가입자	미 가입자	유선통신 가입자	무선통신 가입자	유·무선 통신 동시 가입자	미 가입자
甲	( )	4,100	700	200	1,600	5,700	400	100
乙	1,900	3,000	300	400	1,400	( )	100	200
丙	3,200	7,700	( )	700	3,000	5,500	1,100	400
丁	1,100	1,300	500	100	1,100	2,500	800	( )

※ 유·무선 통신 동시 가입자는 유선 통신 가입자와 무선 통신 가입자에도 포함됨.

① 甲국의 2019년 인구 100명당 유선 통신 가입자가 40명이라면, 유선 통신 가입자는 2,200만 명이다.

② 乙국의 2019년 대비 2022년 무선 통신 가입자 수의 비율이 1.5라면, 2022년 무선 통신 가입자는 5,000만 명이다.

③ 丁국의 2019년 대비 2022년 인구 비율이 1.5라면, 2022년 미가입자는 200만 명이다.

④ 2019년 유선 통신만 가입한 인구는 乙국이 丁국의 3배 이상이다.

15 다음 예시표에 대한 설명으로 옳은 것은?

〈수도권의 인구 추이〉

(단위 : 만 명)

연도	전국 인구	서울 인구	수도권 인구
1980	2,500	240	520
1990	3,100	540	870
2000	3,700	840	1,330
2010	4,300	1,060	1,860
2020	4,600	990	2,140

〈2020년 수도권 현황〉

(단위 : %)

구분	수도권 점유율
면적	11.7
인구	46.5
금융 대출 금액	65.2

① 2020년 수도권의 인구 밀도는 전국 평균의 약 4배 정도이다.
② 1990년 이후 서울 인구는 수도권 인구의 과반을 차지하고 있다.
③ 2020년 1인당 평균 금융 대출 금액은 비수도권 지역이 수도권 지역보다 많다.
④ 수도권의 인구 증가로 인해 비수도권의 2010년 인구는 2000년에 비해 감소하였다.

16 도표는 국민 1,000명을 대상으로 준법 의식 실태를 조사한 결과이다. 이에 대한 분석으로 가장 타당한 것은?

• 설문 1 : "우리나라에서는 법을 위반해도 돈과 권력이 있는 사람은 처벌받지 않는 경향이 있다."라는 주장에 동의합니까?

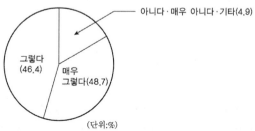

• 설문 2 : 우리나라에서 분쟁의 해결 수단으로 가장 많이 사용되는 것은 무엇이라 생각합니까?

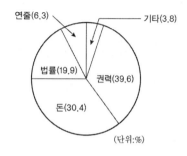

① 전반적으로 준법 의식이 높은 편이다.
② 권력보다는 법이 우선한다고 생각한다.
③ 법이 공정하게 집행되지 않는다고 본다.
④ 악법도 법이라는 사고가 널리 퍼져 있다.

17 다음은 삼국 간의 세기별 전쟁 횟수에 관한 통계 자료이다. 이 표의 내용을 바르게 분석한 것을 모두 고른 것은?

구분 \ 시기	4세기	5세기	6세기	7세기
고구려 : 백제	17	4	11	1
고구려 : 신라		7	1	8
백제 : 신라		1	4	24

㉠ 4세기 – 고구려는 남하 정책을 추진하면서 백제와 자주 싸웠다.
㉡ 5세기 – 나 · 제 동맹의 영향으로 신라와 백제의 싸움이 거의 없었다.
㉢ 6세기 – 고구려와 백제의 전쟁은 평양성 부근에서 많이 일어났다.
㉣ 7세기 – 삼국 통일기로 삼국 간의 전쟁이 가장 많이 일어났다.

① ㉠㉡   ② ㉠㉢
③ ㉠㉣   ④ ㉡㉣

18 다음은 우리나라의 인터넷 이용에 대한 통계를 예시로 보여준 자료이다. 이와 관련된 사회적 변화로 바르지 못한 것은?

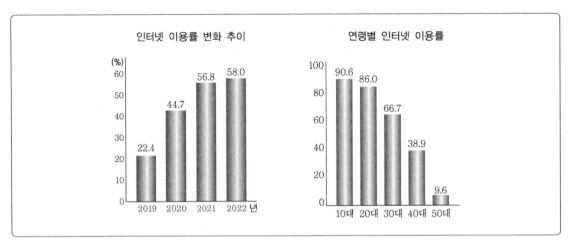

① 온라인 상의 교육 사업 확대   ② 사람들 사이의 대면 접촉 감소
③ 집에서 근무하는 직장인의 증가   ④ 세대 간 정보 수집 능력의 격차 완화

19 다음은 수도권 신도시 주민의 직장 소재지 분포를 나타낸 것이다. 이 자료를 통해 알 수 있는 신도시의 문제점에 대한 해결 방안으로 가장 적절한 것은?

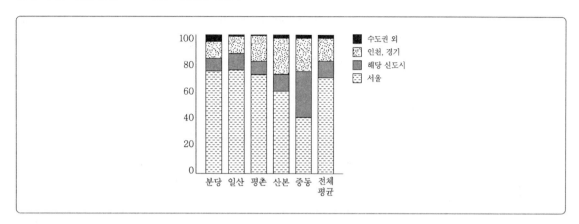

① 수도권 지역의 공장을 지방으로 이전한다.

② 신도시의 중추 관리 기능을 서울로 이전한다.

③ 서울 도심의 서비스 기능을 부도심으로 이전한다.

④ 서울과 신도시 간에 전철 등의 대중 교통망을 확충한다.

20 다음은 연령별 인터넷 이용률 변화를 예시로 보여준 표이다. 이를 통해 추론한 내용으로 가장 옳은 것은?

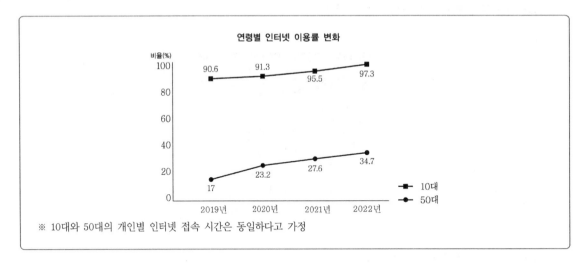

① 10대가 직접적 인간관계를 더 많이 경험한다.
② 10대가 현실과 가상공간을 혼동할 가능성이 더 크다.
③ 50대가 새로운 정보를 더 쉽게 접한다.
④ 50대가 가상의 인간관계를 더 많이 경험한다.

Q 다음 왼쪽과 오른쪽 기호, 문자, 숫자의 대응을 참고하여 각 문제의 대응이 같으면 '① 맞음'을, 틀리면 '② 틀림'을 선택하시오. 【1~3】

ʤ = (가)	ʧ = (라)	ʒ = (마)	dz = (나)	ʎ = (아)
ø = (다)	ŭ = (바)	ɐ = (사)	ɣ = (자)	ɕ = (차)

1   (다) (라) (나) (아) (자) － ø ʧ dz ʎ ɣ   ① 맞음   ② 틀림

2   (가) (마) (나) (바) (차) － ʤ ʒ dz ʧ ɕ   ① 맞음   ② 틀림

3   (라) (나) (아) (사) (마) － ʧ dz ʎ ɐ ʒ   ① 맞음   ② 틀림

Q 다음 왼쪽과 오른쪽 기호, 문자, 숫자의 대응을 참고하여 각 문제의 대응이 같으면 '① 맞음'을, 틀리면 '② 틀림'을 선택하시오. 【4~6】

Ⓔ = 2	Ⓟ = 9	Ⓓ = 7	Ⓚ = 8	Ⓜ = 1
Ⓡ = 4	Ⓑ = 6	Ⓤ = 3	Ⓛ = 0	Ⓘ = 5

4   1 3 6 8 9 － Ⓜ Ⓤ Ⓑ Ⓚ Ⓟ   ① 맞음   ② 틀림

5   4 7 0 6 5 － Ⓡ Ⓓ Ⓚ Ⓑ Ⓘ   ① 맞음   ② 틀림

6   2 5 6 9 7 － Ⓔ Ⓘ Ⓑ Ⓟ Ⓓ   ① 맞음   ② 틀림

다음 제시된 단어와 같은 단어의 개수를 고르시오. 【7~8】

7

계곡

계란	계륵	개미	거미	갯벌	계곡	계륵	갯벌	게임	계란
계곡	개미	거미	거미	계륵	갯벌	개미	개미	게임	거미
계곡	개미	계란	계륵	거미	게임	거미	계곡	개미	거미

① 1개 ② 2개
③ 4개 ④ 6개

8

여신

여성	여선생	여민락	여성	여신	여사관	여법
여고생	여성복	여복	여린박	여관	여신	여사
여관집	여수	여섯	여반장	여급	여걸	여성미
여름철	여신	여세	여북	여신	여과통	여위다
여묘	여신	여간내기	여성	여배우	여름	
여명	여리다	여과기	여수	여비서	여명	

① 2개 ② 3개
③ 4개 ④ 5개

Q 다음 중 제시된 문자와 다른 것을 고르시오. 【9~10】

9

> 滿面春風(만면춘풍)

① 滿面春風(만면춘풍)   ② 滿面春風(만연춘풍)
③ 滿面春風(만면춘풍)   ④ 滿面春風(만면춘풍)

10

> 나는 바담풍 해도 너는 바람풍 해라

① 나는 바담풍 해도 너는 바람풍 해라   ② 나는 바담풍 해도 너는 바람풍 해라
③ 나는 바담풍 해도 너는 바람풍 해라   ④ 나는 바람풍 해도 너는 바담풍 해라

11 다음 중 서로 같은 문자끼리 짝지어진 것은?

① ㄱㄴㄷㄹㅁㅂㅅㅇㅈㅊㅋㅌㅍㅎ – ㄱㄴㄷㄹㅁㅂㅅㅇㅈㅊㅋㅌㅍㅎ
② ㅌㅍㅋㅊㅁㅇㄴㄹㅂㄱㄷㅈㄱㄷㅅ – ㅌㅍㅋㅊㅂㅇㄴㄹㅂㄱㄷㅈㄱㄷㅅ
③ ㄱㄴㄹㅇㄱㅁㄴㅇㅁㄱㄴㄱㅁㄹ – ㄱㄴㄹㅇㄱㅁㄴㅇㅁㄱㄴㄱㅁㄹ
④ ㄹㄴㅅㄷㄱㄴㄹㅁㅇㄷㅂㄱㅈㅅ – ㄹㄴㅅㄷㄱㄴㄹㅅㅇㄷㅂㄱㅈㅅ

12 다음 중 짝지어진 문자 중에서 서로 다른 것은?

① 千山鳥飛絶 – 千山鳥非絶   ② 萬徑人蹤滅 – 萬徑人蹤滅
③ 孤舟簑笠翁 – 孤舟簑笠翁   ④ 獨釣寒江雪 – 獨釣寒江雪

Q 다음 왼쪽과 오른쪽 기호, 문자, 숫자의 대응을 참고하여 각 문제의 대응이 같으면 '① 맞음'을, 틀리면 '② 틀림'을 선택하시오. 【13~15】

a = 남	b = 동	c = 리	d = 우
e = 강	f = 산	g = 서	h = 북

13 동 서 남 북 우 산 - b g a h d f   ① 맞음   ② 틀림

14 우 리 강 산 동 북 - d c e f h b   ① 맞음   ② 틀림

15 동 산 남 산 우 산 서 산 - b f a f d f f g   ① 맞음   ② 틀림

Q 다음에서 각 문제의 왼쪽에 표시된 굵은 글씨체의 기호, 문자, 숫자의 개수를 모두 세어 보시오. 【16~30】

16 ㋡   ㋛㋽㋟㋧㋙㋘㋹㋒㋓㋖㋜㋒㋬㋖㋡㋟㋩㋟㋭   ① 1개   ② 2개
                                                                ③ 3개   ④ 4개

17 ㄗ   ㄱㄴㄷㄹㅁㅂㅅㅇㅈㅊㅋㅌㅍㅎㄲㄸㅃㅆㄱㄴㄷㄹ△ㅁㅂ   ① 1개   ② 2개
                                                                ③ 3개   ④ 4개

18 Ⓥ   WXYZYHVVVFEFVVHJJKVVLMNOPV   ① 8개   ② 9개
                                                                ③ 10개   ④ 11개

19 ㄹ   사람들이 없으면, 틈틈이 제 집 수탉을 몰고 와서 우리 수탉과 쌈을 붙여 놓는다.   ① 5개   ② 6개
                                                                   ③ 7개   ④ 8개

20 4   468365485875684326578326432453432843264626325462546725

① 8개   ② 9개
③ 10개   ④ 11개

21 ㅇ   여름장이란 애시 당초에 글러서, 해는 아직 중천에 있건만 장판은 벌써
쓸쓸하고 더운 햇발이 벌려 놓은 전 휘장 밑으로 등줄기를 훅훅 볶는다.

① 12개   ② 14개
③ 16개   ④ 18개

22 ⬓   ◯△▽◎⊗◻◻◇△◯◯◻▽⊗◇△▽◎⊗◻◻⊗◻◻◇△

① 2개   ② 4개
③ 6개   ④ 8개

23 ㅍ   국가관 리더십 발표력 표현력 태도 발음 예절 품성

① 1개   ② 2개
③ 3개   ④ 4개

24 t   I kept telling myself that everything was OK

① 2개   ② 3개
③ 4개   ④ 5개

25 9   5123945233754867259172317643295321897

① 1개   ② 2개
③ 3개   ④ 4개

26 ⇦   ⇦⇧⇨⇧⇦⇨⇧⇩⇦⇨⇧⇨⇩⇧⇦⇨⇨⇧⇨⇩

① 2개   ② 4개
③ 6개   ④ 8개

27 ㄷ   동해물과 백두산이 마르고 닳도록 하느님이 보우하사 우리나라 만세

① 4개   ② 5개
③ 6개   ④ 7개

28 o   Look here! This is more difficult as you think!

① 1개   ② 2개
③ 3개   ④ 4개

29 6   3141592653697932684626433862726535897323846

① 8개   ② 9개
③ 10개   ④ 11개

30 ◇   ◇◇◆◼◼◇◇◆◼◇◆◇◇◇◇◆◼◇◆◇◇◆◼◇◇◼◇◇◇

① 1개   ② 2개
③ 3개   ④ 4개

지적능력평가 정답 및 해설

공간능력

01	02	03	04	05	06	07	08	09	10	11	12	13	14	15	16	17	18	19	20
④	②	③	③	②	③	②	①	③	④	①	④	④	①	③	③	④	①	②	①
21	22	23	24	25	26	27	28	29	30	31	32	33	34	35	36	37	38	39	40
④	④	③	①	②	①	②	③	④	④	①	②	③	④	④	③	④	①	①	②
41	42	43	44	45	46	47	48	49	50	51	52	53	54	55	56	57	58	59	60
④	④	②	④	③	④	③	④	①	④	①	③	③	②	①	②	③	②	③	①
61	62	63	64	65	66	67	68	69	70	71	72	73	74	75	76	77	78	79	80
②	②	③	③	②	④	③	③	③	②	③	③	②	②	①	②	①	④	③	④
81	82	83	84																
④	①	①	③																

01 ④

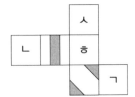

02 ②

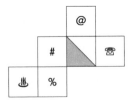

03 ③

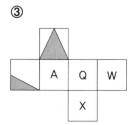

04 ③

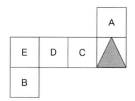

05 ②

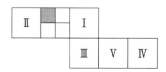

06 ③

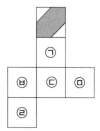

정답 및 해설 **365**

07 ②

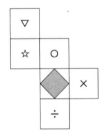

08 ①

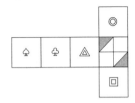

09 ③

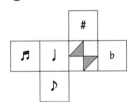

10 ④

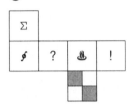

11 ①

12 ④

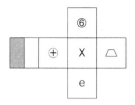

13 ④

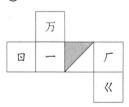

14 ①

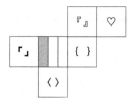

15 ③

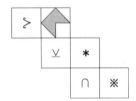

16 ③

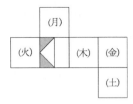

17 ④

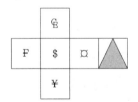

18 ①

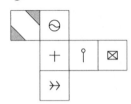

19 ②

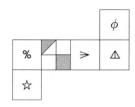

20 ①

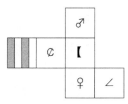

21 ④

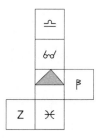

22 ④

1단 : 14개, 2단 : 9개, 3단: 5개, 4단 : 3개 총 31개

23 ③

1단 : 14개, 2단 : 9개, 3단: 6개, 4단 : 3개 총 32개

24 ①

1단 : 15개, 2단 : 10개, 3단: 6개, 4단 : 3개, 5단 : 1개 총 35개

---

25 ②

1단 : 15개, 2단 : 10개, 3단: 3개, 4단 : 3개 5단 : 1개 총 32개

---

26 ①

1단 : 13개, 2단 : 7개, 3단: 6개, 4단 : 2개, 5단 : 1개
총 31개

---

27 ②

1단 : 11개, 2단 : 5개, 3단 : 3개, 4단 : 2개
총 21개

---

28 ③

1단 : 16개, 2단 : 8개, 3단 : 5개, 4단 : 2개, 5단 : 2개
총 33개

---

29 ④

1단 : 19개, 2단 : 11개, 3단 : 7개, 4단 : 6개, 5단 : 4개, 6단 : 2개
총 49개

---

30 ④

1단 : 23개, 2단 : 16개, 3단 : 7개, 4단 : 2개
총 48개

31 ①

1단 : 15개, 2단 : 7개, 3단 : 4개, 4단 : 2개, 5단 : 1개
총 29개

32 ②

1단 : 20개, 2단 : 6개, 3단 : 3개, 4단 : 1개, 5단 : 1개
총 31개

33 ③

1단 : 16개, 2단 : 12개, 3단 : 5개, 4단 : 2개
총 35개

34 ④

1단 : 19개, 2단 : 8개, 3단 : 5개, 4단 : 2개
총 34개

35 ④

1단 : 18개, 2단 : 9개, 3단 : 6개, 4단 : 3개
총 36개

36 ③

1단 : 18개, 2단 : 11개, 3단 : 4개, 4단 : 1개
총 34개

37 ④

1단 : 18개, 2단 : 12개, 3단 : 5개, 4단 : 3개
총 38개

38 ①

1단 : 13개, 2단 : 9개, 3단 : 7개, 4단 : 3개, 5단 : 1개
총 33개

---

39 ①

1단 : 16개, 2단 : 6개, 3단 : 5개, 4단 : 1개 총 28개

---

40 ②

1단 : 16개, 2단 : 11개, 3단 : 6개, 4단 : 2개, 5단 : 1개
총 36개

---

41 ④

1단 : 20개, 2단 : 13개, 3단 : 3개, 4단 : 1개
총 37개

---

42 ④

1단 : 22개, 2단 : 9개, 3단 : 3개, 4단 : 1개
총 35개

---

43 ②

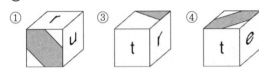

44 ④

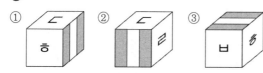

45 ③

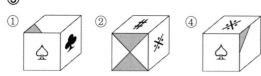

46 ④

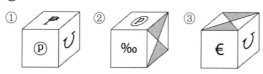

47 ③

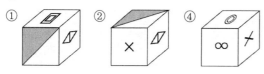

48 ④

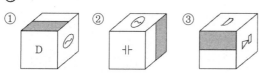

49 ①

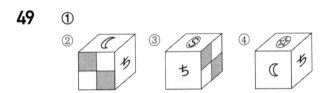

50 ④

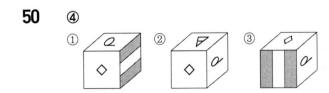

51 ①

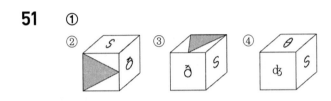

52 ③

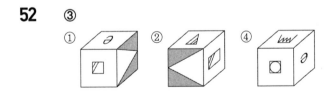

53 ③

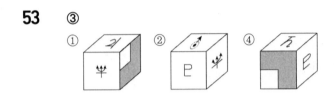

54 ②

55 ①

56 ②

57 ③

58 ②

59 ③

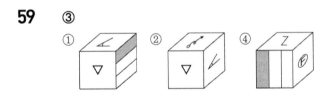

60 ①

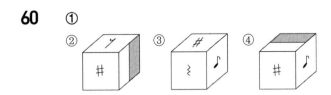

61 ②

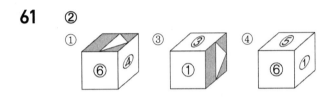

62 ②

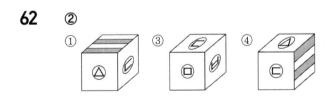

63 ③

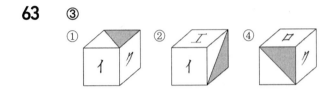

64 ③

화살표 방향을 정면으로 왼쪽에서부터 1열이라고 할 때, 5 − 3 − 4 − 3 − 1층으로 보인다.

65 ②

화살표 방향을 정면으로 왼쪽에서부터 1열이라고 할 때, 4 − 3 − 1 − 3 − 5층으로 보인다.

66 ④

화살표 방향을 정면으로 왼쪽에서부터 1열이라고 할 때, 5 − 3 − 3 − 1 − 4층으로 보인다.

67 ③

화살표 방향을 정면으로 왼쪽에서부터 1열이라고 할 때, 4 − 5 − 2 − 3 − 1층으로 보인다.

68 ③

화살표 방향을 정면으로 왼쪽에서부터 1열이라고 할 때, 2 − 2 − 3 − 4 − 3층으로 보인다.

69 ③

화살표 방향을 정면으로 왼쪽에서부터 1열이라고 할 때, 5 − 1 − 3 − 3 − 1층으로 보인다.

70 ②

화살표 방향을 정면으로 왼쪽에서부터 1열이라고 할 때, 4 − 1 − 1 − 2 − 3층으로 보인다.

71 ③

화살표 방향을 정면으로 왼쪽에서부터 1열이라고 할 때, 5 − 4 − 5 − 1 − 2 − 3층으로 보인다.

72 ③

화살표 방향을 정면으로 왼쪽에서부터 1열이라고 할 때, 1 − 3 − 2 − 3층으로 보인다.

73 ②

화살표 방향을 정면으로 왼쪽에서부터 1열이라고 할 때, 4 - 4 - 2 - 2 - 1층으로 보인다.

---

74 ②

화살표 방향을 정면으로 왼쪽에서부터 1열이라고 할 때, 1 - 3 - 2 - 2 - 3 - 1층으로 보인다.

---

75 ①

화살표 방향을 정면으로 왼쪽에서부터 1열이라고 할 때, 3 - 2 - 1 - 2 - 4층으로 보인다.

---

76 ②

화살표 방향을 정면으로 왼쪽에서부터 1열이라고 할 때, 4 - 1 - 3 - 5 - 5층으로 보인다.

---

77 ①

화살표 방향을 정면으로 왼쪽에서부터 1열이라고 할 때, 4 - 2 - 1 - 3층으로 보인다.

---

78 ④

화살표 방향을 정면으로 왼쪽에서부터 1열이라고 할 때, 4 - 2 - 2 - 3 - 1층으로 보인다.

---

79 ③

화살표 방향을 정면으로 왼쪽에서부터 1열이라고 할 때, 1 - 3 - 1 - 4 - 1층으로 보인다.

---

80 ④

화살표 방향을 정면으로 왼쪽에서부터 1열이라고 할 때, 3 - 2 - 2 - 3 - 3층으로 보인다.

81 ④

화살표 방향을 정면으로 왼쪽에서부터 1열이라고 할 때, 5 - 2 - 2 - 1 - 3층으로 보인다.

---

82 ①

화살표 방향을 정면으로 왼쪽에서부터 1열이라고 할 때, 1 - 3 - 1 - 4 - 1 - 3층으로 보인다.

---

83 ①

화살표 방향을 정면으로 왼쪽에서부터 1열이라고 할 때, 2 - 1 - 2 - 3층으로 보인다.

---

84 ③

화살표 방향을 정면으로 왼쪽에서부터 1열이라고 할 때, 1 - 4 - 1 - 2 - 4 - 6층으로 보인다.

01	02	03	04	05	06	07	08	09	10	11	12	13	14	15	16	17	18	19	20
④	③	⑤	②	①	②	③	⑤	④	②	②	④	④	④	②	③	⑤	⑤	②	④
21	22	23	24	25	26	27	28	29	30	31	32	33	34	35	36	37	38	39	40
③	②	④	③	①	③	②	②	②	③	①	④	③	②	④	④	②	③	①	②
41	42	43	44	45	46	47	48	49	50	51	52	53	54	55	56	57	58	59	60
③	①	②	⑤	④	③	③	④	③	②	④	②	②	⑤	①	⑤	⑤	⑤	③	④
61	62	63	64	65	66	67	68	69	70	71	72	73	74	75	76	77	78	79	80
④	②	①	④	①	①	③	④	④	③	④	②	②	③	①	②	②	①	⑤	①
81	82	83	84	85	86	87	88	89	90	91	92	93	94	95	96	97	98	99	100
②	③	⑤	④	③	④	①	②	⑤	④	①	④	③	②	③	④	③	⑤	②	③
101	102	103	104	105	106	107	108	109											
④	④	⑤	④	③	③	①	④	⑤											

01 ④

가르다

㉠ 쪼개거나 나누어 따로따로 되게 하다.
㉡ 양쪽으로 열어젖히다.
㉢ 승부나 등수 따위를 서로 겨루어 정하다.
㉣ 물체가 공기나 물을 양옆으로 열며 움직이다.
㉤ 옳고 그름을 따져서 구분하다.

---

02 ③

곱다

㉠ 상냥하고 순하다.
㉡ 만져 보는 느낌이 거칠지 아니하고 보드랍다.
㉢ 모양, 생김새, 행동거지 따위가 산뜻하고 아름답다.
㉣ 색깔이 밝고 산뜻하여 보기 좋은 상태에 있다.
㉤ 가루나 알갱이 따위가 아주 잘다.

03 ⑤

쓰다

㉠ 사람이 죄나 누명 따위를 가지거나 입게 되다.

㉡ 머릿속에 떠오른 곡을 일정한 기호로 악보 위에 나타내다.

㉢ 모자 따위를 머리에 얹어 덮다.

㉣ 먼지나 가루 따위를 몸이나 물체 따위에 덮은 상태가 되다.

㉤ 우산이나 양산 따위를 머리 위에 펴 들다

---

04 ②

그리다

㉠ 생각, 현상 따위를 말이나 글, 음악 등으로 나타내다.

㉡ 연필, 붓 따위로 어떤 사물의 모양을 그와 닮게 선이나 색으로 나타내다.

㉢ 어떤 모양을 일정하게 나타내거나 어떤 표정을 짓다.

㉣ 상상하거나 회상하다.

---

05 ①

굽다

㉠ 불에 익히다.

㉡ 바닷물에 햇볕을 쬐어 소금만 남게 하다.

㉢ 쇠붙이 따위가 녹을 정도로 열을 가하다.

㉣ 나무를 태워 숯을 만들다.

㉤ 한쪽으로 휘다.

---

06 ②

② 공간적 거리나 수준 따위가 일정한 선에 닿다.

①③④⑤ 영향이나 작용 따위가 대상에 가하여지다. 또는 그것을 가하다.

---

07 ③

③ 실이나 끈 따위를 씨와 날로 걸어서 천 따위를 만들다.

①②④⑤ 사개를 맞추어 가구나 상자 따위를 만들다.

08 ⑤

①②③④ 무엇이라고 가리켜 말하거나 이름을 붙이다.
⑤ 청하여 오게 하다.

---

09 ④

①②③⑤ 바닥에 댄 채로 잡아당기다.
④ 바퀴 달린 것을 움직이게 하다.

---

10 ②

①③④⑤ 감각 따위를 느끼거나 알게 되다.
② 사물의 본질이나 이치 따위를 생각하거나 궁리하여 알게 되다.

---

11 ②

② 어떤 사실, 책임, 필요성 따위를 체험하여 깨닫다.
① 마음속으로 어떤 감정 따위를 체험하고 맛보다.
③ 감각 기관을 통하여 어떤 자극을 깨닫다.
④ 특정한 대상이나 상황에 대하여 어떠하다고 생각하거나 인식하다.
⑤ 마음속으로 어떤 감정 따위를 체험하고 맛보다.

---

12 ④

④ 어떤 일을 하려고 마음을 먹다.
① 사물을 헤아리고 판단하다.
② 어떤 사람이나 일 따위에 대하여 기억하다.
③ 어떤 일을 하고 싶어 하거나 관심을 가지다.
⑤ 사물을 헤아리고 판단하다.

13 ④

④ (주로 '-기가 어렵다' 구성으로 쓰여)가능성이 거의 없다.
① 하기가 까다로워 힘에 겹다.
② 말이나 글이 이해하기에 까다롭다.
③ 가난하여 살아가기가 고생스럽다.
⑤ 말이나 글이 이해하기에 까다롭다.

---

14 ④

④ 바람이 일어나서 어느 방향으로 움직이다.
① 유행, 풍조, 변화 따위가 일어나 휩쓸다.
② 입을 오므리고 날숨을 내어보내어, 입김을 내거나 바람을 일으키다.
③ 입술을 좁게 오므리고 그 사이로 숨을 내쉬어 소리를 내다.
⑤ 코로 날숨을 세게 내어보내다.

---

15 ②

② 말하는 이가 듣는 이에게 앞말이 뜻하는 행동을 해 줄 것을 요구하는 말.
① 장부에 적다.
③ 물건을 일정한 곳에 걸거나 매어 놓다.
④ 물건을 일정한 곳에 붙이다.
⑤ 글이나 말에 설명 따위를 덧붙이거나 보태다.

---

16 ③

①②④⑤ 내기나 시합, 싸움 따위에서 재주나 힘을 겨루어 승부를 내다.
③ 감정이나 욕망, 흥취 따위를 억누르다.

---

17 ⑤

①②③④ 안에서 밖으로 옮기다.
⑤ 기계 따위를 새로 차리다.

18 ⑤

①②③④ 마음속에 확고하게 자리 잡게 하다.
⑤ 초목의 뿌리나 씨앗 따위를 흙 속에 묻다.

---

19 ②

①③④⑤ 필요한 것을 찾다.
② 상대편이 어떻게 하여 주기를 청하다.

---

20 ④

①② 어떤 일을 이루기 위하여 남에게 부탁을 하다.
③⑤ 사람을 따로 부르거나 잔치 따위에 초대하다.
④ 잠이 들기를 바라다. 또는 잠이 들도록 노력하다.

---

21 ③

③ 아리스토텔레스가 인간세계를 평민, 귀족, 왕으로 삼분한 최초의 학자라는 이야기는 찾을 수 없고 단지 아리스토텔레스 과학이 제시한 자연관이 조화롭게 삼분되어 있듯이 세계도 삼분구조로 이루어져 있다고 제시되어 있을 뿐이다.

---

22 ②

논증에서 소수 엘리트 독재는 일인 독재보다 자유권 침해가 덜하기 때문에 정당화될 수 있다는 것을 이끌어낼 수 있으므로 자유권 침해의 정도가 덜 심각한 체제는 더 쉽게 정당화된다는 전제가 필요하다.

---

23 ④

주어진 조건에 따라 나이가 많은 순서대로 나열하면 丙(丁+2)→丁=戊→甲(27세)→乙(25세)이다. 따라서 甲이 두 번째로 나이가 어리다.
① 나이가 가장 많은 사람은 丙이다.
② 乙의 현재 나이는 25세이다.

③ 丙, 丁, 戊의 정확한 나이는 알 수 없으나, 甲이 누나와 한 살 터울인 경우 丁은 28세, 丙은 丁보다 2살이 더 많으므로 30살이 된다.

⑤ 丁은 甲보다 나이가 많으며, 甲의 나이가 27살 이므로 옳지 않다.

---

24 ③

③ B형 바이러스는 사람, 물개, 족제비를 감염시키는 것이나 사람, 물개, 족제비가 모두 같은 유형의 동물이라고 할 수는 없다.

① 우리나라에서 유행한 AI는 모두는 H5 계열의 고병원성 AI다.

② 바이러스는 모두 A, B, C형으로 나뉜다.

④ 우리나라에서 6차례에 걸쳐 유행한 AI 중 H5N1는 총 4차례로 가장 많이 유행한 유형이다.

⑤ 우리나라에서 유행한 바이러스는 모두 A형 바이러스였다.

---

25 ①

영어 공용화를 한다고 해서 바로 영어 능력의 향상으로 이어지는 것은 아니며, 오히려 영어 공용화를 하지 않은 국가들이 체계적인 영어 교육을 통해 뛰어난 영어 구사자를 만들어 내고 있다고 말하고 있다.

---

26 ③

③ 도덕적 문화상대주의의 입장으로 작자의 입장과 다르다. 작자는 윤리적 판단을 회피하거나 보류하는 도덕적 문화상대주의에 빠져서는 안 된다는 주장을 하고 있다.

---

27 ②

고야는 이성의 존재를 부정한 것이 아니라 세상이 완전하게 이성에 의해서만 지배되는 것이 아니라고 하였다.

---

28 ②

① 담배를 끊지 못하고 있음을 부끄럽게 생각하는 것으로 보아 아직 담배를 피우고 있다.

③ 명확하게 알 수 없다.

④ 도박을 한 적이 있었다는 것으로 보아 도박을 끊은 상태이다.

⑤ 자신의 의지로 도박에 빠진 것인지, 의지와 무관하게 빠진 것인지는 알 수 없다.

29 ②

글에서 보면 공동사회는 개인의 권리보다 의무를 강조하고, 시민사회는 개인에게 초점을 맞추지만 공동사회는 집단에 초점을 맞추며, 미래의 시민사회에서는 집단 간의 갈등을 해소하기 위하여 사회공동체를 형성해야 한다는 것을 알 수 있다.

---

30 ③

① 가방을 들고 있으면 학생이다.
② 학생은 사전을 가지고 있지 않다.
④⑤ 외국어를 좋아하면 학생이 아니다.

---

31 ①

이집트인들은 영혼의 부활을 위해서는 완전한 육체가 보존되어야 한다고 믿었고, 이를 위한 방법으로 파손되기 쉬운 미라 대신 조각이나 회화로 대체했다. 이를 통해 이집트인들은 육체의 완전성을 중시했다는 것을 알 수 있다.

---

32 ④

장수를 위해서는 느린 신진대사, 적은 양의 소모가 선행조건임을 알 수 있다.

---

33 ③

모든 무신론자가 운명론을 거부하는 것은 아니므로 보면 운명론을 거부하는 무신론자도 있고, 그렇지 않은 무신론자도 있다는 것을 알 수 있다.

---

34 ②

여성이 차지하는 비율이 점차 커지고 있다는 것을 보면, 출신, 성별 등의 신분적 제약이 있었음을 알 수 있다.

35 ④

① 원래 '자장면'이 표준어이지만 '짜장면'이 많이 쓰였기 때문에 복수 표준어가 되었다.

② 외래어 표기법에 의하면 zh가 'ㅈ'로 표기되므로 '자장면'이 옳다.

③ 일상생활에서 많이 쓰이는 단어를 국립국어원이 표준어로 인정하였다.

④⑤ 내용상 언어는 반드시 규범에 우선하는 것이 아닌, 언어 현실이 반영되기도 한다.

---

36 ④

조직시민행동이란 '시민의식의 자발적 발현을 통해 협력적인 분위기를 고취하는 행동'이므로 사무실을 정리하거나 능력개발을 위해 학원을 다니는 것, 불필요한 전등을 끄는 행동, 신입사원을 주어진 책임 이상으로 지도하는 것은 포함되나, 다른 사람의 잘못을 상사에게 이르는 것은 조직시민행동이라 볼 수 없다.

---

37 ②

② 병·욕을 얻다.

① 남의 것을 돈을 치르고 제 것으로 만들다.

③ 다른 사람에게 어떤 감정을 갖게 하다.

④ 가치를 인정하다.

⑤ 대가를 치르고 사람을 부리다.

---

38 ③

③ '관계를 맺다'의 뜻이다.

① '서로 마주 보게 되다'의 뜻이다.

② '비, 눈, 바람 등을 맞게 되다'의 뜻이다.

④ '선, 강, 길 등이 서로 엇갈리거나 맞닿다'의 뜻이다.

⑤ '어떠한 일을 당하다'의 뜻이다.

---

39 ①

① 돈 따위가 헤프게 없어지지 않고 계속 남는다는 의미이다.

②③④⑤ '무른 것이 단단해진다'는 의미이다.

40 ②

ⓒ 독립된 존재의 의미→ⓐ 몸과 마음이 독립된 존재로 인정하는 실체이원론→ⓓ 이원론적 사고의 한 유형→ⓑ 몸과 마음은 물리적, 비물리적 실체를 가지고 있는 것으로 이성을 가지는 것은 기계가 아니라 전혀 다른 실체이며 몸과 마음은 분리가 가능하다.

---

41 ③

ⓔ 등장수축에 대한 설명 – ㉠ 등척수축에 대한 설명 – ㉺ 등척수축의 예 – ㉢㉡ 등척 수척의 원리

---

42 ①

⒩ 혈액 도핑에 대한 설명 – ⒟ 혈액 도핑 방법 – ⒨⒢ 혈액 도핑의 원리 – ⒭ 혈액 도핑의 효과

---

43 ②

⒩는 ⒨의 원인이므로 둘은 나란히 위치한다. 이어서 명과 조선의 무역 거부하자 일본은 전쟁을 택하게 되고 임진왜란이 발발하였으므로 ⒢–⒭–⒟ 순으로 이어지는 것이 적절하다.

---

44 ⑤

㉢에서 유식철학을 소개하고 있으므로 가장 처음에 위치하며 이 학파의 사상에 대한 설명이 ㉠㉺ 이어진다. ㉡은 ㉠과 ㉺에 대한 추가 설명이며 ㉣은 유식 학파가 유가행파라고 불리는 이유를 앞선 내용과 종합하여 설명하고 있다.

---

45 ④

㉠ 남자와 ㉡ 여자는 서로 반의어 관계이므로 보기 중 반의어 관계로 된 것은 [④ 앉다 : 서다]이다.

---

46 ③

① 틀리다 : 셈이나 사실 따위가 그르게 되거나 어긋나다.
　다르다 : 비교가 되는 두 대상이 서로 같지 아니하다.

② 달이다 : 약제 따위에 물을 부어 우러나도록 끓이다, 액체 따위를 끓여 진하게 만들다.

다리다 : 옷이나 천 따위의 주름이나 구김을 펴고 줄을 세우기 위하여 다리미나 인두로 문지르다.

④ 조리다 : 고기나 생선, 야채 등을 양념하여 국물이 거의 없게 바짝 끓이다.

졸이다 : 속을 태우다시피 초조해하다.

⑤ 바래다 : 볕이나 습기를 받아 색이 변하다.

바라다 : 생각이나 바람대로 어떤 일이나 상태가 이루어지거나 그렇게 되었으면 하고 생각하다.

---

47 ③

③ 다음 문장에서 붉은 박쥐가 어떠한 특정 동식물에 속해 있다는 내용이 나오므로 ③의 위치에 '멸종 위기 야생 동식물'의 지정에 대한 내용이 들어가는 것이 알맞다.

---

48 ④

해가 지면 행복한 가정에서 하루의 고된 피로를 풀기 때문에 농부들이 고된 노동에도 긍정적인 삶의 의욕을 보일 수 있다는 내용을 찾으면 된다.

---

49 ③

공식적인 발언을 할 때에는 자신은 낮추고 청자는 높여서 표현해야 하므로 '본인 → 저, 여러분에게 → 여러분께'로 고쳐야 한다.

---

50 ②

한낱 … '오직 단 하나 뿐의, 하잘 것 없는'을 이르는 말이다.

① 한탄하여 한숨을 쉼. 또는 그 한숨.

③ 진귀한 물품이나 지방의 토산물 따위를 임금이나 고관 따위에게 바침.

④ 낮의 한가운데. 곧, 낮 열두 시를 전후한 때를 이른다.

⑤ '능히', '넉넉히' 또는 '과연', '전혀', '결코', '마땅히'의 뜻을 나타낸다.

51 ④

① 해가 서쪽으로 기울어질 때, 해가 질 무렵을 이르는 말이다.

② 구름과 안개를 이르는 말이다.

③ 햇빛이 대기 속의 수증기에 비치어 해의 둘레에 둥그렇게 나타나는 빛깔 있는 테두리를 이르는 말이다.

⑤ 위험을 무릅쓰고 바다를 항해함을 이르는 말이다.

---

52 ②

② 본디 것 대신에 다른 것으로 가는 일

① 따로따로 갈라놓는 일

③ 목표나 기준에 맞고 안 맞음을 헤아리는 일

④ 보기 좋을 정도로 조금 가늘고 긴 듯함

⑤ 부부가 아닌 남녀가 성관계를 맺음

---

53 ②

고독을 즐기라고 권했으므로 '심실 속에 고독을 채우라'가 어울린다. 따라서 빈칸에 들어갈 알맞은 것은 고독이다.

---

54 ⑤

고찰(考察) … 어떤 것을 깊이 생각하고 연구함

① 큰 관심 없이 대강 보아 넘기는 것을 뜻한다.

② 자기 마음을 반성하여 살핌을 뜻한다.

③ 자기 자신의 태도나 행동을 스스로 반성하다.

④ 내용 일부를 보태거나 삭제하여 고침을 뜻한다.

---

55 ①

고식지계(姑息之計) … 당장의 편안함이나 이익만을 꾀하는 일시적인 방편

② 바른 길에서 벗어난 학문으로 세상 사람에게 아첨함을 이르는 말이다.

③ 간사한 꾀로 남을 속여 희롱함을 뜻한다.

④ 윗사람을 농락하여 권세를 마음대로 함을 의미한다.

⑤ 사람이 보다 나은 방향으로 변하여 전혀 딴사람처럼 되는 것을 의미한다.

56 ⑤

제목은 전체 내용을 포괄해야 한다. 제시된 글은 언어가 사물을 자의적으로 범주화하여 사람이 이를 통해 사물을 인지하는 것에 대한 내용이므로 언어와 인지가 적절하다.

---

57 ⑤

노력하여 성공을 이룬 사람과 가난하더라도 꿈이 있는 사람의 차이는 바로 목표 성취의 여부이다. 목표를 성취한 사람은 노력해온 결과를 얻었으나 추구해야 할 목표가 사라져서 허탈감에 빠지게 되는 것이다. 그러므로 결과보다는 과정을 중시해야 한다는 반응이 적절하다.

---

58 ⑤

손을 씻다 … 관용구로서 부정적인 일이나 탐탁치 못한 일에 대하여 관계를 청산한다는 의미가 있다.

---

59 ③

바늘로 몽둥이 막는다. … 당해 낼 수 없는 힘으로 큰 것을 막으려 하는 어리석은 행동을 비꼬는 말이다.
① 다 된 일에 마지막에 우연한 일로 망치게 됨
② 같은 내용의 이야기라도 이렇게 말하여 다르고 저렇게 말하여 다름
③ 몹시 위태로운 일을 모험적으로 행하는 경우
⑤ 소를 도둑맞은 다음에서야 빈 외양간의 허물어진 데를 고치느라 수선을 떤다는 뜻으로, 일이 이미 잘못된 뒤에는 손을 써도 소용이 없음을 비꼬는 말

---

60 ④

빈칸 다음 문장에서 지나가는 행인들이 광복의 기쁨을 만끽하는 상황에 대해 삼복은 사람들의 기분을 잘 모르겠고 이해하지 못하겠다는 반응을 보이고 있다.

---

61 ④

19세기말은 화가의 화풍의 변화가 일어나고, 경제학자들의 가치관에 변화가 일어났으며 법학자들의 법에 대한 접근법에도 변화가 일어났다. 따라서 괄호 안에는 '패러다임의 총체적 전환'이 들어가는 것이 가장 알맞다.

62 ②

② '서양 자본주의 문화의 원리와 구조를 정확히 인식하지 못해'라는 문장의 앞부분과 내용의 흐름상 서양의 문화에 대한 인식 부족에 따른 부정적인 내용이 이어지는 것이 자연스럽다.

63 ①

빈칸의 앞, 뒤 문장을 통해 실제로는 자동차를 못 사는 상황이지만 자신의 의지로 사지 않는다는 식의 자기 최면이나 포장이 확산되어 자동차를 사지 않는 풍조가 생겨났음을 알 수 있다.

64 ④

'이민 길이 막혀 있을수록 국가 시스템에 대해 옹호하는 경향이 있다. 돈 때문에 이민을 떠나지 못한다'로부터 가난한 사람일수록(돈 때문에) 국가 전체의 문제를 긍정적으로 받아들이는(국가 시스템을 옹호하는) 경향이 있음을 알 수 있다.

65 ①

㉠ 어떤 일이나 현상에 대하여 깊이 살핌. → 주시

㉡ 언행을 삼가고 조심히 함. → 근신

㉢ 주의 · 주장을 세상에 널리 알림. → 선전

경시 … 대수롭지 않게 보거나 업신여김.

신중 … 매우 조심스러움.

전달 … 지시나 명령 또는 물품 등을 다른 사람이나 기관에 전하여 이르게 함.

은둔 … 세상일을 피하여 숨음.

66 ①

② '진리의 탐구'와 서술어 '도야하는'이 호응하지 않으므로, '진리의 탐구와'를 '진리를 탐구하고'로 고치는 것이 좋다.

③ '눈맵시'는 '눈이 생긴 모양새.'라는 뜻이므로, 문맥상 '한두 번 보고 곧 그대로 해내는 재주.'를 뜻하는 '눈썰미'로 바꿀 필요가 있다.

④ '사색에 잠기기도 하고'와 '내일을 설계했다'가 서로 어울리지 않으므로, '내일을 설계했다'를 '내일을 설계하기도 했다'로 고쳐야 한다.

⑤ '내가 강조하는 것은'과 '민족 사회의 보물이다'에서 주술 호응이 이루어지지 않으므로, '보물이다'를 '보물이라는 것이다'로 고칠 필요가 있다.

---

67 ③

'이제 더 이상 대중문화를 무시하고 엘리트 문화지향성을 가진 교육을 하기는 힘든 시기에 접어들었다.'가 이 글의 핵심문장이라고 볼 수 있다. 따라서 대중문화의 중요성에 대해 말하고 있는 ③이 정답이다.

---

68 ④

네 번째 줄에 '그 원동력은 매몰된 광부들 스스로가 지녔던, 살 수 있다는 믿음과 희망이었다.'를 통해 글의 주제를 알 수 있다.

---

69 ④

제시된 글은 영화와 연극을 서로 견주어 보면서 비슷한 점과 차이점에 대하여 기술하고 있다.

---

70 ③

ⓛ은 '보편적 이성이란 없다'로 요약된다. 주어진 문장과 ⓒ은 ⓛ의 근거가 되는데, ⓒ에서 '~관해서도'라고 하였으므로 주어진 문장이 ⓒ보다 먼저 제시되는 것이 적절하다. 따라서 주어진 문장은 ⓛ 바로 뒤에 들어가야 한다.

---

71 ④

이 글의 주제는 변영태가 청백리라는 사실이다. ㉠은 청백리와 직접적인 관계가 없는 내용이며, ㉣은 책임감, 상사에 대한 충성심에 어울리는 내용이므로 ㉠㉣을 생략하여야 글의 통일성을 이룰 수 있다. 따라서 반드시 있어야 하는 것은 ㉡㉢이다.

---

72 ②

존 스노는 소호 지역에 대한 상세한 지도를 그린 후 사망자들이 발생한 지점에 점을 찍는 방식으로 문제의 원인을 발견했다. 지도와 그림을 활용하는 것은 대표적인 공간적 사고에 해당한다.

73 ②

① 내가 영화를 좋아하는 것보다 더 좋아하는지, 나와 영화 중에서 영화를 좋아하는 것인지 명확하지가 않다.

③ 손님이 한 명도 오지 않은 것인지 다 오지 않은 것인지 알 수 없다.

④ 그녀의 친구가 상냥한지, 그녀가 상냥한지 알 수 없다.

⑤ 그녀가 누구나 다 좋아하는지, 누구나 그녀를 좋아하는지 알 수 없다.

---

74 ③

글의 세부 내용을 파악하기 위해서는 정확하고 자세하게 읽어야 하며 전체적인 구조와 짜임, 중심 내용을 파악하기 위해서는 세부 내용에 치중하기보다는 전체를 훑어보아야 한다.

※ 독서의 여러 가지 방법

  ㉠ **통독(通讀)** : 단순한 내용일 때 전체를 가볍게 읽는 방법으로 소설이나 신문 등을 읽을 때 사용된다.

  ㉡ **다독(多讀)** : 많은 내용을 읽는 방법으로 연구 주제를 위한 참고 서적을 읽을 때 사용된다.

  ㉢ **속독(速讀)** : 빠른 속도로 읽은 방법이다.

  ㉣ **묵독(黙讀)** : 눈으로 조용히 읽어 가는 방법이다.

  ㉤ **정독(精讀)** : 내용을 자세히 파악해 가며 읽는 방법으로 양서, 교과서, 전문 서적 등을 읽을 때 사용된다.

  ㉥ **색독(色讀)** : 글귀나 문장을 있는 그대로 해석하는 방법이다.

  ㉦ **발췌독(拔萃讀)** : 여러 책이나 글에서 필요한 부분만 뽑아서 읽는 방법이다.

---

75 ①

① 소비 사회 속에서 '몸'이 지니는 의미에 대한 내용이 와야 적절하다.

---

76 ②

독서의 바른 태도와 그 방법에 대해 생각해보며 독서의 본질이 무엇인지 깨닫게 하는 내용이다.

---

77 ②

인도사람들의 대부분은 힌두교도로, 이들은 소를 신성시하여 숭배하는 문화를 가지고 있다. 이들에게 소의 희생, 봉사정신의 큰 덕을 본받자는 교훈적 주제를 전달하려는 글을 쓴다면 주제가 전달되기도 전에 한국인들의 잔인함에 먼저 분노의 감정부터 나타낼 것이다.

78 ①

제시된 글은 김구의 나의 소원으로 우리나라의 완전한 자주독립과 우리의 사명에 대해 피력하고 아름다운 우리나라 건국의 소망을 강한 설득력과 호소력으로 표현하고 있는 설득적인 논설문이다. 따라서 이 글의 목적은 독자의 행동과 태도 등을 변화시키는 것이다.

---

79 ⑤

이 글은 첫 문장에서 인간은 자기 뇌의 10%도 쓰지 못하고 죽는다고 언급하며 심지어 10%도 안 되는 활용을 한다는 주장들을 예로 들며 내용을 전개하고 있다. 따라서 뒤에 이어질 내용은 인간의 두뇌 활용에 관련된 내용이 오는 것이 적합하다.
⑤ 개성적인 인간으로 성장하기 위한 조기 교육은 이 글 뒤에 이어질 내용으로 부적합하다.

---

80 ①

① 빠져서 없음을 의미한다.
② 가볍게 보는 것을 뜻한다.
③ 굳게 지님을 의미한다.
④ 업신여김을 뜻한다.
⑤ 모조리 잡아 없애는 것을 뜻한다.

---

81 ②

① 잘못된 것이나 나쁜 것 따위를 고쳐 더 좋거나 착하게 만드는 것을 의미한다.
② 이미 있던 것을 고쳐 새롭게 함을 뜻한다.
③ 문서의 내용 따위를 고쳐서 바르게 하는 것을 이르는 말이다.
④ 거의 죽을 지경에서 다시 살아남을 뜻한다.
⑤ 중요한 내용이나 줄거리를 대강 추려내는 것을 의미한다.

82   ③

① 어떤 사람을 높은 자리에 올려 씀 또는 면직되거나 휴직한 사람을 다시 불러 씀을 말한다.

② 임금으로 받들어 모심 또는 떠받들어서 지도자를 세움을 이르는 말이다.

③ 어떤 조건에 적합한 대상을 책임지고 소개하는 것을 말한다.

④ 관직에 명하거나 직무를 맡김을 이르는 말이다.

⑤ 물건이나 사건 따위를 어떤 대상이나 과정으로 돌려보내거나 넘기는 것을 말한다.

---

83   ⑤

공통으로 들어갈 단어는 '교정'이다

※ 교정의 여러 가지 의미

ㄱ 교정(交情) : 사귀어 온 정

ㄴ 교정(校正) : 교정쇄와 원고를 대조하여 고침

ㄷ 교정(校庭) : 학교의 운동장

ㄹ 교정(矯正) : 잘못된 것을 바로잡음

ㅁ 교정(教正) : 가르쳐서 바로잡음

---

84   ④

집을 나섬→영종대교를 지남→인천공항에 도착→출국 수속을 마침→공항 구경으로 이어지고 있다. 따라서 정답은 ④ '시간의 경과에 따른 체험과 행위를 서술한다'가 된다.

---

85   ③

첫 번째 괄호는 바로 전 문장에 대해 전환하는 내용을 이어주어야 하므로, '그런데'가 적절하다. 두 번째 괄호는 바로 전 문장과 인과관계에 있는 문장을 이어주므로 '그래서'가 적절하다. 따라서 정답은 ③이다.

---

86   ④

설명하는 이의 말 중에서 '굿판을 벌이는 가장 중요한 이유는 살아 있는 사람들이 복을 받고 싶기 때문이다'라는 표현을 통해서 굿의 현실적 의미가 가장 중시되고 있음을 알 수 있다.

87 ①

세 번째 문장의 '인간의 생존 자체를 위협하는 것'이라는 어구를 통해 공포라는 어휘가 적절함을 유추할 수 있다.

---

88 ②

컴퓨터, 전화 등은 정보기기에 속하며, 두 번째 문단의 첫 문장을 통해서도 빈칸에 들어갈 단어를 유추할 수 있다. 또한 이러한 정보기기의 발달은 마음의 해방을 준다는 내용을 전달하고 있으므로 마음의 '여유'라는 표현을 사용하는 것이 적절하다.

---

89 ⑤

주어진 자료는 도시의 에너지 흐름 및 순환, 온도 변화, 열의 이동 등에 관한 내용으로서, 에너지 절약형 도시 건축을 위한 제언의 글을 쓸 때 활용될 수 있다.

---

90 ④

제시된 글은 새로 나온 영어 학습 교재를 독자에게 소개하는 글의 일부로, 책의 용도, 구성, 학습 효과 등을 설명하고 있다. 언어 장애인을 치료하는 전문가였다는 소개의 내용은 이 책의 소개 내용과 아무 관계가 없으므로 삭제해야 한다.

---

91 ①

명불허전 … 이름이 날 만한 까닭이 있음, 명성이나 명예가 헛되이 퍼진 것이 아니다.
② 학식이 있는 것이 오히려 근심을 사게 되다.
③ 자세히 살피지 않고 대충대충 훑어 살피다.
④ 몹시 두려워 벌벌 떨며 조심하다.
⑤ 옥이나 돌 따위를 갈고 닦듯이 부지런히 학문과 덕행을 쌓다.

---

92 ④

④ 연금술이 중세기 때 번성했다는 사실은 나와 있지만 연금술이 언제 생겨났는지는 언급되어 있지 않다.

93 ③

③ '풀다'라는 단어를 통해 우리 민족의 특성을 설명하는 글이다.

---

94 ②

'곤충에도 뇌가 있다(인간과 같다).'는 문장과 '인간의 뇌만큼 발달되어 있지 않다(차이).'는 문장으로 역접의 관계를 나타내는 접속어를 선택한다. 두 번째 괄호에는 '때문이다'로 보아 원인을 나타내는 접속사가 들어가야 한다.

---

95 ③

보기에 있는 속담들은 사소한 문제를 해결하려고 지나친 방법을 사용하는 것은 오히려 더 큰 문제를 일으킨다는 뜻으로 쓰인다. 이것과 관련되는 고사성어가 '교왕과직(矯枉過直)'이다. 이것은 '잘못을 바로 잡으려다 지나쳐 오히려 나쁘게 하다.'의 뜻이다.
① 雪上加霜(설상가상) : 눈 위에 또 서리가 덮인 격이라는 뜻으로, '어려운 일이 연거푸 일어남'을 비유하여 이르는 말이다.
② 犬馬之勞(견마지로) : 개나 말 정도의 하찮은 힘이란 뜻으로, '윗사람(임금 또는 나라)을 위하여 바치는 자기의 노력'을 겸손하게 이르는 말이다.
④ 徒勞無益(도로무익) : 헛되이 수고만 하고 보람이 없다는 뜻이다.
⑤ 침소봉대(針小棒大) : 작은 일을 크게 떠벌리거나 과장하는 것을 말한다.

---

96 ④

④ 일부는 불평을 하나 일부는 불평하지 않는다는 말에 따라 찬반 주장이 있을 수 있는 것이 적절하다. 온실효과의 경우 그 주가 되는 대기오염은 산업발전 과정에서 화석연료를 사용함으로써 야기된다. 이에 따라 선진국과 후진국에서의 입장 차이가 있을 수 있다.

---

97 ③

19세기 실험심리학의 탄생부터 독일에서의 실험심리학의 발전 양상을 설명하고 있는 글이다.

98 ⑤

① **독점적 기업** : 다른 경쟁 기업을 배제하고 생산과 시장을 지배하여 이익을 독차지하는 기업이다.

② **사익적 기업** : 공공의 이익 보다는 기업의 이익을 위해 애쓰는 기업이다.

③ **다국적 기업** : 세계 각지에 자회사·공장 등을 확보하고 생산 활동과 판매활동을 벌이는 기업이다.

④ **호혜적 기업** : 서로 특별한 혜택을 주고받으며 기업 활동을 하는 기업이다.

---

99 ②

② 사회적 기업은 유급 근로자를 고용하여 영업활동을 수행할 수 있다.

---

100 ③

(가)에서 과학자가 설계의 문제점을 인식하고도 노력하지 않았기 때문에 결국 우주왕복선이 폭발하고 마는 결과를 가져왔다고 말하고 있다. (나)에서는 자신이 개발한 물질의 위험성을 알리고 사회적 합의를 도출하는 데 협조해야 한다고 말하고 있다. 두 글을 종합해보았을 때 공통적으로 말하고자 하는 바는 '과학자로서의 윤리적 책무를 다해야 한다.'라는 것을 알 수 있다.

---

101 ④

끈끈이주걱의 번식 방법에 대해서는 지문에 언급되어 있지 않다.

---

102 ④

④ '자연적인 조건들과 문화적인 여건들에 의해서 형성된 공간 개념이 어떤 것인가를 알아보고자 하였다' 를 통해 상관이 있음을 알 수 있다.

---

103 ⑤

우리의 전통윤리가 정(情)에 바탕으로 하고 있기 때문에 자기중심적인 면이 강하고 공과 사의 구별이 어렵다는 것을 이야기 하고 있다.

104 ④

외교관은 지문에서 언급한 '대부분의' 한국인에 속한다고 보기 어렵다.

---

105 ③

③ 차례, 위치, 이치, 가치관 따위가 뒤바뀌어 원래와 달리 거꾸로 됨 또는 그렇게 만듦을 뜻한다.
① 근원이 다른 물줄기가 서로 섞이어 흐름 또는 문화나 사상 따위가 서로 통함을 의미한다.
② 액체 따위가 스며들거나 세균이나 병균 따위가 몸속에 들어옴 또는 어떤 사상이나 현상, 정책 따위가 깊이 스며들어 퍼진다는 의미로 '스밈'으로 순화하여 사용된다.
④ 맞지 아니하고 서로 어긋남을 의미한다.
⑤ 여럿 중에서 불필요하거나 적당하지 않은 것을 줄여서 없앰을 의미한다.

---

106 ③

단락의 통일성이란 하나의 단락 안에는 한 개의 중심 화제, 소주제가 있어야 한다는 구성의 원리이다. ㉠이 중심 화제이다. 글의 일관성이란 한 단락의 모든 내용은 중심 화제, 소주제를 향하여 긴밀하게 연결되어야 한다는 구성의 원리이다. ㉢은 공해의 내용과 거리가 멀다.

---

107 ①

주어진 글에서 ㉠대장균은 ㉡질병을 막아주는 역할을 한다고 하였으므로
보기 중 이와 유사한 관계로 이루어진 것은 '① 댐 : 홍수'이다.
댐은 홍수를 막아주는 역할을 한다.

---

108 ④

주어진 글에서 ㉡점술이 ㉠과학의 도움을 받아 서로 공존을 이루어낸다고 하였으므로
보기 중 이와 유사한 관계로 이루어진 것은 '④ 꽃 : 나비'이다.
나비는 꽃으로부터 양분을 얻으며, 꽃은 나비를 통해 생식의 도움을 받는 방식으로 공생한다.

---

109 ⑤

주어진 글에서 ㉠노비는 ㉡농노를 포함하는 의미이므로
보기 중 이와 유사한 관계로 이루어진 것은 '⑤ 남자 : 총각'이다.

01	02	03	04	05	06	07	08	09	10	11	12	13	14	15	16	17	18	19	20
②	④	①	②	②	①	②	③	④	②	④	②	①	④	②	④	③	③	③	②
21	22	23	24	25	26	27	28	29	30	31	32	33	34	35	36	37	38	39	40
③	④	③	③	④	②	①	③	③	④	③	①	②	④	①	②	②	④	③	②
41	42	43	44	45	46	47	48	49	50	51	52	53	54	55	56	57	58	59	60
③	③	④	③	①	③	③	③	④	③	④	④	②	④	③	②	③	②	②	④
61	62	63	64	65	66	67	68	69	70	71	72	73	74	75	76	77	78	79	80
②	②	③	③	④	③	④	③	①	①	①	②	④	④	③	②	③	①	②	①
81	82	83	84	85	86	87	88	89	90	91	92	93	94	95	96	97	98	99	100
①	③	②	③	①	③	①	②	②	③	③	②	④	③	②	②	③	③	④	②

01 ②

주어진 수열은 소수가 작은 수부터 나열되며 각 수의 값만큼 숫자가 나열된다. 따라서 13은 2, 3, 5, 7, 11의 다음에 등장하게 되며, 마지막 11이 나오는 28번째 다음 29번째에 처음 나온다.

02 ④

주어진 수열은 2부터 2의 배수가 나열되며, 2의 배수의 약수가 함께 나열되고 있다. 2의 약수는 2개, 4의 약수는 3개, 6 · 8 · 10 · 14의 약수는 4개, 12의 약수는 6개 이므로, 16은 28번째에 등장한다.

03 ①

주어진 수열은 3의 n배수가 n개씩 나열되는 규칙을 가지고 있다. 21은 3의 7배수이므로 18이 마지막으로 나오는 21번째 다음인 22번째에 등장한다.

04 ②

주어진 수열은 2부터 소수가 순서대로 나열되며 앞서 제시된 숫자의 수만큼 다음 숫자가 나열되는 규칙을 가지고 있다. 29는 마지막 23이 등장하는 78번째 다음으로 등장한다.

05 ②

주어진 수열은 2의 배수가 나열되며, 자신의 값만큼 수가 나열되는 규칙을 가지고 있다. 20은 마지막 18이 등장하는 90번째 다음 91번째에 처음 등장한다.

---

06 ①

주어진 수열은 세 번째 항부터 앞의 두 항을 더한 값이 다음의 항이 되는 규칙을 가지고 있다. 따라서 빈칸에 들어갈 수는 $64+105=169$이다.

---

07 ②

주어진 수열은 $5n(n=1,\ 2,\ 3,\ 4...)$에 소수가 순서대로 더해지는 규칙을 가지고 있다. 따라서 빈칸에 들어갈 수는 $5\times7+17=52$이다.

---

08 ③

주어진 수열은 앞의 항$\times2-5$의 규칙을 가지고 있다. 따라서 빈칸은 $197\times2-5=389$이다.

---

09 ④

주어진 수열은 홀수 번째 수열에는 $\times2$, 짝수 번째 수열에는 $+14$가 적용되고 있다. 따라서 빈칸은 $72\times2=144$이다.

---

10 ②

제시된 수열은 첫 번째 수에서부터 -8을 한 뒤 십의 자리와 일의 자리의 수의 위치를 바꾼 것이다. $48-8=40$이므로 '40' 십의 자리와 일의 자리의 위치를 바꾸면 4가 된다.

11 ④

두 주사위를 동시에 던질 때 나올 수 있는 모든 경우의 수는 36이다. 숫자의 합이 7이 될 수 있는 확률은 (1,6), (2,5), (3,4), (4,3), (5,2), (6,1) 총 6가지, 두 주사위가 같은 수가 나올 확률은 (1,1), (2,2), (3,3), (4,4), (5,5), (6,6) 총 6가지다.

$$\therefore \frac{6}{36} + \frac{6}{36} = \frac{1}{3}$$

---

12 ②

42(돈가스를 주문한 사람) + 36(우동을 주문한 사람) − 50(총 다녀간 손님 수) = 28

---

13 ①

$\dfrac{거리}{속력} = 시간$이고, 처음 집에서 공원을 간 거리를 x라고 할 때,

$$\frac{x}{2} + \frac{x+3}{4} = 6 \Rightarrow 3x = 21$$
$$\therefore x = 7$$

---

14 ④

20%의 소금물의 양을 Xg이라 하면, 증발시킨 후 소금의 양은 같으므로

$$X \times \frac{20}{100} = (X-60) \times \frac{25}{100},\ X = 300 \text{이다.}$$

더 넣은 소금의 양을 xg이라 하면,

$$300 \times \frac{20}{100} + x = (300 - 60 + x) \times \frac{40}{100}$$

$$x = 60$$

15 ②

정가를 x 원이라 하면,

$(\text{판매가}) = x - x \times \dfrac{20}{100} = x\left(1 - \dfrac{20}{100}\right) = 0.8x \, (\text{원})$

$(\text{이익}) = 100 \times \dfrac{4}{100} = 4 \, (\text{원})$

따라서 식을 세우면 $0.8x - 100 = 4$

$x = 130 \, (\text{원})$

정가는 130원이므로 원가에 $y\%$ 의 이익을 붙인다고 하면 $100 + 100 \times \dfrac{y}{100} = 130$

$$y = 30$$

따라서 30%의 이익을 붙여 정가를 정해야 한다.

---

16 ④

시간당 새는 물의 양은 $\dfrac{\text{새어 나간 물의 양}}{\text{그 동안의 시간}}$ 으로 볼 수 있다.

시간당 새는 물의 양 $= \dfrac{20 - 15}{1} = 5$ 이고 이미 물이 15ℓ 가 된 후에서 2시간이 더 지난 것이므로 $15 - (5 \times 2) = 5$ 이다. 따라서 남은 물의 양은 5ℓ 이다.

---

17 ③

원가를 x 라고 할 때,

$1.3x - 1,000 = 1.2x$

$0.1x = 1,000$

$x = 10,000$

---

18 ③

기차의 속력을 x 라 하고 터널의 길이를 y 라 하면

$50x = 400 + y$

$2 \times 23x = 200 + y$

$\therefore y = 2,100$

19 ③

현준이가 매달 받는 월급을 $5x$원이라고 하면 정미가 매달 받는 월급은 $4x$원이다.

지출액 = 월급 − 남은 돈이므로 두 사람의 지출액은 각각 $5x-300,000$, $4x-300,000$이다.

따라서 $5x-300,000 : 4x-300,000 = 7 : 5$이며 외항의 곱과 내항의 곱은 같으므로

$x=200,000$이다. ∴ 현준이가 받는 월급은 1,000,000원이다.

---

20 ②

64와 80의 최대공약수인 16m를 간격으로 하면 된다.

$64 \div 16 = 4$, $80 \div 16 = 5$이므로

필요한 말뚝의 개수는 $(4+1) \times 2 + (5+1) \times 2 - 4 = 18$이다.

---

21 ③

$100(만 \ 원) \times \dfrac{35}{100} = 35(만 \ 원)$

---

22 ④

$150(만 \ 원) \times \dfrac{36}{100} = 54(만 \ 원)$

---

23 ③

$150(만 \ 원) \times \dfrac{30}{100} = 45(만 \ 원)$

---

24 ③

㉠ 작년의 주거비 : $100(만 \ 원) \times \dfrac{35}{100} = 35(만 \ 원)$

㉡ 올해의 주거비 : $150(만 \ 원) \times \dfrac{36}{100} = 54(만 \ 원)$

25 ④

① 75m 이상에서는 2월의 수온이 높다.

② 2월의 수온은 10m일 때 가장 높다.

③ 10m, 125m일 때는 높아졌다.

---

26 ②

A국의 대졸 무직자의 수는 $15,000 \times 18\% = 2,700$명이고, C국의 대졸 무직자의 수가 같으므로 C국의 대졸 인원의 28%는 2,700명이 된다. C국의 대졸 인원이 x라고 하면 $x \times 28\% = 2,700$이므로 x는 약 9,643명 이다.

---

27 ①

합격률 공식에 따르면 ⓐ는 $\dfrac{9,903}{21,651} \times 100 = 45.7\%$, ⓑ는 $\dfrac{49,993}{101,949} \times 100 = 49.0\%$이다.

---

28 ③

※ 1인당 연간 독서 권수 $= \dfrac{독서 권수}{비독서 인구 + 독서 인구}$

※ 독서 인구 1인당 연간 독서 권수 $= \dfrac{독서 권수}{독서 인구}$

※ 독서 인구 비율 $= \dfrac{독서 인구}{비독서 인구 + 독서 인구}$

$\dfrac{독서 권수}{독서 인구} \times \dfrac{독서 인구}{비독서 인구 + 독서 인구} = \dfrac{독서 권수}{비독서 인구 + 독서 인구}$ 이므로

1인당 연간 독서 권수 $=$ 독서 인구 1인당 연간 독서 권수 $\times$ 독서 인구 비율임을 알 수 있다. 빈칸은 독서 인구 1인당 연간 독서 권수이므로 '1인당 연간 독서 권수 $\div$ 독서 인구 비율'의 식으로 구할 수 있다.

ⓐ는 $14.0 \div 74.1\% = 14.0 \times \dfrac{100}{74.1} = 18.9$

ⓑ는 $13.1 \div 68.6\% = 13.1 \times \dfrac{100}{68.6} = 19.1$

ⓐ $+$ ⓑ $= 18.9 + 19.1 = 38$

29 ③

③ 기계설계의 응시율＝88.4%

① 치공구설계의 응시율＝78.6%

② 컴퓨터응용가공의 응시율＝87.5%

④ 용접의 응시율＝45.8%

---

30 ④

모든 가구가 애완동물을 키운다고 했으므로 W마을은 총 120가구이다. 이 중 염소를 키우는 가구는 $26 \div 120 \times 100 = 21.7\%$이다.

---

31 ③

① $\dfrac{206}{991} \times 100 = 20.7$

② $\dfrac{216,023}{631,741} \times 100 = 34.1$

③ $\dfrac{250,060}{395,122} \times 100 = 63.2$

④ $\dfrac{335,138}{825,979} \times 100 = 40.5$

---

32 ①

$\dfrac{120}{1,054} \times 100 = 11.38 = 11.4\%$

---

33 ②

$\dfrac{231,047}{444,009} \times 100 = 52.03 = 52\%$

34 ④

31 ~ 35세 사이의 남자와 여자의 입장객 수는 같다.

---

35 ①

$$A \text{ 공장} = \frac{180}{180+120+50} = \frac{180}{350} \times 100 \fallingdotseq 51\%$$

$$B \text{ 공장} = \frac{450}{450+550+150} = \frac{450}{1,150} \times 100 \fallingdotseq 39\%$$

$$C \text{ 공장} = \frac{70}{70+40+50} = \frac{70}{160} \times 100 \fallingdotseq 44\%$$

---

36 ②

$$\frac{120+550+40}{3} \fallingdotseq 237개$$

---

37 ②

$$\frac{50}{250} \times 100 = 20\%$$

---

38 ④

$4+1+2=7명,$ $\frac{7}{48} \times 100 = 14.5833 \cdots$ 그러므로 약 15%

---

39 ③

$\{(20\times2)+(30\times1)+(40\times4)+(50\times9)+(60\times12)+(70\times8)+(80\times6)$
$+(90\times5)+(100\times1)\} \div 48 = 62.291666 \cdots$
$12+9+4+1+2=28명$

40 ②

$100-(60+15+5)=20\%$

41 ③

지원자 수$=400\times0.11=44$명

44명 중 20명이 취업했으므로 그 비율은 $\dfrac{20}{44}\times100\fallingdotseq45\%$

42 ③

지원자 수$=700\times0.55=385$명

지원자 중 취업한 사람 수$=385\times0.4=154$명

43 ④

④ 위 표를 보고 알 수 없다.

44 ③

$2,500\times\dfrac{25}{100}=625$(명)

45 ①

$1,500\times\dfrac{(2+8+15)}{100}=375$(명)

46 ③

그래프에서 알 수 있는 것은 각 지점의 연령별 이용 경향뿐이다.

47 ③

    ㉠ A국가

- 경지면적$=\dfrac{4,500}{120}=37.5$

- 국토면적$=\dfrac{4,500}{45}=100$

- 경지율$=\dfrac{37.5}{100}\times100=37.5$

    ㉡ B국가

- 경지면적$=\dfrac{1,500}{50}=30$

- 국토면적$=\dfrac{1,500}{40}=37.5$

- 경지율$=\dfrac{30}{37.5}\times100=80$

    ㉢ C국가

- 경지면적$=\dfrac{3,000}{25}=120$

- 국토면적$=\dfrac{3,000}{20}=150$

- 경지율$=\dfrac{120}{150}\times100=80$

    ㉣ D국가

- 경지면적$=\dfrac{3,000}{75}=40$

- 국토면적$=\dfrac{3,000}{25}=120$

- 경지율$=\dfrac{40}{120}\times100=33.3$

---

48 ③

$3.7-(-2.5)=6.2℃$

---

49 ④

$23.4-(-6.9)=30.3℃$

50 ③

$$\frac{9.5-(-2.5)}{3}=4.0\text{℃}$$

---

51 ④

회당 안타수 평균 $=\dfrac{1+3+5+4+6+2+3+3+0}{9}=\dfrac{27}{9}=3$

$2^2+0^2+2^2+1^2+3^2+1^2+0^2+0^2+3^2=4+4+1+9+1+9=28$

편차의 제곱의 평균이 분산이므로 $\dfrac{28}{9}$ 에서 표준편차는 $\sqrt{\dfrac{28}{9}}=\dfrac{\sqrt{28}}{3}$

---

52 ④

$50-(5+12+8+4+2)=19$명

---

53 ②

$$\frac{12}{50}\times100=24\%$$

---

54 ④

상대도수 $=\dfrac{\text{계급의 도수}}{\text{계급도수의 합계}}=\dfrac{12}{50}=0.24$

---

55 ③

$\{(1\times1)+(3\times3)+(4\times2)+(5\times4)+(6\times8)+(7\times12)+(8\times10)+(9\times6)+(10\times4)\}\div50=6.88\fallingdotseq6.9$

---

56 ②

$1-(0.1+0.175+0.15+0.225+0.3)=0.05$

57 ③

$1 : x = 0.3 : 12$

$0.3x = 12$

$x = 40$명

---

58 ②

$40 \times 0.15 = 6$명

---

59 ②

$40 \times 0.05 = 2$명

---

60 ④

5월 중 톤당 구입단가

㉠ $A = 1,362,000 \div 152 = 8,960.5$

㉡ $B = 1,668,000 \div 152 = 10,973.6$

㉢ $C = 325,000 \div 45 = 7,222.2$

---

61 ②

$1 \sim 4$월 평균도입연료량 $= \dfrac{200}{4} = 50$톤

$50 - 45 = 5$톤

---

62 ②

$1 : 980 = x : 2,800$

$980x = 2,800$

$x = 2.857 ≒ 2.9$

$\therefore \ 1 : 2.9$

63 ③

㉠ 어문학부 : 1 : 1,695 = x : 3,300

∴ 1 : 1.9

㉡ 법학부 : 1 : 1,500 = x : 2,500

∴ 1 : 1.6

㉢ 생명공학부 : 1 : 950 = x : 3,900

∴ 1 : 4.1

㉣ 전기전자공학부 : 1 : 1,150 = x : 2,650

∴ 1 : 2.3

64 ③

마이너스가 붙은 수치들은 전년도에 비해 지출이 감소했음을 뜻하므로 주어진 보기 중 마이너스 부호가 붙은 것을 찾으면 된다. 중학생 대상의 국·영·수 학원의 학원비 부담 계층은 대략 50세 이하인데 모두 플러스 부호에 해당하므로 전부 지출이 증가하였고, 30대 초반의 오락비 지출은 감소하였다.

65 ④

㉠ $\dfrac{168}{240} \times 100 = 70(\%)$

㉡ $200 \times 0.36 = 72$(명)

66 ③

$$건축면적 = \dfrac{건폐율 \times 대지면적}{100}$$

㉠ A = 200m^2

㉡ B = 210m^2

㉢ C = 180m^2

㉣ D = 240m^2

$층수 = \dfrac{연면적}{건축면적}$ 이므로 A = 6층, B = 4층, C = 7층, D = 6층이다.

67 ④

조사대상자의 수는 표를 통해 구할 수 없다.

---

68 ③

$(7\% + 9\% + 6\% + 3\%) \times 300 = 75$명

---

69 ①

$0.03 \times 300 = 9$명

---

70 ①

$A = (30,000 + 10,000) \times 12 = 480,000 + 3,000,000 = 3,480,000$원
$B = (40,000 + 10,000) \times 12 = 600,000 + 2,700,000 = 3,300,000$원
$C = (30,000 + 20,000) \times 12 = 600,000 + 2,400,000 = 3,000,000$원

---

71 ①

$A = (30,000 + 10,000) \times 36 = 1,440,000$원
$B = (40,000 + 10,000) \times 36 = 1,800,000$원
$C = (30,000 + 20,000) \times 36 = 1,800,000$원

---

72 ②

$0.15 \times 60 = 9$명

---

73 ④

$0.1 \times 60 = 6$명

74 ④

$$A = \frac{22}{35} \times 100 = 62.8\%$$

$$B = \frac{15}{40} \times 100 = 37.5\%$$

$$C = \frac{10}{50} \times 100 = 20\%$$

$$D = \frac{4}{55} \times 100 = 7.2\%$$

$$E = \frac{32}{65} \times 100 = 49.2\%$$

---

75 ③

$2,700 : 18 = x : 100$

$18x = 270,000$

$x = 15,000$명

---

76 ②

12%가 120명이므로 1%는 10명이 된다.

$12 : 120 = 1 : x$

$x = 10$

---

77 ③

$300 \div 55 = 5.45 ≒ 5.5$억 원

3km이므로 $5.5 \times 3 = 약$ 16.5억 원

---

78 ①

① 미국에 가보고 싶다고 한 학생은 403명이고, 중국·홍콩·일본·대만에 가보고 싶다고 한 학생은 442명으로 39명 더 많다.

79 ②

나이별로는 50대, 학력별로는 초등학교 · 중학교 졸업한 사람들, 성별로는 여자가 믿는 확률이 높다.

80 ①

㉡ 금성은 수성보다 태양에서의 평균거리는 멀지만 자전주기는 길다.
㉢ 공전주기와 자전주기 간의 관계를 찾기 힘들다.

81 ①

$(a-b) \div a = 0.5,\ \frac{a}{a} - \frac{b}{a} = 0.5,\ 1 - \frac{b}{a} = 0.5$

∴ a가 b의 2배가 됨을 알 수 있다. 그러므로 앞의 행성과 비교하여 자신의 태양과의 거리가 2배 정도 되는 행성은 금성, 화성, 천왕성 등이 해당되며 문제보기에는 금성이 있으므로 답은 ①이 된다.

82 ③

① A반 평균 $= \frac{(20 \times 6.0) + (15 \times 6.5)}{20 + 15} = \frac{120 + 97.5}{35} \fallingdotseq 6.2$

B반 평균 $= \frac{(15 \times 6.0) + (20 \times 6.0)}{15 + 20} = \frac{90 + 120}{35} = 6$

② A반 평균 $= \frac{(20 \times 5.0) + (15 \times 5.5)}{20 + 15} = \frac{100 + 82.5}{35} \fallingdotseq 5.2$

B반 평균 $= \frac{(15 \times 6.5) + (20 \times 5.0)}{15 + 20} = \frac{97.5 + 100}{35} \fallingdotseq 5.6$

③ A반 남학생 $= \frac{6.0 + 5.0}{2} = 5.5$

B반 남학생 $= \frac{6.0 + 6.5}{2} = 6.25$

A반 여학생 $= \frac{6.5 + 5.5}{2} = 6$

B반 여학생 $= \frac{6.0 + 5.0}{2} \fallingdotseq 5.5$

83 ②

표의 왼쪽 맨 위와 오른쪽 맨 아래로 대각선을 그어보면 기준을 알 수 있다.

영어성적이 우수한 학생을 대각선 오른쪽, 수학성정이 우수한 학생은 대각선 왼쪽에 위치하게 된다.

㉠ 영어성적이 수학성적에 비해 우수한 학생=2+2+6=10명

㉡ 수학성적이 영어성적에 비해 우수한 학생=4+4+1+3+2=14명

---

84 ③

㉠ A과 합계의 40%가 영어연수에 참가하였으므로 $40 \times 0.4 = 16$(명)

㉡ A과 합계의 60%가 컴퓨터연수에 참가하였으므로 $40 \times 0.6 = 24$(명)

---

85 ①

㉢ $\frac{36}{80} \times 100 = 45(\%)$

㉣ $\frac{44}{80} \times 100 = 55(\%)$

---

86 ③

C과의 전체 인원을 x라고 하면

$\frac{22}{x} \times 100 = 44$

$x = 50$(명)

전체인원인 50명에서 컴퓨터연수에 참가한 인원을 빼면 영어연수에 참가한 인원을 알 수 있다.

$50 - 22 = 28$

---

87 ①

$\frac{8}{㉡} = 0.2 \rightarrow ㉡ = 40$

$㉢ = 1 - 0.85 = 0.15$

$\frac{㉠}{40} = 0.15 \rightarrow ㉠ = 6$

88 ②

1차에서 A사를 선택한 수를 구하면 $185 - (10 + 15 + 17 + 23) = 120$

2차에서 C사를 선택한 수를 구하면 $120 + 22 + 17 + 15 + ㉠ = 185$

∴ ㉠ $= 11$

---

89 ②

E사 제품을 1차에 선택한 수는 $200 + 13 + 11 + 18 + 15 = 257$

B사 제품을 1차에 선택한 수는 $1,000 - (205 + 188 + 257 + 185) = 165$

$14 + 11 + 22 + 89 + ㉡ = 165$

∴ ㉡ $= 29$

---

90 ③

$1 + 4 + 7 + 14 + 8 + 6 + 3 = 43$명

---

91 ③

$150 \sim 155 = 1$명

$155 \sim 160 = 4$명

$160 \sim 165 = 7$명

10번째에 해당하는 학생은 $160 \sim 165$cm에 속한다.

---

92 ②

$1 + 5 + 7 + 2 = 15$명

---

93 ④

$6 + 3 + 5 = 14$명

94 ③

{70(수영)+75(소희)+67(영희)+80(진희)+65(시아)+69(선아)+70(정수)+82(동수)}÷8=72.2≒72점

---

95 ②

2,000×0.28=560명

---

96 ②

서울역의 30대 미만 승객=10%+3%=13%이므로 2,000×0.13=260명
영등포역의 30대 미만 승객=14%+23%=37%이므로 2,500×0.37=925명
925÷260≒3.5배

---

97 ③

B집단은 직무적성검사 점수는 높지만 승진시험 성적은 낮으므로 직무적성검사 점수와 승진시험 성적이 비례한다고 말할 수는 없으나 인사담당자 평가에서는 직무적성검사 점수에 비례하여 좋은 평가를 받는다.

---

98 ③

① 서울은 7월에, 파리는 8월에 월평균 강수량이 가장 많다.
② 월평균기온은 7~10월까지는 서울이 높고, 11월과 12월은 파리가 높다.
④ 서울의 월평균 강수량은 점점 감소하다 11월에 증가하였다가 다시 감소한다.

---

99 ④

긍정 정서 표현 점수는 2, 3번 문항의 점수를 합하고, 부정 정서 표현 점수는 1, 4번 문항의 점수를 합하면 되므로 긍정 정서 표현 점수는 6, 부정 정서 표현 점수는 9이다.

---

100 ②

② A의 긍정 정서 표현 점수는 6이고, 표본의 평균값은 8.1이므로 A의 긍정 정서 표현 점수는 표본의 평균값보다 낮다.

지각속도

01	02	03	04	05	06	07	08	09	10	11	12	13	14	15	16	17	18	19	20
②	①	②	②	①	③	②	④	③	①	①	②	②	①	①	④	②	②	①	②
21	22	23	24	25	26	27	28	29	30	31	32	33	34	35	36	37	38	39	40
②	②	①	②	③	④	③	②	①	②	③	③	②	③	②	②	③	④	③	③
41	42	43	44	45	46	47	48	49	50	51	52	53	54	55	56	57	58	59	60
④	③	②	①	③	②	②	①	①	②	①	①	①	②	①	①	②	①	②	②
61	62	63	64	65	66	67	68	69	70	71	72	73	74	75	76	77	78	79	80
①	②	①	④	②	①	④	②	①	①	①	③	②	④	②	③	②	②	③	③
81	82	83	84	85	86	87	88	89	90	91	92	93	94	95	96	97	98	99	100
④	③	④	②	③	④	②	③	①	②	③	③	①	①	②	①	①	②	②	①
101	102	103	104	105	106	107	108	109	110	111	112	113	114	115	116	117	118	119	120
②	①	②	①	①	②	①	①	②	①	②	②	①	①	②	①	①	②	②	①
121																			
①																			

01 ②

모=5, 스=ㅋ, 선=ㅁ, 공=6, **딜=ㄴ**

02 ①

라=2, 파=ㅊ, 트=1, 루=ㄹ, 선=ㅁ

03 ②

돌=4 루=ㄹ **공=6 라=2** 딜=ㄴ

04 ②

스=ㅋ **파=ㅊ** 루=ㄹ 트=1

05 ①

선=ㅁ 파=ㅊ 딜=ㄴ 트=1 라=2

06 ③

The**ey're** all posing in a pictur**e** fram**e** Whilst my world's crashing down

---

07 ②

인생은 살기 **어**렵다는데 시가 **이**렇게 쉽게 쓰**여**지는 것**은** 부끄러**운** **일이**다.

---

08 ④

7**6**45132148918**76**53121798**46**51321798**6**5431

---

09 ③

Sing s**o**ng when I'm walking h**o**me Jump up t**o** the t**o**p LeBr**o**n

---

10 ①

최근 단일한 인공지**능** 프로**그**램의 활용 범위**를** 넓혀 말의 인지적, 감성적 이해 기**능을** 갖춘 인공지**능을** 만**드는** 일이 현실화되고 있다.

---

11 ①

베=^, 르=@, 테=* 르=@

---

12 ②

네=;, 이=/, **메=#**, 르=@

---

13 ②

소=₩, 울=$ 메=#, **이=/ 트=&**

14 ①

테=*, 네=; 울=$, 메=# 베=^

15 ①

이=/, 모=%, 르=@, 칸=~, 은=!

16 ④

Daddy hums as he packs our car with suitcases and a cooler full of snacks.

17 ②

건축**모범**규준은 **미**국화재예방협회에서 개발한 것이 가장 널리 활용되는데 3년**마**다 개정안이 **마**련된다.

18 ②

ᚢ‹ᛁᛜᚠᛉᚥᚢᚡᚱᚴᚣᛉᛇᛁᛒᛇᛯᛡᚾᚼᚩᚥᛂᛕᛚᚣᛉᚡᚢᚴᚦᛯᛈᛉᛒᛂ

19 ①

whilst at the same time res**p**ecting their right to remain silent if they choose to kee**p** their counsel and **p**ut the **p**rosecution to **p**roof.

20 ②

794546145173413548671875435418541321354

21 ②

274368324812272642486587568557875684365 – 5개

22 ②

황금의 꽃같이 **굳고** 빛나는 옛 맹서는 차디찬 티끌이 되어서 한숨의 미풍에 날어**갔**습니다. – 5개

---

23 ①

△▽□◇◎○☆◎◆△▽☆●○◇□◇△▽☆○▽☆○◇◇◎ – 4개

---

24 ②

사람들이 없으**면**, 틈틈이 제 집 수탉을 몰고 와서 우리 수탉과 쌈을 붙여 **놓는**다. – 4개

---

25 ③

46836**5**4858756**8**43265783264324534328**4**326**4**6263254**6**25**4**6725 – 10개

---

26 ④

이 남산**골** 샌님이 마**른 날** 나막신 소**리를** 내는 것은 그다지 얘깃거**리**가 **될** 것도 없다. – 8개

---

27 ③

13**7**46**7**65**7**865325468324324545326432**7**364540038**9**74856 – 5개

---

28 ②

☆★○●◎◇◆□■△▲▽▲△□◎○☆◎◆△▽→▽▲■◆◇●★ – 3개

---

29 ①

5155**2**1053155**4**2055**2**5563057355840594551050 – 3개

30 ②

실상 **하**늘 아래 외톨이로 서 보는 날도 **하**늘만은 **함**께 있어 주지 않던가. – 3개

---

31 ③

산 꿩도 설게 울은 슬픈 날 산 절의 **마**당귀에 여인의 **머**리오리가 눈**물**방울과 같이 떨어진 날이 있었다. – 3개

---

32 ③

I hope we can **g**et to**g**ether a**g**ain soon. – 3개

---

33 ②

부지런한 계절이 피여선 지고 큰 강물이 **비**로소 길을 열었다. – 2개

---

34 ③

789452549**6**3545872154956**3**54**6**4721**46262647324 – 5개

---

35 ②

금**동**이의 아름**다**운 술은 일만 백성의 피요, 옥소반의 아름**다**운 안주는 일만 백성의 기름이라. – 3개

---

36 ②

그 바람에 나의 몸뚱이도 겹쳐**서** 쓰러지며, 한참 퍼드러진 노란 동백꽃 **속**으로 푹 파묻혀 버렸다. – 2개

---

37 ③

사슴을 만나면 사슴과 놀고 **칡**범을 따라 **칡**범을 따라 **칡**범을 만나면 **칡**범과 놀고 – 4개

38 ④

8521597536548196321479571357951471473215**9** – 7개

39 ③

밤에 **홀**로 유리를 닦는 것은 외로운 **황홀한** 심사이어니. – 4개

40 ③

→↑←↓→↓←↑←↓↑→↓←↑↑↓→↓←↑→↓←↑ – 7개

41 ④

▽△□◇◎○☆※§ ☆◎□△▽○◇§ ※◇☆※§ ▽□◇◎○◇▽ – 6개

42 ③

32154657893547194**2**34567**2**3**1**354793453 – 7개

43 ②

날**카**로운 첫 **키**스의 추억은 나의 운명의 지침을 돌려놓고, 뒷걸음쳐서 사라졌습니다. – 2개

44 ①

비를 몰아오는 동**풍**에 나부껴 **풀**은 눕고 드디어 울었다. – 2개

45 ③

We both li**k**e listening to the same **k**ind of music. – 2개

46 ②

1 = ㄴ, 2 = ㄷ, **3 = ㄹ**

47 ②

1 = ㄴ, 1 = ㄴ, **2 = ㄷ**

48 ①

4 = ㅁ, 8 = ㅈ, 6 = ㅅ

49 ①

2 = ㄷ, 9 = ㅊ, 5 = ㅂ, 4 = ㅁ

50 ②

2 = ㄷ, 5 = ㅂ, 8 = ㅈ, **0 = ㄱ**

51 ①

7 = ㅇ, 7 = ㅇ, 1 = ㄴ, 2 = ㄷ

52 ①

4 = ㅁ, 9 = ㅊ, 8 = ㅈ, 9 = ㅊ

53 ①

9 = ㅊ, 1 = ㄴ, 1 = ㄴ

54 ②

$\underline{5 = \text{ㅂ}}$, $8 = \text{ㅈ}$, $\underline{4 = \text{ㅁ}}$, $\underline{5 = \text{ㅂ}}$

---

55 ①

$2 = \text{ㄷ}$, $4 = \text{ㅁ}$, $5 = \text{ㅂ}$, $5 = \text{ㅂ}$

---

56 ①

$\text{ㄱ} = 0$, $\text{ㅇ} = 7$, $\text{ㄱ} = 0$

---

57 ②

$\text{ㅈ} = 8$, $\text{ㄷ} = 2$, $\underline{\text{ㄱ} = 0}$

---

58 ①

$\text{ㅁ} = 4$, $\text{ㄱ} = 0$, $\text{ㄹ} = 3$

---

59 ②

$\text{ㅂ} = 5$, $\text{ㅊ} = 9$, $\underline{\text{ㄴ} = 1}$

---

60 ②

$\text{ㄴ} = 1$, $\text{ㅈ} = 8$, $\underline{\text{ㄹ} = 3}$

---

61 ①

$\text{ㅂ} = 5$, $\text{ㅈ} = 8$, $\text{ㅊ} = 9$

62 ②

ㅅ = 6, ㅂ = 5, **ㅅ = 6**, **ㅂ = 5**

---

63 ①

ㅂ = 5, ㅈ = 8, ㄷ = 2, ㅅ = 6

---

64 ④

☺ = 곰, ∽ = 와/과, ☻ = 호랑이, ☼ = 이/가, ☂ = 싸우다

---

65 ②

☻ = 호랑이, ☼ = 이/가, ☺ = 곰, ∽ = 와/과, ☂ = 싸우다, ☺ = 곰, ☼ = 이/가, ☷ = 도망쳤다

---

66 ①

곰 = ☺, 이/가 = ☼, 호랑이 = ☻, 와/과 = ∽, 함께 = ⚡, 싸우다 = ☂

---

67 ④

ㅇ = H, ㅖ = k, ㄹ = D, ㄹ = D, ㅣ = j, ㅌ = L, ㅡ = i

---

68 ②

ㅅ = G, ㅜ = g, ㄴ = B, ㅂ = F, ㅏ = a, ㄹ = D, ㄹ = D, ㅕ = d, ㄱ = A

---

69 ①

ㅅ = G, ㅣ = j, ㄱ = A, ㅁ = E, ㅗ = e, ㄱ = A, ㅇ = H, ㅣ = j, ㄹ = D

70 ①

ㄴ=B, ㅏ=a, ㅒ=n, ㅏ=a, ㅒ=n, ㅏ=a

---

71 ①

ㅇ=H, ㅏ=a, ㅇ=H, ㅏ=a, ㅇ=H, ㅗ=e, ㅇ=H, ㅗ=e

---

72 ③

ㄴ=B, ㅠ=h, ㅊ=J, ㅌ=L, ㅖ=k

---

73 ②

ㅜ=g, ㅡ=i, ㅏ=a, ㅓ=c, ㅗ=e, ㅛ=f

---

74 ④

정보화사회의 본**질**은 **정**보기기의 설치나 발**전**에 있는 것이 아니라 그것을 이용한 **정**보의 효율**적** 생산과 유통, 그리고 이를 통한 풍요로운 삶의 추구에 있다. – 6개

---

75 ②

▽☆★○●◎◇◆□■△▲▽▼◁◀▷▶♤♠♡♥♧♣◉◈▣◐◑▨▤ – 1개

---

76 ③

3215489513548923154872315457989913213454987 – 5개

---

77 ②

Joe**'s** **s**tatement admit**s** of one interpretation only, that he wa**s** certainly aware of what he wa**s** doing. – 5개

78 ②

what happens to someone or what will happen to them in the future, especiall**y** things that
the**y** cannot change or avoid. − 2개

---

79 ③

가까**운** 곳**에** 있는 것**은** 눈에 **익어**서 좋게 보이지 **않**고 멀리 **있**는 것**은** 훌**륭**해 보**인**다. − 13개

---

80 ③

장대**높**이뛰기 선수가 되고자 하는 사람은 처음에는 낮은 **높**이에서부터 시작해야 하며, 기량이 상승함에
따라서 조금씩 더 **높**은 자리에 도전해야 한다. − 3개

---

81 ④

여**름철**이면 산천 자연**을** 가까이 해서 장소**를** 옮겨 교육하고 거기에서 흥**을** 돋우기 위해 조**촐**한 잔치**를**
열어 인정**을** 나누기도 했다. − 11개

---

82 ③

아**무**리 **못**난 사**람**도 **남**들에게 **심**한 **모**욕을 당하**면** 대항하게 된다. − 7개

---

83 ④

정직한 사람**을** 벗하고, **성**실한 사람**을** 벗하며, 견문**이** 많**은** 사람**을** 벗하면 **유익**하고, 몸가짐만 그럴듯하
게 꾸미는 사람**을** 벗하고, **아**첨 잘하는 사람**을** 벗하며, 말만 **익**숙한 사람**을** 벗하면 해로**우**니라. − 15개

---

84 ②

Computers **h**ave increased our near−term predictive power for weat**h**er. − 2개

85 ③

THIS MAY BE DEFI<u>N</u>ED BRIEFLY AS A<u>N</u> ILLOGICAL BELIEF I<u>N</u> THE OCCURRE<u>N</u>CE OF THE IMPROBABLE. – 4개

---

86 ④

실존주의는 과학 · 기**술**문명 속에 매**몰**되어 비인간화되어 가는 현**실을** 고**발**하고, 잃어버**렸**던 자아의 각성과 회복**을** 강**력**히 주장하는 사상이다. – 9개

---

87 ②

경찰은 시민들이 불안해 하지 않도록 그 소문이 **퍼**지는 것을 막았다. – 1개

---

88 ③

123564<u>8</u>7995213546<u>8</u>711325497<u>7</u>84213597123547489514<u>7</u>83 – 7개

---

89 ①

과학기술은 인류의 삶을 발전시<u>키</u>기도 했지만, 인류의 생존과 관련된 많은 문제를 야기하기도 하였다. – 1개

---

90 ②

<u>그</u>림의 **떡**으로 보<u>기</u>만 할 뿐 실제로 얻을 수 없는 **것**을 이르는 말 – 4개

---

91 ③

수**염이** 대 자라도 먹**어야 양**반이다. – 7개

---

92 ③

741<u>8</u>54719634718<u>9</u>517535918 – 3개

93 ①

이익을 취하기 위해 못된 꾀로 남을 속임 – 3개

---

94 ①

d = 전, e = 남, a = 강, c = 산, f = 도

---

95 ②

a = 강, e = 남, c = 산, g = 길, **f = 도**

---

96 ①

a = 강, j = 원, f = 도, c = 산, g = 길

---

97 ①

n = 호, e = 남, k = 선, p = 기, o = 차

---

98 ②

e = 남, i = 해, p = 기, o = 차, **g = 길**

---

99 ②

d = 전, **k = 선**, m = 고, c = 산, f = 도

---

100 ①

i = 해, e = 남, a = 강, g = 길, n = 호

101 ②

e = 남, i = 해, k = 선, **g = 길**, **f = 도**

---

102 ①

j = 원, c = 산, f = 도, k = 선, g = 길

---

103 ②

e = 남, j = 원, n = 호, b = 웅, **f = 도**

---

104 ①

a = 자, c = 기, j = 소, k = 개, m = 서

---

105 ①

b = 한, d = 국, i = 도, a = 자, c = 기

---

106 ②

m = 서, j = 소, e = 우, **h = 이**, i = 도

---

107 ①

e = 우, h = 이, l = 동, b = 한, e = 우

---

108 ①

a = 자, d = 국, o = 민, j = 소, k = 개

109 ②

k = 개, i = 도, d = 국, **m = 서**, o = 민

---

110 ①

o = 민, g = 족, f = 대, h = 이, l = 동

---

111 ②

f = 대, **b = 한**, o = 민, d = 국

---

112 ②

l = 동, c = 기, **a = 자**, n = 랑

---

113 ①

b = 한, o = 민, g = 족, p = 사, n = 랑

---

114 ①

h = 아, n = 파, m = 트, d = 대, g = 상

---

115 ②

a = 경, b = 기, e = 도, i = 여, **k = 주**

---

116 ①

f = 부, i = 여, h = 아, n = 파, m = 트

117 ①

b = 기, f = 부, c = 금, l = 타, b = 기

---

118 ②

n = 파, e = 도, l = 타, **b = 기**

---

119 ②

a = 경, k = 주, n = 파, **m = 트**

---

120 ①

f = 부, g = 상, j = 은, b = 기, l = 타

---

121 ①

l = 타, e = 도, d = 대, g = 상

공간능력

01	02	03	04	05	06	07	08	09	10	11	12	13	14	15	16	17	18
②	④	①	③	③	②	③	④	①	②	④	③	①	④	②	①	④	②

01 ②

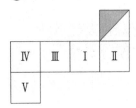

02 ④

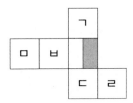

03 ①

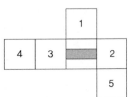

04 ③

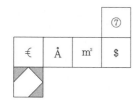

---

05 ③

1단 : 18개, 2단 : 6개, 3단 : 6개 총 30개

---

06 ②

1단 : 13개, 2단 : 5개, 3단 : 2개, 4단 : 2개, 5단 2개 총 24개

---

07 ③

1단 : 13개, 2단 : 9개, 3단 : 7개, 4단 : 3개, 5단 : 1개, 6단 : 1개
총 34개

---

08 ④

1단 : 16개, 2단 : 10개, 3단 : 9개, 4단 : 4개, 5단 : 2개
총 41개

---

09 ①

1단 : 16개, 2단 : 9개, 3단 : 4개, 4단 : 3개, 5단 : 1개
총 33개

10 ②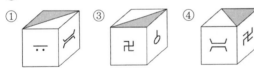

11 ④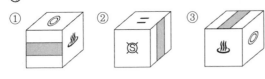

12 ③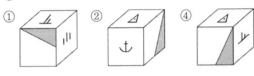

13 ①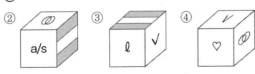

14 ④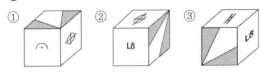

15 ②

화살표 방향을 정면으로 왼쪽에서부터 1열이라고 할 때, 1 – 4 – 1 – 3 – 3 – 2층으로 보인다.

16 ①

화살표 방향을 정면으로 왼쪽에서부터 1열이라고 할 때, 4 – 2 – 2 – 3 – 1층으로 보인다.

---

17 ④

화살표 방향을 정면으로 왼쪽에서부터 1열이라고 할 때, 4 – 3 – 1 – 1 – 2층으로 보인다.

---

18 ②

화살표 방향을 정면으로 왼쪽에서부터 1열이라고 할 때, 5 – 3 – 2 – 2 – 1층으로 보인다.

01	02	03	04	05	06	07	08	09	10	11	12	13	14	15	16	17	18	19	20
①	②	⑤	③	③	③	⑤	①	④	②	③	③	③	②	⑤	④	③	①	②	③	③

21	22	23	24	25
⑤	②	③	③	②

01 ①

감추다
㉠ 어떤 사물이나 현상 따위가 없어지거나 사라지다.
㉡ 남이 보거나 찾아내지 못하도록 가리거나 숨기다.
㉢ 어떤 사실이나 감정 따위를 남이 모르게 하다.

02 ②

제시문은 박지원의 소설 「광문자전」의 일부분이다. 주인공 '광문'은 성실한 성품으로 결국 주인의 오해를 풀고 사과까지 받아낸다. 이는 결국 모든 일은 바르게 돌아간다는 뜻의 사필귀정(事必歸正)과 통한다.
② 사필귀정 : 무슨 일이든 결국 옳은 이치대로 돌아간다는 의미이다.
① 반포지효 : 자식이 자라서 어버이가 길러 준 은혜에 보답하는 효성을 이른다.
③ 형설지공 : 가난하지만 반딧불과 눈빛으로 글을 읽으며 고생한다는 의미로 고생하면서도 꾸준히 학문을 닦은 보람을 이른다.
④ 본말전도 : 핵심과 변두리가 뒤집힌 것이므로 중요한 것을 제쳐 두고 쓸데없는 일에 매달리는 경우를 의미한다.
⑤ 맥수지탄 : 고국의 멸망을 한탄함을 이르는 말이다.

03 ⑤

처음으로 학군사관 후보생이 된 4명의 여학생에 관한 설명이므로, '재주가 뛰어난 젊은 여자'를 나타내는 말인 '재원(才媛)'이 들어가는 것이 적절하다.
① 재자(才子) : 재주가 뛰어난 젊은 남자
② 귀인(貴人) : 사회적 지위가 높고 귀한 사람
③ 인재(人才) : 어떤 일을 할 수 있는 학식이나 능력을 갖춘 사람
④ 거장(巨匠) : (문학·예술·과학 따위의) 어느 일정한 분야에서 특별히 뛰어난 재능을 나타내어 일반에게 인정되고 있는 사람

04 ③

①②④⑤ 다른 것으로 바뀌거나 변하다.
③ 어떤 때나 시기, 상태에 이르다.

---

05 ③

"인간은 일상생활에서 다양한 역할을 수행한다."라는 일반적 진술을 뒷받침하기 위해서는 다양한 역할이 무엇인지에 대한 구체화가 이어져야 한다.

---

06 ③

'숲'을 발음할 때 일어나는 현상을 관찰하여 시적으로 설명하고 있다. 또한 'ㅅ'과'ㅍ'을 '바람의 잠재태'로 표현하는 등 은유적 표현이 돋보인다. 또한 '자음 'ㅅ', 'ㅍ', 목젖의 안쪽을 통과해 나오는 'ㅜ' 모음의'를 통해 관찰력과 대상에 대한 분석을 알 수 있다.

---

07 ⑤

⑤ '아름답게'의 기본형은 '아름답다'로 형용사이다.
① '두루'는 '빠짐없이 골고루'의 의미를 갖는 부사이다.
② '가장'은 '여럿 가운데 어느 것보다 정도가 높거나 세게'의 의미를 갖는 부사이다.
③ '풍성히'는 '넉넉하고 많이'의 의미를 갖는 부사이다.
④ '아낌없이'는 '주거나 쓰는 데 아까워하는 마음이 없이'의 의미를 갖는 부사이다.

---

08 ①

거침없이 쑥쑥 뻗어 나간다는 의미의 '창달'이 적절하다.
② 나라, 공공 단체 등이 돈, 물품 등을 거두어들이다.
③ 게으름.
④ 행실이나 태도의 잘못을 뉘우치고 마음을 바르게 고쳐먹다.
⑤ 사물의 성질, 모양, 상태 등이 바뀌어 달라지다.

09 ④

어떤 것을 미리 간접적으로 표현해 준다는 의미의 '시사'가 들어가야 한다.
① 재물이나 세력 따위가 쇠하여 보잘것없이 되다.
② 작품이나 기사에 필요한 재료나 제재를 조사하여 얻다.
③ 지식, 경험, 자금 따위를 모아서 쌓다.
⑤ 주저하지 않고 딱 잘라 말하다.

---

10 ②

① 부당 특칭 결론의 오류
③ 후건 긍정의 오류
④ 순환 논증에 따른 오류
⑤ 역공격의 오류

---

11 ③

① 은밀한 재정의의 오류
② 분할의 오류
③ 애매어의 오류
④ 흑백논리의 오류
⑤ 인신공격의 오류

---

12 ③

'어떤 선생님은 공부를 좋아한다.' ⊂ '모든 선생님은 공부를 좋아한다.'
③은 ㉠의 부분집합에 해당하므로 옳다.

---

13 ②

주어진 글은 개인적인 공간, 즉 자기 혼자만의 시간과 다른 사람으로부터 온전히 보호받을 수 있고 굳이 공유하지 않아도 되는 정신적인 영역에 대한 권리에 대해 이야기하고 있다.

14 ⑤

② 화제제시 → ⓒ 예시 → ⓛ 앞선 예시에 대한 근거 → ① 또 다른 예시 → 결론의 순서로 배열하는 것이 적절하다.

---

15 ④

ⓒ 도입부분 → ⑩ 소설의 특성 → ⓛ ⑩에 이은 소설의 특성 → ① 영화의 한계 → ② 영화의 장점

---

16 ③

학문의 목적 … 학문의 궁극적 목적은 진리탐구이며 실용성(유용성)은 부차적인 것이다.

---

17 ①

① 근묵자흑(近墨者黑) : 먹을 가까이하면 검어진다는 뜻으로, 나쁜 사람을 가까이하면 물들기 쉬움을 이르는 말이다.

② 단금지교(斷金之交) : 단금지계(斷金之契)와 같은 것으로, 학문은 중도에 그만둠이 없이 꾸준히 계속해야 한다는 뜻이다.

③ 망운지정(望雲之情) : 멀리 구름을 바라보며 어버이를 생각한다는 뜻으로 어버이를 그리워하는 마음을 이르는 말이다.

④ 상분지도(嘗糞之徒) : 남에게 아첨하여 어떤 부끄러운 짓도 마다하지 않는 사람을 이르는 말이다.

⑤ 풍수지탄(風樹之嘆) : 어버이가 돌아가시어 효도하고 싶어도 할 수 없는 슬픔을 이르는 말이다.

---

18 ②

② 첫 문장을 보면 우리나라의 중산층 연구는 여러 학문 분야마다 서로 다른 대상을 가리키며 진행되어 온 것으로 명시되어 있다.

---

19 ③

고든 무어는 반도체의 발전 주기를 주장한 사람이다.

20　③

③ 어떤 일의 형편이나 결과
① 수를 세는 일
② 어떻게 하겠다는 생각
④ 미루어 가정함
⑤ 어떻게 하겠다는 생각

21　⑤

① 잘못된 인과 관계
② 흑백 논리의 오류
③ 역공격(피장파장)의 오류
④ 발생학적 오류
⑤ 무지에의 호소 오류

22　②

'관객과 무대와의 관계'에서의 동서양 연극의 차이점을 드러내는 내용을 찾으면, ㉠, ㉢, ㉤이다. ㉡에는 동양 연극만 드러나 있고, ㉣에는 관객과 무대와의 관계에 관한 내용이 나타나 있지 않으므로, ㉡과 ㉣은 자료로 활용하기에 적절하지 않다.

23　③

㉠~㉣은 법률, 도덕, 관습을 준수하는 행위로, 모두 인간의 행위가 사회적 규약의 제약을 받는다는 것을 서술하기 위한 내용에 해당된다.

24　③

① 인생은 무가치하다는 현인들의 주장은 의견만 일치할 뿐 진리로 볼 수는 없다.
② 의견일치는 문제에 대한 의견이 옳았다는 사실을 입증하는 것이 아닌 단편적으로 생리적인 의견일치를 보았다는 사실만 입증한다.
④ 어느 시대에서든 그 시대 최고의 현인들은 인생에 대해 다 똑같은 판단을 내리고 있는 것일 뿐 그 판단이 지혜롭다고는 볼 수 없다.

⑤ 현인들의 의견일치라는 것, 그것은 그들이 의견일치를 보고 있는 문제에 대해 그들이 옳았다는 사실을 전혀 입증해주지 못한다.

25 ②

귀성행렬의 사진촬영, 육로로 접근이 불가능한 지역으로의 물자나 인원이 수송, 화재 현장에서의 소화와 구난 작업, 농약살포 등에 헬리콥터가 등장하는 이유는 일반 비행기로는 할 수 없는 호버링(공중정지), 전후진 비행, 수직 착륙, 저속비행 등이 가능하기 때문이라고 하였다. 따라서 이 글을 바탕으로 ②와 같은 추론을 하는 것은 적절하지 않다.

01　①

주어진 수열은 $11+2n(n=1,\ 2,\ 3,\ \cdots)$의 값이 n개씩 나열되는 규칙을 가지고 있다. 25는 n이 7일 때의 값이므로 22번째 처음 나온다.

02　③

주어진 수열은 $2n(n=2,\ 3,\ 5,\ 7,\ \cdots)$의 값이 n개씩 나열되는 규칙을 가지고 있다. 34의 n값은 17이므로 34는 42번째 처음 나온다.

03　②

노트를 x권 사면, 연습장은 $10-x$
$1,000x+700(10-x)=8,000-100$
$1,000x+7,000-700x=7,900$
$300x=900$
$\therefore\ x=3$
노트는 3권, 연습장은 7권을 샀다.

04　④

전체 8개에서 동시에 3개를 꺼내는 방법은 $_8C_3=\dfrac{8\times7\times6}{3\times2\times1}=56$가지이다.

적어도 1개가 빨간 공일 확률은 전체 경우의 수에서 빨간 공이 없는 경우를 빼주면 되므로,

파란 공만 3개를 뽑을 확률 $_5C_3=\dfrac{5\times4\times3}{3\times2\times1}=10$가지이다.

빨간 공이 없을 확률은 $\dfrac{10}{56}=\dfrac{5}{28}$이다.

그러므로 적어도 빨간 공 1개가 포함될 확률은 $1-\dfrac{5}{28}=\dfrac{23}{28}$이다.

05 ②

甲팀의 남성은 60 × 0.8, 여성은 60 × 0.2

乙팀의 남성은 40 × 0.9, 여성은 40 × 0.1

따라서 甲팀의 남성은 48명 여성은 12명, 乙팀의 남성은 36명 여성은 4명이다.

∴ 12 + 4 = 16 명

---

06 ③

전기 자동차는 1분 동안 1250m를, 자전거는 1분 동안 250m를 달릴 수 있으므로 1분당 1km의 차이가 발생하게 되는 것을 알 수 있으며, 140km의 차이가 발생하기 위해서는 140분이 지나야 함을 알 수 있다. 따라서 오전 8시에 출발했기 때문에 오전 10시 20분에 140km의 차이가 발생하게 된다.

---

07 ②

② 1980년과 비교하여 2005년의 인구 변화를 살펴보면 0~14세는 감소하였고, 15~64세는 10,954명 증가하였으며, 65세 이상은 2,927명 증가하였다. 총인구 증가의 주요 원인은 15~64세임을 알 수 있다.

---

08 ②

총 여성 입장객수는 3,030명

21~25세 여성입장객이 차지하는 비율은 $\frac{700}{3,030} \times 100 ≒ 23.1(\%)$

---

09 ④

총 여성 입장객수 3,030명

26~30세 여성입장객수 850명이 차지하는 비율은 $\frac{850}{3,030} \times 100 ≒ 28(\%)$

10 ②

중량이나 크기 중에 하나만 기준을 초과하여도 초과한 기준에 해당하는 요금을 적용한다고 하였으므로, 보람이에게 보내는 택배는 10kg지만 130cm로 크기 기준을 초과하였으므로 요금은 8,000원이 된다. 또한 설희에게 보내는 택배는 60cm이지만 4kg으로 중량기준을 초과하였으므로 요금은 6,000원이 된다.

$\therefore 8,000+6,000=14,000$(원)

---

11 ④

제주도까지 빠른 택배를 이용해서 20kg미만이고 140cm미만인 택배를 보내는 것이므로 가격은 9,000원이다. 그런데 안심소포를 이용한다고 했으므로 기본요금에 50%가 추가된다.

$\therefore 9,000+\left(9,000\times\dfrac{1}{2}\right)=13,500$(원)

---

12 ①

㉠ 타지역으로 보내는 물건은 140cm를 초과하였으므로 9,000원이고, 안심소포를 이용하므로 기본요금에 50%가 추가된다.

$\therefore 9,000+4,500=13,500$(원)

㉡ 제주지역으로 보내는 물건은 5kg와 80cm를 초과하였으므로 요금은 7,000원이다.

---

13 ②

각각의 금액을 구해보면 다음과 같다.

10월 생활비 300만 원의 항목별 비율

구분	교육비	식료품비	교통비	기타
비율(%)	40	40	10	10
금액(만 원)	120	120	30	30

〈표 1〉 교통비 지출 비율

교통수단	자가용	버스	지하철	기타	계
비율(%)	30	10	50	10	100
금액(만 원)	9	3	15	3	30

<표 2> 식료품비 지출 비율

항목	육류	채소	간식	기타	계
비율(%)	60	20	5	15	100
금액(만 원)	72	24	6	18	120

① 식료품비에서 채소 구입에 사용한 금액 : 24만 원

　 교통비에서 지하철 이용에 사용한 금액 : 15만 원

② 식료품비에서 기타 사용 금액 : 18만 원

　 교통비의 기타 사용 금액 : 3만 원

③ 10월 동안 교육비에는 총 120만 원을 지출했다.

④ 교통비에서 자가용과 지하철을 이용한 금액을 합한 것 : 9+15=24(만 원)

　 식료품비에서 채소 구입에 지출한 금액 : 24만 원

---

14 ④

9월 생활비 350만원의 항목별 금액은 다음과 같다.

구분	교육비	식료품비	교통비	기타
비율(%)	40	40	10	10
금액(만 원)	140	140	35	35

10월에 식료품비가 120만 원이므로 9월에 비해 20만 원 감소하였다.

---

15 ④

④ A시의 민원접수 대비 민원수용비율은 70%가 넘는 반면에 B시의 민원접수 대비 민원수용비율은 60% 가 채 되지 않는다.

①③ 주어진 표로는 A, B시의 시민의 수를 알 수 없다.

② A, B시는 완료건수 대비 민원수용비율이 5%p 정도의 차이가 난다.

---

16 ④

2021년 영향률 : $\dfrac{2,565}{17,734} \times 100 ≒ 14.5(\%)$

17　③

2020년 수혜 근로자수 : $17,510 \times \dfrac{14.7}{100} \fallingdotseq 2,574 (=$약 257만4천 명$)$

18　④

④ 2021년 시간급 최저임금은 5,210원이고 전년대비 인상률은 7.20%이므로 2022년의 전년대비 인상률이 2021년과 같을 경우 시간급 최저임금은

$5,210 \times \dfrac{107.2}{100} = 5585.12 (=$약 5585원$)$이 되어야 한다.

19　③

20 ~29세 인구에서 도로구조의 잘못으로 교통사고가 발생한 인구수를 k라 하면

$\dfrac{k}{10만명} \times 100 = 3(\%)$

$k = 3,000(명)$

20　②

60세 이상의 인구 중에서 도로교통사고로 가장 높은 원인은 운전자나 보행자의 질서의식 부족이고 49.3%를 차지하고 있으며, 그 다음으로 높은 원인은 운전자의 부주의이며 29.1%이다. 따라서 49.3과 29.1의 차는 20.2가 된다.

01	02	03	04	05	06	07	08	09	10	11	12	13	14	15	16	17	18	19	20
①	②	②	①	②	①	②	①	②	②	②	①	②	①	②	④	③	③	①	③

21	22	23	24	25	26	27	28	29	30										
①	①	②	②	①	②	②	④	③	②										

01 ①

b = 대, d = 왕, i = 김, e = 수, g = 로

---

02 ②

a = 가, g = 로, **f = 입**, c = 길

---

03 ②

f = 입, j = 춘, **c = 길**, **b = 대**

---

04 ①

a = 라, g = 스, b = 베, l = 가, g = 스

---

05 ②

h = 오, c = 디, h = 오, **l = 가**, **f = 득**

---

06 ①

b = 베, j = 르, c = 디, l = 가, k = 든

---

07 ②

W=3, O=9, T=6, **W=3**, Q=2

08 ①

P=11, T=6, E=5, R=4, U=1

---

09 ②

G=8, Y=7, **Q=2**, **I=10**, Y=7

---

10 ②

y=3.5, T=4, **n=5.5**, H=0.5, Y=1

---

11 ②

a=2, **Y=1**, **n=5.5**, **A=1.5**, w=4.5

---

12 ①

S=3, A=1.5, T=4, n=5.5, H=0.5

---

13 ②

k=ㅍ, m=ㅚ, ㅐ=ㄴ, **s=ㅇ**, **×**=ㅕ

---

14 ①

ㅏ=ㅜ, **+**=ㅟ, t=ㅋ, **+**=ㅟ, **×**=ㅕ

---

15 ②

t=ㅋ, e=ㅛ, ㅐ=ㄴ, **e=ㅛ**, **×=ㅗ**

16 ④

AWGZXT**S**D**S**V**S**RD**S**QDTWQ – 4개

17 ③

제**시**된 문제를 잘 읽고 예제와 같은 방**식**으로 정확하게 답하**시**오. – 3개

18 ③

100105876254**6**02**6**873217 – 3개

19 ①

花春風南美北西冬木日**火**水金 – 1개

20 ③

when I am do**w**n and oh my soul so **w**eary – 3개

21 ①

☺◆ㄱ☉♡☆▽◁♧◑†♫♪▣♠ – 1개

22 ①

ㅂ ㅃ ㅅㄲㅆㄸㄹㅆㅅㅅㄸ **ㅉ**ㅅ ㅂㅌ ㅃㄸ ㅁ – 1개

23 ②

iii iv I vi Ⅳ**Ⅻ** i vii x viii Ⅴ ⅦⅧⅨ Ⅹ Ⅺix xi ii v **Ⅻ** – 2개

24 ②

ꭕЩβ Ψ𐐠ꜭɾ6bϑπ τ φ λ μ ξ ή𝑂𝕭MŸ – 2개

25 ①

$\sum 4\lim 6\vec{A}\pi 8\beta \frac{5}{9}\Delta \pm \int \frac{2}{3}\mathring{A}\theta\gamma 8$ – 0개

26 ②

ㅙퟱ긔ㅲ긔ㅓㅔㅣㅡㅏㅙㅛ궈**ㅒ**ㅑ뻬ㅑ – 1개

27 ②

Ⴚ∅ᏻF₤㎜ℕPtsRs__㎖ₔ①ΚŦⅅρꟅℙ – 1개

28 ④

머루나비**먹**이무리**만**두**먼**지**미**리메리나루**무림** – 9개

29 ③

GcAshH7**4**8vdafo25W6**4**1981 – 2개

30 ②

갮겱겂게겛쟯겔궦겂겤겛겛겛겥겍**겷**갞 – 1개

공간능력

1	2	3	4	5	6	7	8	9	10	11	12	13	14	15	16	17	18
①	②	①	④	④	②	①	②	③	②	②	③	④	①	④	②	①	③

1 ①

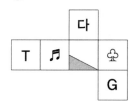

2 ②

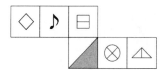

3 ①

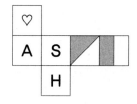

4 ④

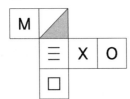

5 ④

1단 : 13개, 2단 : 8개, 3단 : 3개
총 24개

6 ②

1단 : 14개, 2단 : 6개, 3단 : 2개, 4단 : 1개
총 23개

7 ①

1단 : 9개, 2단 : 4개, 3단 : 2개, 4단 : 1개
총 16개

8 ②

1단 : 15개, 2단 : 4개
총 19개

9 ③

1단 : 15개, 2단 : 10개, 3단 : 5개, 4단 : 3개, 5단 : 1개
총 34개

10 ②

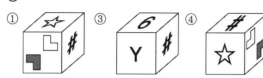

11 ②

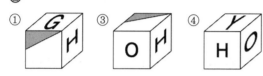

12 ③

13 ④

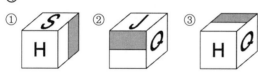

14 ①

15 ④

화살표 방향을 정면으로 왼쪽에서부터 1열이라고 할 때, 4 − 3 − 4 − 2 − 1층으로 보인다.

---

16 ②

화살표 방향을 정면으로 왼쪽에서부터 1열이라고 할 때, 4 − 1 − 1 − 3층으로 보인다.

---

17 ①

화살표 방향을 정면으로 왼쪽에서부터 1열이라고 할 때, 3 − 1 − 2 − 4 − 1 − 3층으로 보인다.

---

18 ③

화살표 방향을 정면으로 왼쪽에서부터 1열이라고 할 때, 1 − 2 − 2 − 1 − 4층으로 보인다.

1	2	3	4	5	6	7	8	9	10	11	12	13	14	15
③	④	①	⑤	④	⑤	②	②	④	⑤	④	③	②	①	③

16	17	18	19	20	21	22	23	24	25					
②	①	③	⑤	⑤	①	②	①	①	⑤					

1 ③

① 없애 버림
② 마음을 다잡지 아니하고 풀어 놓아 버림
③ 겉으로 나타냄
④ 큰 관심 없이 대강 보아 넘김
⑤ 주로 부정적인 요소를 걸러 내는 과정을 비유적으로 이르는 말

2 ④

① 식물의 줄기가 널리 뻗는다는 뜻으로, 전염병이나 나쁜 현상이 널리 퍼짐을 비유적으로 이르는 말
② 남에게 진 빚을 갚음
③ 사물이 서로 어울리지 아니하고 마주침
④ 상태, 모양, 성질 따위가 그와 같다고 봄. 또는 그렇다고 여김
⑤ 남의 재물이나 권리, 자격 따위를 빼앗음

3 ①

① 실제로 시행함
② 물건이나 영역, 지위 따위를 차지함
③ 모조리 잡아 없앰
④ 남의 영토나 권리, 재산, 신분 따위를 침노하여 범하거나 해를 끼침
⑤ 남의 뒤를 따라서 좇음

4 ⑤

① 대수롭지 않게 보거나 업신여김
② 따돌리거나 거부하여 밀어 내침
③ 확실히 알 수 없어서 믿지 못하는 마음

④ 바로잡아 고침

⑤ 어떠한 것을 받아들임

---

5 **④**

들어가다 … 밖에서 안으로 향하여 가다.

① 안에 삽입되다.

② 전기나 수도 따위의 시설이 설치되다.

③ 새로운 상태나 시기가 시작되다.

⑤ 어떤 일에 돈, 노력, 물자 따위가 쓰이다.

---

6 **⑤**

찾다 … 모르는 것을 알아내고 밝혀내려고 애쓰다. 또는 그것을 알아내고 밝혀내다.

① 잃거나 빼앗기거나 맡기거나 빌려주었던 것을 돌려받아 가지게 되다.

② 어떤 사람을 만나거나 어떤 곳을 보러 그와 관련된 장소로 옮겨 가다.

③ 원상태를 회복하다.

④ 자신감, 명예, 긍지 따위를 회복하다.

---

7 **②**

공동의 온도에 따른 복사에너지 방출량에 대해서는 글에 제시되지 않았다.

---

8 **②**

② 두 문장에 쓰인 '물다'의 의미가 '윗니와 아랫니 사이에 끼운 상태로 상처가 날 만큼 세게 누르다.' '이, 빈대, 모기 따위의 벌레가 주둥이 끝으로 살을 찌르다.'이므로 다의어 관계이다.

①③④⑤ 두 문장의 단어가 서로 동음이의어 관계이다.

---

9 **④**

'덩이뿌리, 뿌리줄기, 비늘줄기'는 여러해살이풀의 특징이다. 한해살이풀 중 이와 같은 특징을 가진 것이 있는지는 알 수 없다.

10 ⑤

⑤ 유행, 풍조, 변화 따위가 일어나 휩쓴다는 의미를 갖는다.
①②③④ 입을 오므리고 날숨을 내어보내어, 입김을 내거나 바람을 일으킨다는 의미를 갖는다.

---

11 ④

여행을 일상의 권태로부터의 탈출과 해방의 이미지, 생존의 치욕을 견디게 할 수 있는 매혹과 자발적 잠정적 탈출이라고 하고 있다.

---

12 ③

ⓛ 과거 양반들에 의해 서원이나 사당 건립이 활발했다는 내용을 먼저 제시한 후 ② 이러한 경향이 양반뿐만 아니라 향리층에게도 영향을 미쳤다는 설명 이후 향리들이 건립한 사당은 양반들이 건립한 것에 비하면 얼마 되지 않는다는 내용 다음에 ㉠ 양반들에 비하면 향리들의 사당은 적지만 그 사당을 통해 향리들의 위세를 짐작할 수 있다는 내용 넣고 ㉢ 향리들의 의한 사당 건립의 한 예로 창충사에 대한 언급을 끝으로 글이 전개되는 것이 옳다.

---

13 ②

㉢ 사이버공간에 대한 설명으로 글을 시작한 뒤 ⓛ 인간 공동체 역시 사이버공간처럼 관계의 네트워크로 이루어져 있다는 내용을 제시한 뒤 ② 인간 네트워크가 사이버공간처럼 물리적인 요소와 소프트웨어적 요소를 다 가지고 있다는 추가적인 설명 뒤에 ㉠ 사이버공간을 잘 유지하는 방법을 제시한 뒤 ㉺ 이 방법을 인간 공동체에 대입하는 것을 끝으로 글이 전개되는 것이 옳다.

---

14 ①

자연 자체에 대해 소유권을 인정하는 것이 아니라 생명체나 일부 분야라도 그것이 인위적으로 분리·확인된 것이라면 발명으로 간주하고 있다.
②③ 마지막 문장을 통해 확인할 수 있다.
④⑤ 첫 번째 문장과 두 번째 문장을 통해 확인할 수 있다.

15 ③

ⓒ 고급화·전문화 전략으로 기업의 면모를 쇄신하는 것은 "틈새 공략을 통해 중소기업의 불황을 극복한다."는 주제와 거리가 멀다.

---

16 ②

① '유추의 유형'을 설명하고 있지 않으므로 옳지 않다.
③ 지문에 전혀 언급된 내용이 아니므로 적절하지 않다.
④⑤ '유추의 문제점 지적', '유추의 본질' 등에 관한 언급은 있으나, '새로운 사고 방법의 필요성'이나 '유추와 여타 사고 방법들과의 차이점'은 지문과는 관련이 없다.

---

17 ①

⊙의 내용을 연상하려면 떡볶이를 만들면서 인터넷에 나와 있는 조리법이나 요리 전문가의 도움을 받는다는 내용이 필요하다.

---

18 ③

위 글의 대화에서 사용된 어휘는 사회 방언으로, 의사들끼리 전문 분야의 일을 효과적으로 수행하기 위해 사용하는 전문어이다.

---

19 ⑤

회의 장면이다. 지수의 경우 미술관에 가자는 민서의 의견과 축구를 하자는 현수의 의견을 종합하고 있다. 이는 새로운 대안 도출에 기여하는 것이라 할 수 있으므로 정답은 ⑤이다.

---

20 ⑤

①④ '당기다'와 '놀리다'는 능동 표현
②③ '감기다'와 '먹이다'는 사동 표현

21 ①

② '나무 개구리'는 천적의 위협을 받고 있지 않으므로 적절하지 않다.

④ '나무 개구리'는 사막이라는 주어진 환경에 적응하여 생존하는 것이지 환경을 변화시킨 것은 아니므로 적절하지 않은 반응이다.

⑤ '나무 개구리'가 삶의 과정에서 다른 생명체와 경쟁하는 내용은 방송에 언급되어 있지 않으므로 적절하지 않은 내용이다.

---

22 ②

①③④⑤는 위 내용들을 비판하는 근거가 되지만, ②는 위 글의 주장과는 연관성이 거의 없다.

---

23 ①

② '만약'은 가정의 의미를 갖는 부사어이기 때문에 '~않았다면'과 호응을 이룬다.

③ '바꿔게' 하려는 대상이 무엇인지를 밝히지 않아 어법에 맞지 않는다.

④ '풍년 농사를 위하여 만들었던 저수지에 대한 무관심으로 관리를 소홀히 하여 올 농사를 망쳐 버렸습니다.'가 어법에 맞는 문장이다.

⑤ '내가 말하고 싶은 것은 ~ 올릴 수 있다는 것이다'가 되어야 한다.

---

24 ①

칸트는 '의무 동기'를 이성에 바탕을 두고 도덕적 의무와 원칙에 따르는 동기라고 설명하였다. 그리고 '감정, 욕구, 이익' 등은 의무 동기에 반대되는 개념으로 설명하고 있다. 따라서 정답은 ①이다.

---

25 ⑤

위의 글에서는 칸트의 동정심에 대한 주장을 설명하기 위해 칸트의 의견과 대비되는 동정심에 대한 일반적인 견해를 언급하고, 동정심이나 행위의 가치를 판단하는 칸트의 견해를 제시한다. 또한 마지막 문단에서 칸트의 견해에 대한 자신의 의견을 밝히고 있으므로 정답은 ⑤이다.

1	2	3	4	5	6	7	8	9	10	11	12	13	14	15	16	17	18	19	20
④	③	③	④	④	①	②	④	①	④	④	④	①	②	②	③	④	④	③	④

1 ④

비닐봉투 50리터의 인상 후 가격 = 890+560 = 1,450원
마대 20리터의 인상 전 가격 = 1,300−500 = 800원
1,450+800 = 2,250원

---

2 ③

③ K지역에서 신고 · 접수된 수돗물 유충 민원은 1,452건으로 전체의 62.6%를 차지한다.
① 현장확인 · 조사중인 수돗물 유충 민원은 K지역이 K지역 외 지역보다 많다.
② 외부 유입 유충으로 조사완료된 건은 K지역 외 지역이 K지역보다 많다.
④ 전체 수돗물 유충 민원 중에서 유충 미발견으로 조사완료된 건수는 1,598건으로 1,400건을 훨씬 넘는다.

---

3 ③

㉠ 평균 임금액을 제시된 자료를 통해 알 수가 없다.
㉣ 전문직 종사자와 농림어업 종사자 간 평균 임금 수준의 격차는 2020년이 50.7%로 2022년의 41.9%보다 크다.

---

4 ④

1이 1개, 3이 2개, 5가 3개...홀수가 오름차순 개수씩 증가하고 있다.
따라서 1+2+3+4+5+6+7=28번째까지 13이 나오고 29번째에 처음 15가 나오게 된다.

---

5 ④

㉣ : $\dfrac{7,127}{26,495} \times 100 = 26.9$

6 ①

첫 번째 조건을 통해 '발효식품개발기술'과 '환경생물공학기술'은 C 또는 D임을 알 수 있다.
두 번째 조건을 통해 '동식물세포배양기술'은 A 또는 B임을 알 수 있다.
세 번째 조건을 통해 '유전체기술'은 B임을 알 수 있으며 따라서 '동식물세포배양기술'은 A가 된다.
네 번째 조건을 통해 '환경생물공학기술'은 D임을 알 수 있으며 따라서 '발효식품개발기술'은 C임을 알 수 있다.

---

7 ②

첫 항부터 +1, ×2, +3, ×4, …의 규칙이 적용되고 있다. 빈칸에 들어갈 수는 76+5=81이다.

---

8 ④

B가습기 작동 시간을 x라 하면

$$\frac{1}{16} \times 10 + \frac{1}{20}x = 1$$

$$\therefore x = \frac{15}{2}$$

---

9 ①

지금부터 4시간 후의 미생물 수가 270,000이므로
현재 미생물의 수는 270,000÷3=90,000이다. 4시간 마다 3배씩 증가한다고 하였으므로, 지금부터 8시간 전의 미생물 수는 90,000÷3÷3=10,000이다.

---

10 ④

페인트 한 통으로 도배할 수 있는 넓이를 $x\,\mathrm{m}^2$
벽지 한 묶음으로 도배할 수 있는 넓이를 $y\,\mathrm{m}^2$라 하면
$\begin{cases} x+5y=51 \\ x+3y=39 \end{cases}$ 이므로 두 식을 연립하면 $2y=12$, $y=6$, $x=21$
따라서 페인트 2통과 벽지 2묶음으로 도배할 수 있는 넓이는
$2x+2y=42+12=54\,(\mathrm{m}^2)$

11 ④

제주도 : $599,000 \div 5 \times 3 \times 2 = 718,800$ 원

중국 : $799,000 \div 6 \times 0.8 \times 3 \times 2 = 639,199.99 \fallingdotseq 640,000$ 원

호주 : $1,999,000 \div 10 \times 3 + (1,999,000 \div 10 \times 0.5 \times 3) = 599,700 + 299,850 = 899,550$ 원

일본 : $899,000 \div 8 \times 0.9 \times 3 \times 2 = 606,825$ 원

---

12 ④

㉠ 직원의 월급은 생산에 기여한 노동에 대한 대가이고 대출 이자는 생산에 기여한 자본에 대한 대가이 므로 생산 과정에서 창출된 가치에 포함한다. 창출된 가치는 500만 원이 된다.

㉡ 생산재는 생산을 위해 사용되는 재화를 말하며 200만 원이다.

㉢ 서비스 제공으로 인해 발생한 매출액은 700만 원보다 적다. 왜냐하면 600만 원이 모두 서비스 제공 으로 인한 매출액이 아니기 때문이다.

㉣ 판매 활동은 가치를 증대시키는 생산 활동에 해당하므로 판매를 담당한 직원에게 지급되는 월급은 직 원이 생산 활동에 제공한 노동에 대한 대가로 지급된 금액이다.

---

13 ①

㉢ 생산 요소 가격이 하락한다거나 생산 기술이나 생산 능력이 향상될 경우 생산 가능 곡선이 밖으로 이 동하여 이전에 불가능했던 점이 생산 가능 영역으로 변화되기도 한다. 그러나 생산물의 판매 가격과 는 상관이 없다.

㉣ c점에서는 생산 능력을 최대로 발휘한 조합이 아니기 때문에 두 재화 생산량을 동시에 늘릴 수 있다.

---

14 ②

㉡ 진수는 성능이 보통 이상인 제품 중 평가 점수 합계가 가장 높은 제품을 구입한다고 했으므로 성능이 보통 이상인 A제품과 D제품 중 합계 점수가 상대적으로 더 높은 D 제품을 구입할 것이다.

㉣ 가격이 높은 제품일수록 성능이 높은 제품이다.

---

15 ②

① 커피 판매점은 커피의 공급자이므로 커피 판매점이 증가하면 커피 공급이 증가하게 된다.

③ 커피에 부과되는 세금이 인하되면 커피의 공급이 증가된다.

④ 커피의 대체제인 녹차 가격이 상승하면 커피 수요가 증가하게 된다.

16　③

① 관세 부과는 국내 생산자의 잉여를 증대시키는 요인이 된다.

② 목재, 종이 품목은 원자재의 경우 수입 관세가 부과되지 않는다.

④ 최종재로 갈수록 높은 관세가 부과되고 있으므로 중간재를 생산하는 국내 소재 및 부품 기업보다 최종재를 생산하는 국내 가공 조립 기업이 불리하다고 볼 수 없다.

17　④

㉠ 9월 상대 가격이 환율보다 높아 한국을 방문한 미국인은 핸드폰케이스의 한국 내 가격이 미국보다 비싸다고 느꼈을 것이다.

㉢ 11월 상대 가격이 환율보다 낮으므로 미국을 방문한 한국인은 핸드폰케이스의 한국 내 가격보다 미국 내 가격이 비싸다고 느꼈을 것이다.

18　④

㉠ 40대와 50대의 전체 응답자 수를 알 수 없기에 신문을 선택한 비율이 같다고 응답자의 수가 같다고 볼 수는 없다.

㉡ 30대 이하의 경우 신문을 선택한 비율이 가장 낮지만, 40대 이상의 경우에는 그렇지 않다.

19　③

① 가구 별 평균 학생 수가 제시되어 있지 않아 표를 통해서는 알 수 없다.

②④ 표를 통해서는 알 수 없다.

20　④

① 제시된 자료만으로는 남성과 여성의 경제 활동 참여 의지의 많고 적음을 비교할 수는 없다.

② 59세 이후 남성의 경제 활동 참가율 감소폭이 여성의 경제 활동 참가율 감소폭보다 크다.

③ 각 연령대별 남성과 여성의 노동 가능 인구를 알 수 없기 때문에 비율만 가지고 여성의 경제 활동 인구의 증가가 남성의 경제 활동 인구의 증가보다 많다고 하는 것은 옳지 않다.

1	2	3	4	5	6	7	8	9	10	11	12	13	14	15
①	②	①	①	①	②	①	④	①	③	④	③	①	①	①
16	17	18	19	20	21	22	23	24	25	26	27	28	29	30
②	③	④	③	②	④	①	②	③	④	②	③	②	①	②

1 ①

◁ = ㉢, ※ = ㉤, ◆ = ㉦, ♠ = ㉠, ♨ = ㉪

2 ②

★ = ㉲, ◇ = **㉭**, ♫ = ㉧, **♠ = ㉠**, ♡ = ㉡

3 ①

※ = ㉤, ◆ = ㉦, ☎ = ㉣, ★ = ㉲, ♠ = ㉠

4 ①

°F = ②, ¥ = ⑧, ♁ = ⑤, ℃ = ④, Å = ①

5 ①

£ = ⑦, θ = ⑩, ♀ = ⑥, ① = ③, Φ = ⑨

6 ②

¥ = ⑧, **Å = ①**, °F = ②, £ = ⑦, **℃ = ④**

7 ①

② ¶ ♩ ♪ ♪ ∩ ∧ ∠ – ¶ ♩ ♪ ♪ ∠ ∧ ∩

③ Ε Ⅎ Ε Ↄ ⊃ ∪ – Ε Ⅎ Ε Ⅎ ⊃ ∪

④ ♣ ◉ ▣ 늑 ∨ ∧ ▦ – ♣ ◉ ▣ ∨ ∧ 늑 ▦

---

8 ④

① ㄱㅅㅈㅇㅅㅅㅈ**ㅂ**ㅍㅋ – ㄱㅅㅈㅇㅅㅅㅈ**ㅁ**ㅍㅋ

② ㅂㅋㅌ**ㅅㄴ**ㅇㅁㄹㅅㅈ – ㅂㅋㅌ**ㄴㅅ**ㅇㅁㄹㅅㅈ

③ ㅊㅈㅋㅍㅂㅅㅇ**ㅁㄹ** – ㅊㅈㅋㅍㅂㅅㅇ**ㄹㅁ**

---

9 ①

자각	자폭	자갈	자의	자격	자립	자유
자아	자극	자기소개	자녀	자주	자성	자라
자비	자아	자료	자리공	자고	자만	자취
자모	자멸	작성	작곡	자본	자비	자재
자질	자색	자수	자동	자신	자연	자오선
자원	자괴	자음	자개	자작	자세	자제
자존	자력	자주	자진	자상	자매	자태
자판	자간	작곡	자박	작문	자비	작살
자문	작업	작위	작품	작황	잘난척	잔해

---

10 ③

보리	보라	보도	보물	보람	보라	보물	**모래**	보다	모다
소리	소라	소란	보리	보도	모다	**모래**	보도	**모래**	보람
모래	보리	보도	보도	보리	**모래**	보물	보다	모다	보리

---

11 ④

④ 甲**乙男**女(갑남을녀)

12 ③

③ 龍虎相搏(용호**삼**박)

---

13 ①

0	1	2	3	4	5	6	7	8	9
A	B	C	D	E	F	G	H	I	J

---

14 ①

0	1	2	3	4	5	6	7	8	9
A	B	C	D	E	F	G	H	I	J

---

15 ①

0	1	2	3	4	5	6	7	8	9
A	B	C	D	E	F	G	H	I	J

---

16 ②

G H I J F K L K K I G E D C B C F A D G H

---

17 ③

六 五 九 九 五 三 四 七 九 九 八 八 十 十 一 二 三 四 五 二 六 七 九 十

---

18 ④

▽ ◁ ◁ △ ◆ ◆ ◇ ○ ◁ ◁ □ □ ● □ ○ ◇ ● ▽ ▷ △ ● ▽ ◇ ○ □ □ ■ ◁ ◁ ● ◆ ◁ ◁

19 ③

9878956240890196703504890780910230580103048

---

20 ②

우리 오빠 **말** 타고 서울 가시**며** 비단 구두 사가지고 오신다더니

---

21 ④

I never dre**a**mt th**a**t I'd **a**ctu**a**lly get the job

---

22 ①

9**7**889620004259232051**7**86021459**7**31

---

23 ②

아무도 **찾**지 않는 바람 부는 언덕에 이름 모를 잡**초**

---

24 ③

$\underline{\beta}\,\delta\,\zeta\,\theta\,\kappa\,\mu\,\alpha\,\gamma\,\underline{\beta}\,\delta\,\varepsilon\,\zeta\,\eta\,\underline{\beta}\,\gamma\,\delta\,\alpha\,\underline{\beta}\,\gamma\,\delta\,\underline{\beta}\,\zeta\,\theta\,\iota\,\lambda\,\nu\,\underline{\beta}\,\gamma\,\alpha\,\underline{\beta}\,\varepsilon\,\zeta$

---

25 ④

<u>1411</u>061<u>5</u>071<u>5</u>6592356781420<u>1</u>12452

---

26 ②

That jacket was a reall**y** good bu**y**

27 ③

오늘 하루 기운차게 **달려갈** 수 있도록 노력하자

---

28 ②

Ⅰ Ⅱ Ⅲ <u>Ⅳ</u> Ⅴ Ⅵ Ⅶ Ⅷ Ⅸ Ⅹ Ⅸ Ⅷ Ⅶ Ⅵ Ⅴ <u>Ⅳ</u> Ⅲ Ⅱ Ⅰ Ⅲ Ⅴ Ⅶ Ⅸ

---

29 ①

14<u>2</u>356<u>2</u>9<u>22</u>54813955713513<u>2</u>531<u>2</u>195753

---

30 ②

The<u>r</u>e was an ai<u>r</u> of confidence in the England camp

공간능력

1	2	3	4	5	6	7	8	9	10	11	12	13	14	15	16	17	18
②	②	③	④	③	①	③	④	②	②	④	①	①	②	②	④	②	①

1 ②

2 ②

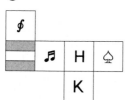

3 ③

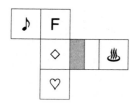

4 ④

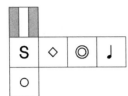

---

5 ③

1단 : 11개, 2단 : 5개, 3단 : 1개
총 17개

---

6 ①

1단 : 12개, 2단 : 10개, 3단 : 8개, 4단 : 4개, 5단 : 2개, 6단 : 1개
총 37개

---

7 ③

1단 : 12개, 2단 : 9개, 3단 : 5개, 4단 : 3개, 5단 : 1개
총 30개

---

8 ④

1단 : 10개, 2단 : 5개, 3단 : 5개, 4단 : 3개, 5단 : 2개
총 25개

---

9 ②

1단 : 15개, 2단 : 9개, 3단 : 5개, 4단 : 3개, 5단 : 2개
총 34개

10 ②

11 ④

12 ①

13 ①

14 ②

15 ②

화살표 방향을 정면으로 왼쪽에서부터 1열이라고 할 때, 1 − 2 − 4 − 1 − 1 − 1층으로 보인다.

---

16 ④

화살표 방향을 정면으로 왼쪽에서부터 1열이라고 할 때, 4 − 2 − 3 − 3 − 4층으로 보인다.

---

17 ②

화살표 방향을 정면으로 왼쪽에서부터 1열이라고 할 때, 2 − 3 − 3 − 2 − 4 − 4층으로 보인다.

---

18 ①

화살표 방향을 정면으로 왼쪽에서부터 1열이라고 할 때, 4 − 3 − 2 − 2 − 4층으로 보인다.

1	2	3	4	5	6	7	8	9	10	11	12	13	14	15
③	④	②	⑤	①	④	④	②	③	②	①	②	④	①	②

16	17	18	19	20	21	22	23	24	25					
②	①	①	⑤	④	④	②	④	③	④					

1   ③

① 말이나 글 또는 일이나 행동에서 앞뒤가 들어맞고 체계가 서는 갈피
② 사물의 존재 의의나 가치를 알아주지 아니함
③ 무엇을 만들어서 이룸
④ 봉하여 붙임
⑤ 있는 사물을 뭉개어 아주 없애 버림

2   ④

① 어떤 것이 아주 없어지거나 사라짐
② 어떤 상황이나 구속 따위에서 빠져나옴
③ 시간이나 재물 따위를 헛되이 헤프게 씀
④ 전체 속에서 어떤 물건, 생각, 요소 따위를 뽑아냄
⑤ 내버려 둠

3   ②

① 행동이나 태도를 분명하게 정함. 또는 그렇게 정해진 내용
② 어떤 일을 하는 데 필요한 기관이나 설비 따위를 베풀어 둠
③ 상대편이 이쪽 편의 이야기를 따르도록 여러 가지로 깨우쳐 말함
④ 흐트러지거나 혼란스러운 상태에 있는 것을 한데 모으거나 치워서 질서 있는 상태가 되게 함
⑤ 충분히 이루어짐

4   ⑤

① 다른 것과 통하지 못하게 사이를 막거나 떼어 놓음
② 마음속으로 그러하다고 보거나 여김
③ 상반되는 것이 서로 영향을 주어 효과가 없어지는 일

④ 그렇지 아니하다고 단정하거나 옳지 아니하다고 반대함
⑤ 일정한 책임이나 일을 부담하여 맡게 함

---

5 ①
① 어떤 대상을 가리켜 이르는 일. 또는 그런 이름
② 생각이나 처지가 확고하지 못하고 흔들림
③ 잘못된 것을 바로잡음
④ 더듬어 살펴서 알아냄
⑤ 자기의 마음을 반성하고 살핌

---

6 ④
① 앞말이 뜻하는 행동을 하고자 하는 마음이나 욕구를 갖고 있음을 나타내는 말
② 앞말대로 될까 걱정하거나 두려워하는 마음이 있음을 나타내는 말
③ 앞말이 뜻하는 행동을 하고자 하는 마음이나 생각을 막연하게 갖고 있거나 앞말의 상태가 이루어지기
　를 막연하게 바람을 부드럽게 나타내는 말
④ 앞말이 뜻하는 내용을 생각하는 마음이 있음을 나타내는 말
⑤ 마음속에 앞말이 뜻하는 행동을 할 의도를 가지고 있음을 나타내는 말

---

7 ④
① 사실을 알지 못하다.
② 어떤 지식이나 기능을 가지고 있지 못하다.
③ 어떤 것 외에 다른 것을 소중하게 여기지 않다.
④ 불확실한 사실에 대한 짐작이나 의문의 뜻을 나타낸다.
⑤ '자신의 행위나 행동 또는 자신에게 직접 관련된 일을 의식하지 못하는 가운데 저절로'의 뜻을 나타낸다.

---

8 ②
② 금, 줄, 주름살, 흠집 따위가 생기다.
①③④⑤ 한곳에서 다른 곳으로 장소를 이동하다.

9 ③

① 마고라는 손톱이 긴 선녀가 가려운 데를 긁는다는 뜻으로, 일이 뜻대로 됨을 비유해 이르는 말

② 너무 우스워서 한바탕 껄껄 웃음

③ 처음에는 시비(是非) 곡직(曲直)을 가리지 못하여 그릇되더라도 모든 일은 결국에 가서는 반드시 정리(正理)로 돌아감

④ 「아홉 번 구부러진 간과 창자」라는 뜻으로, 굽이굽이 사무친 마음속 또는 깊은 마음속

⑤ 떨어지는 꽃과 흐르는 물이라는 뜻으로, ㉠가는 봄의 경치 ㉡남녀(男女) 간(間) 서로 그리워하는 애틋한 정을 이르는 말 ㉢힘과 세력(勢力)이 약해져 아주 보잘것없이 됨

---

10 ②

첫 번째 문단에서 조선의 원격전에 대해 언급하였고, 두 번째 문단에서 육전에서 일본을 당해내지 못했지만 해전에서는 화포를 통해 압도하였다고 나타나있다.

---

11 ①

소설 속에 세 개의 욕망이 있음을 말하며 그 중 소설가의 욕망을 설명하는 ㉢이 먼저 제시되고 소설 속 인물들의 욕망에 대한 내용 ㉠이 나온 후 독자의 욕망이 드러나게 되는 과정 ㉣이 나오고 끝으로 독자가 욕망을 드러내는 양식에 대한 설명 ㉡이 나오는 순서로 글이 전개 되는 것이 옳다.

---

12 ②

전통 사회의 정보 습득 과정에 대한 설명 ㉡이 제시된 후 그에 대한 예시 ㉣이 제시되고 산업화·정보화 사회로 들어오면서 기존의 방식이 약화됐다는 설명 ㉢과 오늘날에는 첨단 정보에 관해서는 부모보다 오히려 자녀가 더 우위에 있게 된다는 내용 ㉤이 나온 후 이에 따라 부모와 자녀가 유연하게 정보 소통을 하는 것이 효과적이라는 내용 ㉠을 끝으로 글이 전개되는 것이 옳다.

---

13 ④

마지막 문장을 통하여 조력발전에 대한 잘못된 인식과 올바르지 못한 정책이 재고되어야 함을 피력하고 있다는 것을 알 수 있다.

14 ①

마지막 문장의 '어느 한 종이 없어지더라도 전체 계에서는 ~ 균형을 이루게 된다.'로부터 ①을 유추할 수 있다.

---

15 ②

①③④⑤는 지문에서 확인할 수 있으나 ②는 지문을 통해 알 수 없는 내용이다

---

16 ②

김장을 하는 과정이나 그 결과에 대해 메모하여 정리하는 것이 좋다는 설명이 제시되어 있지 않으므로, 독서한 결과를 정리해 두는 습관을 기른다는 내용은 추론할 수 없다.

---

17 ①

① 어려운 환경에서도 열심히 노력하면 좋은 결과를 이끌어낼 수 있다는 주제를 담은 이야기이므로, '협력을 통해 공동의 목표를 성취하도록 한다.'는 내용은 나올 수 없다.

---

18 ①

물레를 이용하여 도자기를 빚을 때, 정신을 집중해야 한다는 내용은 ②, 도자기를 급히 말리면 갈라지므로 천천히 건조시켜야 한다는 내용은 ③, 도자기 모양을 빚는 것이 어렵더라도 꾸준히 계속해야 한다는 내용은 ④, 도자기 제작 전에 자신이 만들 도자기의 모양과 제작 과정을 먼저 구상해야 한다는 내용은 ⑤이다.

---

19 ⑤

앞의 문단에 나타난 내용과 연관시키면서 '세계관'을 말하고 있으므로 빈칸에는 화제를 앞의 내용과 관련시키며 다른 방향으로 이끌어 나가는 '그런데'가 들어가는 것이 적절하다.

20 ④

'시장은 소득 분배의 형평을 보장하지 못할 뿐만 아니라, 자원의 효율적 배분에도 실패했다.'는 내용이 있으므로 '시장이 완벽한 자원 분배 체계로 자리 잡았다.'라고 한 것은 지문의 내용과 일치하지 않는다.

---

21 ④

오늘날 분배 체계의 핵심이 되는 시장의 한계를 말하면서, 호혜가 이를 보완할 수 있는 분배 체계임을 설명하고 있다. 나아가 호혜가 행복한 사회를 만들기 위해 필요한 것임을 강조하면서 그 가치를 설명하고 있다.

---

22 ②

'육식의 윤리적 문제점은 크게 ~ 있다.', '결국 ~ 요구하고 있다'의 부분을 통해 육식의 윤리적 문제점이 중심 문장임을 알 수 있다.

---

23 ④

육식의 윤리적 문제점은 크게 개체론적 관점과 생태론적 관점으로 나누어 접근함으로써 주장의 타당성을 높이고 있다.

---

24 ③

'누구에게도 그렇다.'는 보편성과 맥락을 같이 한다.

---

25 ④

이번 대회에서 마라톤 기록이 여러 번 **경신**되었다.
※ 경신과 갱신
  ㉠ 경신 : 종전의 기록을 깨뜨림
  ㉡ 갱신 : 법률관계의 존속 기간이 끝났을 때 그 기간을 연장하는 일

자료해석

1	2	3	4	5	6	7	8	9	10	11	12	13	14	15	16	17	18	19	20
②	②	②	②	④	③	③	③	③	④	①	③	①	③	①	③	④	④	④	②

1 ②

첫 항부터 +1, −2, +3, −4, …의 규칙을 가지고 있다.

따라서 1+7=8

---

2 ②

규칙성을 찾으면 (첫 번째 숫자+두 번째 숫자)×두 번째 숫자=마지막 숫자가 된다.

따라서 $(12+2) \times 2 = 28$

∴ ( )안에 들어갈 숫자는 2이다.

---

3 ②

등산로 A의 거리를 $a km$, 등산로 B의 거리를 $(a+2) km$라 하면

$\dfrac{a}{2} + \dfrac{a}{6} = \dfrac{a+2}{3} + \dfrac{a+2}{5}$ 이므로

$a = 8 km$

∴ 등산로 A와 B의 거리의 합은 $18 km$

---

4 ②

조건 (가)에서 R석의 티켓의 수를 a, S석의 티켓의 수를 b, A석의 티켓의 수를 c라 놓으면

$a+b+c = 1,500$ ……㉠

조건 (나)에서 R석, S석, A석 티켓의 가격은 각각 10만 원, 5만 원, 2만 원이므로

$10a+5b+2c = 6,000$ ……㉡

A석의 티켓의 수는 R석과 S석 티켓의 수의 합과 같으므로

$a+b = c$ ……㉢

세 방정식 ㉠, ㉡, ㉢을 연립하여 풀면 ㉠, ㉢에서 $2c = 1,500$ 이므로 $c = 750$

㉠, ㉡에서 연립방정식

$\begin{cases} a+b = 750 \\ 2a+b = 900 \end{cases}$

을 풀면 $a = 150$, $b = 600$이다.

따라서 구하는 S석의 티켓의 수는 600장이다.

---

5 ④

보트의 속력이 A, 강물의 속력이 B이므로

$\begin{cases} 1.5 \times (A-B) = 12 \\ 1 \times (A+B) = 12 \end{cases}$ 에서 두 식을 연립하면

A=10(km/h), B=2(km/h)가 된다.

---

6 ③

① 연령이 높아질수록 '남북 통일'에 대한 응답 비율은 높아진다.
② 30대와 40대에서 '지역 감정 해소'를 중요한 과제로 응답한 비율은 같지만, 응답한 사람 수가 같은지는 알 수 없다.
④ 20대에서는 '민주적 정책 결정'을 응답한 비율이 21%, '시민의 정치 참여'를 응답한 비율이 19%로 '시민의 정치 참여'보다 '민주적 정책 결정'을 더 중요한 과제로 보고 있다.

---

7 ③

$\frac{26}{59} \times 100 = 44.06\%$로 2021년 4개 국가의 전체 특허출원 건수에서 甲국의 특허출원 건수가 차지하는 비중은 45%에 미치지 못 한다.

---

8 ③

$\frac{x}{1,721} \times 100 = 62.4$

$x = \frac{62.4 \times 1,721}{100} ≒ 1,074$

9 ③

$$\frac{26}{63} \times 100 \fallingdotseq 41.3$$

---

10 ④

④ 집행비율이 가장 낮은 나라는 41.3%인 스페인이다.

---

11 ①

남녀 600명이며 비율이 60 : 40이므로
전체 남자의 수는 360명, 여자의 수는 240명이다.
21~30회를 기록한 남자 수는 20%이므로 $360 \times 0.2 = 72$명
41~50회를 기록한 여자 수는 5%이므로 $240 \times 0.05 = 12$명
$72 - 12 = 60$명

---

12 ③

㉠ 농촌 문제를 보여주는 것이다.
㉣ 농가의 월평균 소득도 증가하고 있으므로 농촌에서 절대 빈곤층이 증가한다고 볼 수 없다.

---

13 ①

① 동부의 인구 구성비 증가폭이 줄어드는 것으로 보아 도시화율의 증가폭은 작아졌다.

---

14 ③

① 2019년 甲국 유선 통신 가입자 $= x$
  甲국 유선, 무선 통신 가입자 수의 합 $= x + 4,100 - 700 = x + 3,400$
  甲국의 전체 인구 $= x + 3,400 + 200 = x + 3,600$
  甲국 2019년 인구 100명당 유선 통신 가입자 수는 40명이며 이는 甲국 전체 인구가 甲국 유선 통신
  가입자 수의 2.5배라는 의미이며 따라서 $x + 3,600 = 2.5x$이다.
  ∴ $x = 2,400$만 명 (×)
② 乙국의 2019년 무선 통신 가입자 수는 3,000만 명이고 2022년 무선 통신 가입자 비율이 3,000만 명

대비 1.5배이므로 4,500만 명이다. (×)

③ 2022년 丁국 미가입자 = y

2019년 丁국의 전체 인구 : $1,100 + 1,300 - 500 + 100 = 2,000$만 명

2022년 丁국의 전체 인구 : $1,100 + 2,500 - 800 + y = 3,000$만 명(2015의 1.5배)

∴ $y = 200$만 명 (○)

④ 乙국 = $1,900 - 300 = 1,600$만 명   丁국 = $1,100 - 500 = 600$만 명

∴ 3배가 안 된다. (×)

---

15 ①

② 1990~2010년대까지는 서울 인구는 수도권 인구의 과반을 차지하고 있지만 2020년대 들어서는 절반에 못 미친다.

③ 수도권 지역의 1인당 대출 금액이 비수도권 지역의 1인당 대출 금액보다 많다.

④ 2000년 비수도권 인구는 2,370만 명이고 2010년대의 비수도권 인구는 2,440만 명이므로 감소한 것이 아니다.

---

16 ③

① 국민들이 권력이나 돈을 이용해 분쟁을 해결하려는 것을 볼 때 준법 의식이 약하다는 것을 알 수 있다.

② 권력이 법보다 분쟁 해결 수단으로 많이 사용되고, 권력이 있는 사람이 처벌받지 않는 경향이 있다는 것은 법보다 권력이 우선함을 의미한다.

④ 악법도 법이라는 사고는 법을 준수해야 한다는 시각이므로 자료의 결과와 모순된다.

---

17 ④

㉠ 4세기 : 백제 근초고왕의 정복 활동이 활발하게 전개되었으며, 특히 황해도 지역을 놓고 고구려와 치열한 대결을 펼쳤다.

㉡ 5세기 : 고구려 장수왕의 남하 정책으로 나·제 동맹이 성립되었으며, 이에 따라 백제와 신라의 싸움은 거의 없었다.

㉢ 6세기 : 나·제 동맹을 기반으로 백제 성왕이 한강 유역을 탈환하는 과정에서 백제와 고구려의 전쟁이 치열하게 전개되었으며, 중반 이후에는 신라 진흥왕의 한강 하류 지역 점령으로 백제와 신라와의 전쟁이 전개되었다.

㉣ 7세기 : 삼국 통일기로 삼국 간의 전쟁이 가장 많이 전개되었으며, 특히 백제와 신라의 싸움이 치열하였다.

18 ④

정보 수집 능력의 격차가 완화된다는 것은 자료에 반대되는 것이다.

---

19 ④

수도권 주변에 자족기능이 결여된 소규모 신도시를 건설한다면 서울과 신도시 사이의 교통난은 더욱 더 심화될 것이다.

---

20 ②

① 10대는 간접적인 인간관계를 더 많이 가질 가능성이 크다.
③④ 10대에서 추론할 수 있는 내용이다.

1	2	3	4	5	6	7	8	9	10	11	12	13	14	15
①	②	①	①	②	①	③	④	②	④	①	①	①	②	②
16	17	18	19	20	21	22	23	24	25	26	27	28	29	30
③	②	①	②	③	④	②	③	④	④	③	①	④	①	④

1 ①

ø = (다), ʧ = (라), ʤ = (나), λ = (아), ɤ = (자)

2 ②

ʤ = (가), ɜ = (마), ʤ = (나), **ŭ = (바)**, ɕ = (차)

3 ①

ʧ = (라), ʤ = (나), λ = (아), ɐ = (사), ɜ = (마)

4 ①

Ⓜ = 1, Ⓤ = 3, Ⓑ = 6, Ⓚ = 8, Ⓟ = 9

5 ②

Ⓡ = 4, Ⓓ = 7, Ⓛ = 0, Ⓑ = 6, Ⓘ = 5

6 ①

Ⓔ = 2, Ⓘ = 5, Ⓑ = 6, Ⓟ = 9, Ⓓ = 7

7 ③

계란 계륵 개미 거미 갯벌 **계곡** 계륵 갯벌 게임 계란
계곡 개미 거미 거미 계륵 갯벌 개미 개미 게임 거미
계곡 개미 계란 계륵 거미 게임 거미 **계곡** 개미 거미

8 ④

여성	여선생	여민락	여성	**여신**	여사관	여법
여고생	여성복	여복	여린박	여관	**여신**	여사
여관집	여수	여섯	여반장	여급	여걸	여성미
여름철	**여신**	여세	여북	**여신**	여과통	여위다
여묘	**여신**	여간내기	여성	여배우	여름	
여명	여리다	여과기	여수	여비서	여명	

---

9 ②

② 滿面春風(만**연**춘풍)

---

10 ④

④ 나는 바**랍**풍 해도 너는 바**담**풍 해라

---

11 ①

② ㅌㅍㅋㅊ**ㅁ**ㅇㄴㄹㅂㄱㄷㅈㄱㄷㅅ - ㅌㅍㅋㅊ**ㅂ**ㅇㄴㄹㅂㄱㄷㅈㄱㄷㅅ

③ ㄱㄴㄹㅇㄱㅁㄴㅇㅁㄱㄴㄱ**ㅇㅁ**ㄹ - ㄱㄴㄹㅇㄱㅁㄴㅇㅁㄱㄴㄱ**ㅁㅇ**ㄹ

④ ㄹㄴㅅㄷㄱㄴㄹ**ㅁ**ㅇㄷㅂㄱㅈㅅ - ㄹㄴㅅㄷㄱㄴㄹ**ㅅ**ㅇㄷㅂㄱㅈㅅ

---

12 ①

千山鳥**飛**絕 - 千山鳥**非**絕

---

13 ①

b = 동, g = 서, a = 남, h =북, d = 우, f = 산

---

14 ②

d = 우, c = 리, e = 강, f = 산, b = 동, h =북

15 ②

b = 동, f = 산, a = 남, f = 산, d = 우, f = 산, g = 서, f = 산

---

16 ③

スシ**タ**サコケ**タ**クキカエウイイウ**タ**コサシホ

---

17 ②

⌐⌐⌐⌐⌐⌐⌐⌐◷⌐⌐⌐⌐**◱◱**◷⌐⌐⌐⌐⌐◷⌐△⌐⌐

---

18 ①

ⓌⓍⓎⓏⓎⒽ□□□ⒻⒺⒻ□□ⒽⒿⒿⓀ□□ⓁⓂⓃⓄⓅ□

---

19 ②

사**람들**이 없으면, 틈틈이 제 집 수탉을 **몰**고 와서 우**리** 수탉과 쌈을 붙여 놓는다.

---

20 ③

4683654**4**8587568**4**3265783264**4**3245343284**4**3264626325**4**62546725

---

21 ④

여름장이란 애시 **당초에** 글러서, 해는 **아**직 **중천에 있**건만 **장판은** 벌써 쓸쓸하고 더**운** 햇발**이** 벌려 놓**은**
전 휘**장** 밑**으**로 **등**줄기를 훅훅 볶는다.

---

22 ②

○△▽○⊗□○◇△○□▽⊗◇△○⊗□○⊗□○△

23 ③

국가관 리더십 발**표**력 **표**현력 태도 발음 예절 **품**성

---

24 ④

I kep**t** **t**elling myself **that** every**th**ing was OK

---

25 ④

51239452337548672591723176432953218**9**7

---

26 ③

⇦⇧⇨⇧⇩⇦⇨⇧⇩⇦⇦⇨⇧⇨⇩⇧⇩⇦⇦⇨⇧⇨⇩

---

27 ①

동해물과 백**두**산이 마르고 **닳도**록 하느님이 보우하사 우리나라 만세

---

28 ④

L**oo**k here! This is m**o**re difficult as y**o**u think!

---

29 ①

3141592**6**53**6**979326**84**62**6**4338**6**272**6**535897323846

---

30 ④

◇◇◆◇◇◇◇◇◆◇◇◇◇◇◆◇◇◇◆◇◇◇◆◇◇◇